非线性偏微分系统的
可积性及应用

夏亚荣 著

科学出版社

北　京

内 容 简 介

本书主要以对称理论为工具, 研究了若干非线性偏微分系统的非局部对称、Lie 对称、条件 Lie-Bäcklund 对称及近似条件 Lie-Bäcklund 对称; 以伴随方程方法及相关理论为基础, 研究了几类非线性系统的守恒律; 以 Lax 对和规范变换为基础, 研究了几类非局部方程的 Darboux 变换. 书中介绍了相关的求解非线性偏微分系统的方法, 并将这些方法应用于常系数及变系数的非线性局部偏微分方程和非线性非局部偏微分方程中, 得到了方程多种类型的精确解和近似解, 给出了解的图形及动力学行为分析. 通过分析这些解的动力学行为, 挖掘非线性偏微分方程解所隐含的物理意义, 为解释方程所刻画的物理现象提供依据.

本书可供理工类高等院校的数学专业、物理专业的研究生作为教材或作为科研参考书使用.

图书在版编目 (CIP) 数据

非线性偏微分系统的可积性及应用/夏亚荣著. —北京: 科学出版社, 2021.10
ISBN 978-7-03-069974-9

Ⅰ. ①非… Ⅱ. ①夏… Ⅲ. ①非线性偏微分方程 Ⅳ. ①O175.29

中国版本图书馆 CIP 数据核字 (2021) 第 201981 号

责任编辑: 雷 旸 胡庆家 李 萍/责任校对: 彭珍珍
责任印制: 吴兆东/封面设计: 无极书装

科学出版社 出版
北京东黄城根北街 16 号
邮政编码: 100717
http://www.sciencep.com
北京建宏印刷有限公司 印刷
科学出版社发行 各地新华书店经销
*
2021 年 10 月第 一 版 开本: 720 × 1000 B5
2021 年 10 月第一次印刷 印张: 12 3/4 彩插: 1
字数: 255 000
定价: 98.00 元
(如有印装质量问题, 我社负责调换)

前　言

在线性理论日臻完善的时代, 非线性科学已经蓬勃发展于各个研究领域而成为研究焦点. 国际纯粹物理与应用物理学联合会 (IUPAP) 的第 18 届委员会 (数学物理委员会) 指出[1]: 数学物理跨越了物理学的每一个子领域. 它的目的是应用现有的最有力的数学技巧去表达和求解物理问题. 从数学物理的角度审视现实世界对非线性现象的分析和理解, 可将其归结为对非线性方程 (包括非线性常微分方程和偏微分方程、微分差分方程、差分方程等) 的研究. 非线性数学物理方程的对称性及守恒律一直是物理和数学的重要研究对象, 尤其是在孤立子理论和可积系统中, 对称性和守恒律更是发挥着极为重要的作用. 在对称性研究方面, 关于非局部对称的研究成为近些年的热点之一, 与经典对称比较, 求解非线性系统的非局部对称技巧性比较强, 通常需要加入人为经验, 但是求出的非局部对称通常能够带来一些新颖的结果. 另外, 非线性方程的守恒律也一直是数学物理专家研究的重要对象, 守恒律的存在为建立和分析非线性方程提供了主要的原则, 尤其在研究方程解的存在性、唯一性及稳定性方面发挥了重要的作用, 同时微分方程的守恒律还可以进一步地解释方程所描述的物理现象. 众多的研究事实表明, 一般有孤立子解的非线性方程通常都有无穷多守恒律, 说明非线性方程孤立子解的存在与方程存在无穷多守恒律有着密切的联系, 如果一个系统有无穷多对称和守恒律, 则可认为此系统是可积的. 基于以上的研究现实, 本书将对称理论和 Darboux 变换方法作为主要研究工具, 以伴随方程方法及相关理论为基础, 利用截断的 Painlevé 分析方法、辅助函数法 (Lax 对) 研究了几类常系数非线性数学物理方程的非局部留数对称, 证明了它们的相容 Riccati 展开 (CRE) 及相容 tanh 函数展开 (CTE) 可解性, 并利用此性质构造了方程的相互作用解. 利用辅助函数法 (Lax 对) 研究了几类常系数和变系数非线性数学物理方程的非局部对称和相似约化的群不变解. 利用经典 Lie 群法研究了几类非线性方程的 Lie 对称分析, 并证明了它们的自伴随性, 利用所得的 Lie 点对称及 Ibragimov 定理构造了所讨论方程的无穷多守恒律, 同时利用条件 Lie-Bäcklund 对称 (CLBS) 和不变子空间方法研究了非线性反应扩散方程组的分类和广义变量分离解, 并进一步将条件 Lie-Bäcklund 对称和不变子空间方法推广到了扰动的情形, 研究了非线性扰动方程的分类和近似广义泛函变量分离解. 非局部方程作为近几年的一个研究热点, 受到了广大学者的广泛关注. 在数学上, 非局部方程可以从一般的 AKNS(Ablowitz-Kaup-Newell-

Segur) 反散射问题约化得到, 开创性的工作是 Ablowitz 和 Musslimani 在 2013 年提出的非局域非线性可积 Schrödinger 方程. 该方程作为可积非局部方程族中的第一个方程, 提出之后受到了众多学者的关注, 很快触发了可积系统新的研究热点. 2016 年, 楼森岳和黄菲从物理角度提出了非局部方程, 称为两地系统或 Alice-Bob (AB) 系统 (即一个事件 A 的发生可以引起另一个事件 B 的发生, 事件 A 和 B 发生在不同的时间和空间, 它们可以通过恰当的算子联系起来)[38], 并推导出了具有空间反转平移和时间反演延迟的 AB-KdV 系统, 在第 7 章, 我们从数学角度推广了三类常系数和变系数的非局部方程, 并利用 Darboux 变换方法研究了这几类方程的多孤立子解.

　　本书的出版得到了国家自然科学基金 (12001424)、中国博士后科学基金第 67 批面上资助 (2020M673332) 和西安文理学院数学与应用数学省一流培育专业的经费支持, 得到了西安文理学院杨渭清教授、陈广锋教授, 陕西师范大学姚若侠教授及西北大学张顺利教授的精心指导, 在此表示由衷的感谢. 同时感谢科学出版社的领导和工作人员在本书出版过程中提供的各种帮助.

　　由于作者研究水平有限, 书中难免有一些不妥和疏漏, 敬请读者批评指正.

夏亚荣

2021 年 7 月

目　　录

第 1 章 绪 论

非线性科学是一门研究各类系统中非线性现象共同规律的交叉学科, 其研究贯穿于物理学、数学、经济学、生命科学、生物学、环境科学等众多科学领域, 一般认为非线性科学主要包括三个部分: 孤立子、混沌和分形, 这是 20 世纪继量子力学和相对论之后自然科学界的又一重大发现.

非线性方程作为描述自然界各类非线性现象的重要模型, 得到了众多学者的广泛关注. 目前, 对于非线性偏微分方程解的研究主要有如下三个方向. ① 解的数学理论研究. 对于一些难以求出解的方程, 借助数学理论 (解的先验估计、算子理论等) 证明解的适定性, 属于基础数学研究的内容. ② 解的数值模拟. 借助于计算机和计算数学知识, 对解的变化态势进行分析和模拟, 属于计算数学的内容. ③ 求方程的显式解. 通过适当的变换, 构造出解的解析表达式, 属于应用数学的范畴.

在可积系统领域, 关于非线性偏微分方程的研究也是涵盖了多个方面, 研究成果非常丰富. 尤其是在非线性方程的求解方面, 经过广大科学家多年的努力, 现已形成了研究非线性微分方程精确解的系统方法, 如反散射变换法 [201-219], Lie 群方法 [5-8], Darboux 变换法 [9,10], Bäcklund 变换法 [11-14], Hirota 双线性法和多线性法 [15-18], CK 直接法 [19-22], Painlevé 截断展开法 [23-26], 齐次平衡法 [27-30], 函数展开法 [31-38], 穿衣服法 [39], 非局部对称方法 [131-146] 等, 这些发展的非线性方法各有千秋, 它们针对于不同类型的非线性微分方程各显神通. 另外, 非线性方程的守恒律也一直是数学物理专家研究的重要对象, 守恒律的存在为建立和分析非线性方程提供了主要的原则, 尤其在研究方程解的存在性、唯一性及稳定性方面发挥了重要的作用, 同时微分方程的守恒律还可以进一步地解释方程所描述的物理现象.

本书主要研究了非线性系统的对称 (包括局部对称和非局部对称)、Lie 对称分析, 守恒律、非线性反应扩散方程的近似广义泛函变量分离解, 非局部方程的 Darboux 变换及书中涉及的非线性偏微分方程的求解. 其中关于求解问题包括以下几个方面: 发展一些新的求解方法; 求出某些方程的新解, 特别是, 对高维方程的求解是目前的难点和热点; 分析解的性质. 我们的目的是主要介绍一些求解的基本方法, 以便大家能利用这些方法来求解. 所介绍的这些方法将避开高深的数学知识, 只涉及高等数学的内容.

下面介绍与本书内容相关的一些问题的研究背景及其发展状况.

1.1　对称性理论

19 世纪, 挪威数学家 Sophus Lie 将 Galois 等数学家研究代数方程求解问题的群论方法拓展到了微分方程的求解上, 建立了用变换群来研究微分方程求解的理论, 即我们所熟知的 Lie 群理论 [47,48]. 一般地, 给定微分方程的一个对称群是指可以将方程的解变换成另一些解的群, Lie 给出了一种确定微分方程自变量和因变量空间连续点变换群的具体算法, Lie 的第一基本定理指出, 这些变换群可以通过无穷小生成元来确定, 只要求出了方程的对称群, 我们就可以利用方程的旧解来构造方程的新解, 还可以对方程进行约化, 但是经典 Lie 群方法得到的无穷小变量只依赖于方程的自变量和因变量, 并不涉及因变量关于自变量的导数和积分.

1918 年, 德国著名女数学家 Noether 提出了将变分积分的对称群和相应的 Euler-Lagrange 方程联系起来的 Noether 定理 [49], 给出了由任意单参数变分对称群生成 Euler-Lagrange 方程的守恒律, 同时她还证明了更重要的结论: 对称群和守恒律之间存在着一一对应关系, 从而导致了 " 广义对称或称为 Lie-Bäcklund 对称" 的产生, Lie-Bäcklund 对称的无穷小生成元不仅依赖于方程的自变量和因变量, 还依赖于因变量关于自变量的各阶导数. 文献 [50] 和 [51] 利用 Lie-Bäcklund 变换, 得到了 KdV(Korteweg-de Vries) 方程、Sine-Gordon 方程、非线性 Schrödinger 方程等孤立子方程的无穷多守恒律. 1977 年, Olver 提出了在 Lie-Bäcklund 对称下不变的微分方程, 在通过无穷多个由递推算子作用而得到的 Lie-Bäcklund 对称下也是不变的. 后来 Ibragimov 和 Olver 分别在 1985 和 1986 年进一步对 Lie-Bäcklund 对称做了讨论和研究. 1994 年 Fokas 和 Liu, 1995 年 Zhdanov 分别在文献 [52,53] 及 [54] 中对 Lie-Bäcklund 对称做了进一步推广, 提出了条件 Lie-Bäcklund 对称, 或称为广义条件对称, 如同 Lie-Bäcklund 对称方法是对 Lie 点对称方法的推广一样, 条件 Lie-Bäcklund 对称方法是对非经典对称方法的自然推广, 其计算过程同非经典对称的方法一样, 最重要的是事先给定条件 Lie-Bäcklund 对称的形式, 利用条件 Lie-Bäcklund 对称可以对非线性方程进行分类.

1969 年, Bluman 和 Cole 进一步推广了对称的范围, 提出了非经典对称, 即条件对称 [6,55], 他们在研究线性热传导方程的对称约化时, 增加了不变曲面条件, 微分方程的不变性被限制在所需满足的微分方程和不变曲面条件的交集上, 使得决定方程组所含方程的个数多于经典情形下决定方程组中方程的个数, 因此可以得到更多的对称.

1989 年, Clarkson 和 Kruskal 在研究 Boussinesq 方程时, 由于此方程的有些对称约化不能通过 Lie 群方法得到, 他们提出了 CK 直接法 [19], 这种方法在不涉及任何群理论的情形下, 直接对方程进行约化, 并且得到的结果包含了 Lie 群法所得的结果. 1990 年, 楼森岳教授受到 CK 直接法的启发, 提出了修正的直接法 [56], 这种方法不仅可以得到微分方程的完全的 Lie 点对称群, 而且可以得到离散的对称群, 同时所得的 Lie 群的有限变换的表达式更加清楚简单.

1980 年, Vinogradov 和 Krasil'shchik 首次提出了非局部对称的概念 [57], 并利用递推算子构造出了多个方程的非局部对称. 1988 年, Bluman 通过求解微分方程势系统的 Lie 点对称来寻找方程的非局部对称, 提出了势对称 (非局部对称) 的概念 [58-62,133]. 屈长征等利用经典 Lie 群方法、势对称方法及广义条件对称方法研究了一些方程的群分类问题 [63,64]. 楼森岳和 Guthrie 利用递推算子的逆算子构造了一系列可积方程的非局部对称 [65,68]. 1992 年, Galas 利用方程的伪势构造了一些非线性方程的非局部对称 [69], 同时, 楼森岳和胡星标借助于 Möbious 变换、Darboux 变换、Bäcklund 变换等经典有限变换中蕴含的不变性, 重新推导了 KdV 方程、KP(Kadomtsev- Petviashvili) 方程等的非局部对称 [45,70,71], 并且利用种子非局部对称构造了无穷多非局部对称, 获得了一些新的可积模型. 闫振亚也在非局域对称方面做了很多重要的研究, 得到了很多重要的成果 [235]. 2012 年, 楼森岳、胡晓瑞、陈勇利用 Darboux 变换及 Bäcklund 变换构造了非局部对称 [73,74], 并成功将所求的非局部对称局部化. 2013 年, Bluman 研究了对于任意给定的非线性发展方程, 从该方程的任一 Lie 点对称出发, 通过正则变换来引入原方程相关的势系统, 最终得到原方程的非局部对称, 提出了利用 Lie 点对称来构造非局部对称的理论 [75], 此方法包含了 Bluman 之前关于非局部对称的理论, 提供了更加系统的寻找非局部对称的方法. 辛祥鹏和陈勇借助于辅助系统, 如 Lax 对、势系统、伪势、Bäcklund 变换方程等作为原方程的扩大系统, 并引入恰当的非局部变量及其导数项或积分项, 给出了求解非局部对称过程的具体算法 [46]. 楼森岳等人提出了 Painlevé 截断展开时奇异流形的留数是非局部对称, 称为留数对称, 将非局部留数对称局部化为 Lie 点对称后, 可以得到有限对称变换和新的对称约化解 [76]. 以上这些方法丰富了对称方法在微分方程中的应用, 可以用来构造其他可积系统新的精确解、守恒律和其他一些相关工作.

1.2　守恒律的相关理论

守恒性本质上源于对称性, 20 世纪上半叶, Engel 在文献中提出了角动量守恒、线性质量守恒、质心速度不变分别对应于平移变换、旋转变换、Gallilean 变换的对称性. 1918 年德国女数学家 Noether 提出了著名的 Noether 定理 [49], 她指出作用量的每一种对称性都对应着一个守恒律; 反之, 每一个守恒律, 必对应于一种对称性, 给出了守恒律和对称性之间存在着重要的对应关系. Noether 定理对于具有变分原则的微分方程, 通过对称构造方程的局部守恒律公式, 成功地将构造方程的守恒律转化为寻找变分对称的问题, 给出了系统有效的构造方程守恒律的方法, 然而对于不具有变分对称的方程, Noether 定理就失去了其有效性, 因此该定理被后来的学者们进行了不断改进和推广. Steudal 提出了将守恒律写成特征形式的特征方法, 建立了根据守恒律的特征求守恒律的理论 [77]. Anco 和 Bluman 通过求解线性化场方程的伴随方程, 给出了构造场方程的局部守恒律公式 [78], 2002 年, Anco 和 Bluman 对上述方法进行了改进, 将伴随不变条件用一些决定方程来代替, 得到了直接构造 Cauchy-Koralevskaya 方程 (组) 的局部守恒律公式 [79]. 2006 年, Kara 和 Mahomed 提出了构造局部守恒律的 Lagrange 方法, 通过定义部分 Lagrange 函数及 Noether-type 对称, 利用 Euler 算子、Lie-Bäcklund 算子及 Noether 算子所满足的等式及守恒律的定义给出了局部守恒律的计算公式 [80], 在某种程度上可以说 Noether 定理是该方法的一种特殊情形. Ibragimov 将伴随方程的思想与 Noether 定理相结合, 提出了利用方程的 Lie 点对称、Lie-Bäcklund 对称和非局部对称构造方程的非局部守恒律的方法 [81,82].

1.3　近似对称的方法

在人们关注非线性现象的同时, 在科学和工程领域经常会出现的一些依赖于小参数的非线性偏微分方程, 我们通常称之为扰动方程, 扰动分析为我们研究扰动方程提供了有用的工具. 为了研究扰动方程的性质, 我们需要去寻找它的近似解, 在过去的几十年, 利用 Lie 对称和扰动理论相结合的方法去研究扰动的偏微分方程引起了广泛的关注, 并由此产生了两类近似的方法. 第一类是由 Baikov 等人提出的近似 Lie 点对称方法, 此方法是扰动对称群的无穷小算子而不是因变量 [83-86]; 第二类是由 Fushchich 和 Shtelen 提出的近似对称方法, 该方法是借助于一个无穷小参数将因变量展开的 (这里的无穷小参数可能是来自于物理上的一些具体问题或者是人为引入的)[87]. 在文献 [88] 和 [89] 中, 作者对以上的两类方法做了比较, 在近似 Lie 点对称的基础上, Mahomed 和屈长征提出了近似条件对称, 并将其应用到了一类热方程和波方程 [86]. Kara 等引入了扰动偏微分方程的近似势对称方法, 并将其应用到了波方程和扩散方程 [85]. 张顺利等人提出了近似广义条件对称的概念, 并将这种方法进行了推广, 研究了一些特定类型的扰动的非线性演化方程的完全分类和近似求解 [90-94]. 焦小玉等人将扰动方法和直接方法相结合, 提出了近似直接方法 [95].

1.4　Darboux 变换方法

Darboux 变换方法不仅可以用于一般的变系数局部偏微分方程的求解, 也可用于变系数非局部偏微分方程的求解. 作为构造孤立子方程显式解的有效方法,

Darboux 变换方法最早是在 1882 年由 G. Darboux 研究一维 Schrödinger 方程等谱特征值问题时提出的. 1986 年谷超豪从 Darboux 阵出发构造了 KdV 族及 AKNS 梯队的 Bäcklund 变换, 从而解决了诸多方程族的 Bäcklund 变换问题[96]. 接着, 谷超豪、胡和生和周子翔将 Darboux 变换推广到了多维空间的情形, 并应用于几何问题的研究[97-99]. 刘青平在超对称的 Darboux 变换方面做了很多有意义的工作[100]. 2012 年郭柏灵提出了推广的 Darboux 变换法, 用于构造方程的怪波解[100]. 目前, Darboux 变换已成为可积系统领域的一种重要研究方法, 被广泛应用于连续方程及离散方程的求解及守恒律的构造, 取得了丰富的成果[101-103]. 近来, 朱佐农、周子翔、陈勇等在考虑对称约束的前提下, 进一步将 Darboux 变换方法用于构造非局部方程的求解及研究[104-107]. 但是, 目前将 Darboux 变换方法应用于变系数非局部方程的研究还比较少.

1.5 本书的主要工作

非线性系统的对称性及守恒律一直是物理和数学的重要研究对象, 尤其是在孤立子理论和可积系统中, 对称性和守恒律更是发挥着极为重要的作用. 在对称性研究方面, 关于非局部对称的研究成为近些年的热点之一, 与经典对称比较, 求解非线性系统的非局部对称技巧性比较强, 通常需要加入人为经验, 但是求出的非局部对称通常能够带来一些新颖的结果. 再者, 众多的研究事实表明, 一般有孤立子解的非线性方程通常都有无穷多守恒律, 说明非线性方程孤立子解的存在与方程存在无穷多守恒律有着密切的联系, 如果一个系统有无穷多对称和守恒律, 则可认为此系统是可积的. 本书将对称理论作为主要研究工具, 利用截断的 Painlevé 分析方法, 研究了几类非线性系统的非局部留数对称, 证明了它们的相容 Riccati 展开 (CRE) 及相容 tanh 函数展开 (CTE) 可解性, 并利用此性质构造了方程的相互作用解. 利用经典 Lie 群法研究了几类非线性方程的 Lie 对称分析, 并证明了它们的自伴随性, 利用所得的 Lie 点对称及 Ibragimov 定理构造了所讨论方程的无穷多守恒律, 同时利用条件 Lie-Bäcklund 对称和不变子空间方法研究了非线性反应扩散方程组的分类和广义变量分离解, 并进一步将条件 Lie-Bäcklund 对称和不变子空间方法推广到了扰动的情形, 研究了非线性扰动方程的分类和近似广义泛函变量分离解.

主要内容安排如下.

第 2 章研究了几类非线性系统的非局部对称及其相互作用解. 首先, 利用截断的 Painlevé 分析法得到了 (2+1) 维非色散长波方程组 (DLW)、高阶 Broer-Kaup(HBK) 方程组的非局部留数对称, 此方法具有一定的普遍性, 只要方程具有 Painlevé 可积性, 都可以来研究它的非局部对称. 另外, 通过引入新的因变量将非

局部对称局部化为新的封闭系统的 Lie 点对称. 在局部化的过程中, 给出了一些技巧, 针对于不同的方程, 这些技巧都具有一定的参考价值. 其次, 证明了 DLW 系统、HBK 系统、修正的色散长波方程组 (MDWW)、修正的 Boussinesq 方程组的相容 Riccati 展开 (CRE) 及相容 tanh 函数展开 (CTE) 可解性, 构造了这些方程新的精确解, 如单孤立子解、多共振孤立子解及孤立子与椭圆周期波解相互作用解等, 同时给出了相关解的图像, 用于更好地理解、研究解的性质.

第 3 章利用辅助系统方法研究了常系数耦合 KdV 方程组的非局部对称和群不变解, 并将该方法推广到了三类变系数的非线性偏微分方程中去, 研究了变系数耦合 Newell-Whitehead 方程组、变系数 AKNS 系统及广义的变系数浅水波方程组的非局部对称及精确解. 首先从方程组的 Lax 对出发, 通过在最对称的假设中引入新的变量, 得到了方程组的非局部对称. 接着通过引入新的辅助变量, 将非局部对称扩大为延拓系统的 Lie 点对称, 利用经典 Lie 群方法研究了延拓系统的初值问题. 最后, 利用对称约化理论研究了延拓系统的群不变解.

第 4 章研究了修正的 Boussinesq 方程组、HBK 方程组、MDWW 方程组及 (2+1) 维 DLW 方程组的 Lie 对称分析, 并给出了修正的 Boussinesq 方程组及 HBK 方程组的最优系统, 证明了以上几类方程组的非线性自伴随性, 通过对方程组自伴随性的讨论把伴随方程化成了与原方程等价的方程组. 最后, 利用方程组的自伴随性、Lie 点对称及 Ibragimov 定理获得了以上方程组的无穷多守恒律.

第 5 章利用条件 Lie-Bäcklund 对称方法研究了非线性反应扩散方程组, 在给定方程组允许的条件 Lie-Bäcklund 对称的情况下, 给出了方程组的完全分类, 得到了方程组允许的不变子空间等价于方程组的高阶 Lie-Bäcklund 对称, 并通过具体的例子构造方程组定义在多项式、三角函数及指数函数类型的不变子空间上的广义分离变量解.

第 6 章将条件 Lie-Bäcklund 对称和不变子空间方法推广到了扰动方程的情形. 首先, 提出了扰动不变子空间的概念. 其次, 利用近似广义条件对称及扰动的不变子空间方法研究了带弱源项的反应扩散方程的近似广义泛函变量分离解, 给出了允许近似广义条件对称的方程的完全分类. 最后, 通过具体的例子构造了分类方程的近似广义泛函变量分离解.

第 7 章将 Darboux 变换方法应用到了近年来的一类新的可积方程——非局部方程, 首先研究非局部 Hirota 方程和非局部耦合 AKNS 方程组的 Darboux 变换及孤立子解, 接着将这种方法推广到了变系数非局部 Schrödinger 方程的研究中, 得到了方程新的孤立子解.

第 8 章对本书的主要内容做了简要的总结与展望.

第 2 章 几类非线性系统的非局部留数对称及相互作用解

Lie 对称理论提供了一种构造微分方程点变换的方法, 所得对称的无穷小函数中仅含有自变量和因变量, 通常被称为 Lie 点对称. 后来人们对 Lie 对称理论做了一系列的推广, 对称所涉及的函数范围不断扩大. 当无穷小函数包含因变量的一阶导数时, 对应的对称称为切对称或接触对称; 当无穷小函数涉及因变量的高阶导数项时, 对应的对称称为 Lie-Bäcklund 对称或高阶对称, 上述这些对称统称为局部对称. 进一步, 当无穷小变量中包含非局部变量时, 相应的对称称为非局部对称. 非局部对称可看作是局部对称的推广, 相比于局部对称, 非局部对称的获取和应用都更加困难和复杂. 但由于非局部对称通常会带来一些更加新颖的结果, 因此也得到了众多学者的广泛关注. 目前获取非局部对称的主要方法有逆递推算子法、Darboux 变换法、Bäcklund 变换法、Möbius 变换法、截断的 Painlevé 分析方法等.

本章主要是通过截断的 Painlevé 分析方法获取了几类方程的非局部对称, 并证明了它们的 CRE 可解、CTE 可解性, 求出了这几类方程新的精确解. 首先介绍了非局部留数对称的概念及其寻找方法, 给出了 CRE 可解及 CTE 可解的概念, 接着利用截断的 Painlevé 分析方法求得了 DLW 方程组、HBK 方程组的非局部留数对称. 由于非局部对称不能直接用来对原方程进行求解约化, 因此需要对其进行局部化, 书中通过引入足够多的势变量把求出的非局部对称转化为局部对称. 最后, 利用 CRE 可解及 CTE 可解的概念, 证明了 DLW 方程组、HBK 方程组、MDWW 方程组的 CRE, CTE 可解性, 根据此性质构造了以上三类方程组新的精确解, 如多共振孤立子解、孤立子与椭圆周期波的相互作用解等. 为了更好地理解解的性质, 本章通过选取恰当的参数给出了相应解的图像. 下面首先对本章所用到的相关理论作以简单的介绍.

2.1 方 法 简 介

本节给出非局部留数对称、CRE 可解的概念及它们的具体求解步骤.

2.1.1 非局部留数对称的概念及其求解方法

定义 2.1 考虑如下的非线性偏微分方程

$$P(u, u_t, u_x, u_{xx}, \cdots) = 0, \tag{2.1.1}$$

若它的解具有如下洛朗展开形式:

$$u = \sum_{i=1}^{\infty} u_i \phi^{i-\alpha},$$

并满足

(1) α 是一个正整数;

(2) $u_j = u_j(t, z_1, z_2, \cdots, z_n)(j = 1, 2, \cdots)$ 在流形

$$\phi(z_1, z_2, \cdots, z_n)$$

的邻域内解析;

(3) $u_j(j = 1, 2, \cdots)$ 满足方程有自相容的解,

则称非线性偏微分方程 (2.1.1) 具有 Painlevé 性质.

对于任意一个具有 Painlevé 可积性质的非线性偏微分方程 (2.1.1), 都可以做如下的截断 Painlevé 展开

$$u = \sum_{i=1}^{n} u_i f^{i-\alpha}, \tag{2.1.2}$$

其中 α 是通过领头项分析而确定的正整数. 最近楼森岳教授发现在做上面的 Painlevé 截断展开时, 奇异流形的留数是一个非局部对称, 称之为留数对称 [76].

下面给出求非局部留数对称的具体步骤.

对于任意一个给定的 Painlevé 可积的偏微分方程 (2.1.1), 存在一个正整数 α, 使得原方程的解具有表达式 (2.1.2) 的形式, 同时方程 (2.1.1) 的一个对称 σ 满足下面的方程

$$P'(u)\sigma = \lim \frac{\mathrm{d}P(u + \varepsilon\sigma)}{\mathrm{d}\varepsilon} = 0, \tag{2.1.3}$$

将展式 (2.1.2) 代入原方程 (2.1.1) 中, 消去 ϕ 的各次幂的系数, 可得如下的留数对称定理.

定理 2.1　Painlevé 截断展开式 (2.1.2) 中奇异流形的留数 $u_{\alpha-1}$ 关于原方程 (2.1.1) 的解 u_α 是一个对称.

我们知道对于一个 Painlevé 可积的偏微分方程 (2.1.1),

$$u_\alpha = u_\alpha(\phi), \tag{2.1.4}$$

将原方程 (2.1.1) 转化为它的 Schwarzian 形式

$$P_s(\phi) = 0. \tag{2.1.5}$$

Schwarzian 形式 (2.1.5) 在 Möbious 变换

$$\phi \to \frac{a\phi + b}{c\phi + d} \quad (ad \neq bc) \tag{2.1.6}$$

下不变, 这样我们就得到了三个对称

$$\sigma^\phi = d_1, \quad \sigma^\phi = d_2\phi, \quad \sigma^\phi = d_3\phi^2, \tag{2.1.7}$$

其中 d_1, d_2, d_3 是任意常数.

根据以上的讨论我们可以知道留数对称就是关于线性化方程 (2.1.4) 的 Möbious 变换的对称 (2.1.7), 就是说留数对称可以局部化为

$$\sigma^{u_\alpha} = u_{\alpha-1}, \quad \sigma^\phi = d_3\phi^2, \quad \sigma^{u_\alpha} = (u_\alpha)'_\phi \sigma^\phi, \tag{2.1.8}$$

对于不同的模型, d_3 的取值不同.

Lie 的第一定理: 对于一个偏微分系统, $R^\sigma(x, u, \partial u, \cdots, \partial^k u) = 0$ ($x = (x^1, \cdots, x^n)$, $u(x) = (u^{(1)}(x), \cdots, u^{(m)}(x))$), 如果我们得到了该系统经典 Lie 群的无穷小生成子 $V = \xi^n(x, u)\dfrac{\partial}{\partial x^n} + \eta^m(x, u)\dfrac{\partial}{\partial u^m}$, 则对应的有限对称变换可以通过求解下面的初值问题得到

$$\frac{\mathrm{d}\hat{x}}{\mathrm{d}\varepsilon} = \xi(\hat{x}, \hat{t}, \hat{u}), \qquad \hat{x}(\varepsilon = 0) = x,$$

$$\frac{\mathrm{d}\hat{t}}{\mathrm{d}\varepsilon} = \tau(\hat{x}, \hat{t}, \hat{u}), \qquad \hat{t}(\varepsilon = 0) = t, \tag{2.1.9}$$

$$\frac{\mathrm{d}\hat{u}_i}{\mathrm{d}\varepsilon} = \eta^{u_i}(\hat{x}, \hat{t}, \hat{u}), \qquad \hat{u}_i(\varepsilon = 0) = u_i.$$

2.1.2 CRE 方法的介绍及其求解步骤

对于非线性偏微分方程

$$P(X, t, u) = 0, \quad X = \{x_1, x_2, \cdots, x_n\}, \tag{2.1.10}$$

我们的目的是寻找如下截断展开形式的解

$$u = \sum_{i=1}^n u_i R^i(\omega), \tag{2.1.11}$$

其中 u, ω 是 X, t 的函数, n 是通过平衡方程的非线性和最高阶偏导数项而确定的正整数, $R(\omega)$ 满足如下的 Riccati 方程

$$R_\omega = a_0 + a_1 R(\omega) + a_2 R^2(\omega), \tag{2.1.12}$$

其中, a_0, a_1, a_2 是常数. 将 (2.1.11) 及 (2.1.12) 代入 (2.1.10), 得到关于 $R(\omega)$ 的方程, 令 $R(\omega)$ 的各次幂的系数为零, 可解出 u_i 的关系式, 将 u_i 代入方程 (2.1.11) 可求得方程 (2.1.10) 的解为

$$u = u(\omega), \tag{2.1.13}$$

同时还会得到方程 (2.1.10) 的相容性条件为

$$F(\omega) = 0. \tag{2.1.14}$$

接下来的任务就是求方程 (2.1.14) 的解 $\omega(X, t)$, 将求出的解 $\omega(X, t)$ 代入方程 (2.1.13), 得到的就是方程 (2.1.10) 的解. 在求解方程 (2.1.14) 的过程中, 可以构造多种不同的解的形式, 得到方程 (2.1.10) 不同的相互作用解.

定义 2.2 对于非线性方程 (2.1.10), 若将表达式 (2.1.11) 及 (2.1.12) 代入 (2.1.10) 后, 通过消去 $R(\omega)$ 的系数得到的 u_i 和 ω 的方程是相容的, 不是超定的, 我们则称表达式 (2.1.11) 是相容的 Riccati 展式 (CRE), 非线性系统 (2.1.10) 被定义为 CRE 可解的.

若将截断展开表达式 (2.1.11) 变为

$$u = \sum_{i=1}^{n} u_i \tanh^i(\omega), \tag{2.1.15}$$

并将 (2.1.15) 代入方程 (2.1.10), 通过消去 $\tanh^i(\omega)$ 前面的系数, 则得到关于 ω 的相容性方程, 通过求解相容性方程就可构造出方程 (2.1.10) 的新的精确解, 尤其是孤立子与其他非线性波之间的相互作用解.

定义 2.3 对于非线性方程 (2.1.10), 若将表达式 (2.1.15) 代入 (2.1.10) 后, 通过消去 $\tanh^i(\omega)$ 的系数得到的 u_i 和 ω 的方程是相容的, 不是超定的, 我们则称表达式 (2.1.15) 是相容的 tanh 展式 (CTE), 非线性系统 (2.1.10) 被定义为 CTE 可解的.

特别地, 当表达式 (2.1.12) 中 $a_0 = 1$, $a_1 = 0$, $a_2 = -1$ 时, 非线性系统 (2.1.10) 由 CRE 可解转化为 CTE 可解.

2.2   (2+1) 维色散长波方程组的留数对称及相互作用解

这一节, 我们将主要利用上一节给出的求非局部留数对称的理论, 讨论如下的 (2+1) 维色散长波方程组

$$\begin{aligned}
u_{yt} + v_{xx} + u_x u_y + u u_{xy} &= 0, \\
v_t + (uv + u + u_{xy})_x &= 0,
\end{aligned} \tag{2.2.1}$$

其中 $u = u(x, y, t)$ 表示的是水平方向的水流速度, $v = v(x, y, t)$ 是相对于液体平衡位置的高度偏差. 方程组 (2.2.1) 最早是由 Boiti 等人从一 "弱 Lax 对" 的相容性条件导出 [108] 的, 它描述的是在两个水平方向均匀深度浅水域的非线性色散长重力波模型, 截至目前, 方程组 (2.2.1) 已被很多作者进行了广泛的研究. 文献 [109] 和 [110] 分别利用了修改的代数方法和推广的 tanh 函数方法求出了方程组 (2.2.1) 的一些新的孤立子解. 在文献 [111]— [113] 中, 通过一般的代数方法和 Fan 代数方法求得了方程组 (2.2.1) 的复解、类孤立子解及双周期波类型的解. 文献 [114] 研究了方程组 (2.2.1) 的有理级数解和多孤立子解. 文献 [115] 和 [116] 分别应用推广的映射方法和变量分离法, 得到了方程组 (2.2.1) 的含有任意常数的变量分离解和许多局部粘连结构, 如: 多钟型孤子、呼吸子和瞬子. 文献 [117] 应用一般的奇异流形方法研究了方程组 (2.2.1) 的 Darboux 变换和 Lax 对. 文献 [118] 通过 Bäcklund 变换和双线性方法, 获得了方程组 (2.2.1) 的两种新的多孤立子解, 并讨论了 (2.2.1) 在不同的局部结构中的聚变和裂变现象. 本节将主要研究 (2.2.1) 的非局部留数对称及其相互作用解.

2.2.1 (2+1) 维色散长波方程组的留数对称及其局部化

(2+1) 维色散长波方程组的 Painlevé 截断展开式可表示为如下的形式:

$$
\begin{aligned}
u &= \frac{u_1}{\phi} + u_0, \\
v &= \frac{v_2}{\phi^2} + \frac{v_1}{\phi} + v_0,
\end{aligned}
\tag{2.2.2}
$$

其中 $u_0, v_0, u_1, v_1, v_2, \phi$ 均为 x, y, t 的函数, 将表达式 (2.2.2) 代入方程组 (2.2.1) 中, 令 $\dfrac{1}{\phi}$ 的各次幂前面的系数为零, 可解出

$$
\begin{aligned}
u_0 &= -\frac{\phi_{xx} + \phi_t}{\phi_x}, \quad u_1 = 2\phi_x, \quad v_1 = 2\phi_{xy}, \quad v_2 = -2\phi_x \phi_y, \\
v_0 &= -\frac{\phi_x \phi_{xxy} - \phi_{xy}\phi_{xx} + \phi_x^2 + \phi_x \phi_{yt} - \phi_{xy}\phi_t}{\phi_x^2},
\end{aligned}
\tag{2.2.3}
$$

同时, ϕ 满足下面的 Schwarzian 形式:

$$
P_t + S_x + 2P_{xx} - PP_x - k = 0,
\tag{2.2.4}
$$

其中 k 是任意的积分参数, P 和 S 的具体表达式如下:

$$
P = \frac{\phi_t}{\phi_x}, \quad S = \frac{\phi_{xxx}}{\phi_x} - \frac{3}{2}\left(\frac{\phi_{xx}}{\phi_x}\right)^2.
$$

Schwarzian 形式 (2.2.4) 在下面的 Möbious 变换

$$\phi \to \frac{a + b\phi}{c + d\phi} \quad (ad \neq bc)$$

下是保持不变的, 也就是说, 方程 (2.2.4) 容许三个对称 $\sigma^\phi = d_1$, $\sigma^\phi = d_2\phi$ 及 $\sigma^\phi = d_3\phi^2$, 其中, d_1, d_2, d_3 为任意常数.

将表达式 (2.2.2) 代入方程组 (2.2.1), 可以得到下面的 Bäcklund 变换定理.

定理 2.2 (Bäcklund 变换定理)　如果 ϕ 满足方程 (2.2.4), 则

$$u = -\frac{\phi_{xx} + \phi_t}{\phi_x}, \quad v = -\frac{\phi_x \phi_{xxy} - \phi_{xy}\phi_{xx} + \phi_x^2 + \phi_x\phi_{yt} - \phi_{xy}\phi_t}{\phi_x^2} \tag{2.2.5}$$

是方程组 (2.2.1) 关于 ϕ 和解 u, v 间的一个 Bäcklund 变换, 当 u, v 及 ϕ 满足 Bäcklund 变换 (2.2.5) 时, (2+1) 维色散长波方程组 (2.2.1) 有如下的留数对称

$$\sigma^u = 2\phi_x, \quad \sigma^v = 2\phi_{xy}. \tag{2.2.6}$$

证明　将方程组 (2.2.5), (2.2.6) 代入下面的表达式

$$\begin{aligned}
\sigma_{yt}^u + \sigma_{xx}^v + \sigma_x^u u_y + u_x \sigma_y^u + \sigma^u u_{xy} + u\sigma_{xy}^u = 0, \\
\sigma_t^v + v\sigma_x^u + \sigma^v u_x + \sigma^u v_x + u\sigma_x^v + \sigma_x^u + \sigma_{xxy}^u = 0,
\end{aligned} \tag{2.2.7}$$

同时利用方程 (2.2.4), 可以验证 (2.2.7) 式两端恒成立, 而表达式 (2.2.7) 正好是方程组 (2.2.1) 的对称方程, 因此定理 2.2 得证.

因为非局部对称不能直接用来构造微分方程的精确解, 所以需要将其转化为局部对称的情形. 通过引入新的变量 f, g 及 f_1, 利用表达式

$$f = \phi_x, \quad g = \phi_y, \quad f_1 = f_y \tag{2.2.8}$$

来消去空间导数 ϕ, 则方程组 (2.2.1) 的非局部对称被转化为延拓的方程组 (2.2.1), (2.2.4) 和 (2.2.8) 的 Lie 点对称

$$\sigma^u = 2f, \quad \sigma^v = 2f_1, \quad \sigma^\phi = -\phi^2,$$
$$\sigma^f = -2\phi f, \quad \sigma^g = -2\phi g, \quad \sigma^{f_1} = -2(gf + \phi f_1).$$

Lie 点对称的向量场表示如下:

$$V = 2f\partial_u + 2f_1\partial_v - \phi^2\partial_\phi - 2\phi f\partial_f - 2\phi g\partial_g - 2(gf + \phi f_1)\partial_{f_1}. \tag{2.2.9}$$

接下来, 我们研究 Lie 点对称 (2.2.9) 的有限对称变换. 根据 Lie 的第一基本定理, 解下面的初值问题

$$
\begin{aligned}
\frac{\mathrm{d}\hat{u}(\varepsilon)}{\mathrm{d}\varepsilon} &= 2\hat{f}(\varepsilon), \quad \hat{u}(0) = u, \\
\frac{\mathrm{d}\hat{v}(\varepsilon)}{\mathrm{d}\varepsilon} &= 2\hat{f}_1(\varepsilon), \quad \hat{v}(0) = v, \\
\frac{\mathrm{d}\hat{\phi}(\varepsilon)}{\mathrm{d}\varepsilon} &= -\hat{\phi}^2(\varepsilon), \quad \hat{\phi}(0) = \phi, \\
\frac{\mathrm{d}\hat{f}(\varepsilon)}{\mathrm{d}\varepsilon} &= -2\hat{f}(\varepsilon)\hat{\phi}(\varepsilon), \quad \hat{f}(0) = f, \\
\frac{\mathrm{d}\hat{f}_1(\varepsilon)}{\mathrm{d}\varepsilon} &= -2(\hat{g}(\varepsilon)\hat{f}(\varepsilon) + \hat{\phi}(\varepsilon)\hat{f}_1(\varepsilon)), \quad \hat{f}_1(0) = f_1, \\
\frac{\mathrm{d}\hat{g}(\varepsilon)}{\mathrm{d}\varepsilon} &= -2\hat{g}(\varepsilon)\hat{\phi}(\varepsilon), \quad \hat{g}(0) = g,
\end{aligned}
\tag{2.2.10}
$$

我们很容易得到下面的对称群变换定理.

定理 2.3 如果 $\{u,v,\phi,f,g,f_1\}$ 是延拓系统 (2.2.1), (2.2.4) 及 (2.2.8) 的解, 则 $\{\hat{u},\hat{v},\hat{\phi},\hat{f},\hat{g},\hat{f}_1\}$ 也是它们的解, 其中

$$
\begin{aligned}
\hat{u} &= -\frac{2f}{(\varepsilon\phi+1)\phi} + \frac{u\phi+2f}{\phi}, \\
\hat{v} &= v + \frac{2\varepsilon^2(\phi f_1 - fg) + 2\varepsilon f_1}{(\phi\varepsilon+1)^2}, \\
\hat{\phi} &= \frac{\phi}{\varepsilon\phi+1}, \\
\hat{f} &= \frac{f}{(\varepsilon\phi+1)^2}, \\
\hat{g} &= \frac{g}{(\varepsilon\phi+1)^2}, \\
\hat{f}_1 &= \frac{f_1(\varepsilon\phi+1) - 2fg\varepsilon}{(\varepsilon\phi+1)^3}.
\end{aligned}
\tag{2.2.11}
$$

定理 2.4 若知道方程组 (2.2.1) 的任一组解 u,v, 通过有限对称变换 (2.2.11) 将得到方程组 (2.2.1) 的另一组新的解 $\hat{u},\hat{v}$.

注 2.1 通过定理 2.3 我们可知, 从截断的 Painlevé 表达式得出的留数对称 $\sigma^u = 2\phi_x, \sigma^v = 2\phi_{xy}$ 正好就是群 (2.2.11) 的无穷小形式. 因为奇异流形系统 (2.2.1), (2.2.4) 及 (2.2.8) 在变换

$$
1 + \varepsilon\phi \to \phi \quad (\varepsilon f \to \phi_x, \varepsilon g \to \phi_y, \varepsilon f_1 \to \phi_{xy})
$$

下是保持不变的, 因此上面的群变换实际上等价于将表达式 (2.2.3) 代入 (2.2.2) 后的截断 Painlevé 展开式.

2.2.2　(2+1) 维色散长波方程组 (2.2.1) 的 CRE 可解及相互作用解

通过领头项分析, 我们可以得到方程组 (2.2.1) 有如下截断的 Painlevé 展开解

$$
\begin{aligned}
u &= u_0 + u_1 R(w), \\
v &= v_0 + v_1 R(w) + v_2 R^2(w),
\end{aligned}
\tag{2.2.12}
$$

其中 $w = w(x, y, t)$, $R(w)$ 是 Riccati 方程

$$
R_w = a_0 + a_1 R + a_2 R^2
\tag{2.2.13}
$$

的解, a_0, a_1, a_2 是任意常数. 将表达式 (2.2.12), (2.2.13) 代入方程组 (2.2.1), 令 $R(w)$ 的各次幂前面的系数为零, 可解出

$$
u_0 = \frac{a_1 w_x^2 + w_{xx} - w_t}{w_x},
$$

$$
v_0 = \frac{2a_0 a_2 w_x^3 w_y + a_1 w_{xy} w_x^2 + w_x w_{xxy} - w_{xx} w_{xy} + w_{xy} w_t + w_x^2 - w_x w_{yt}}{-w_x^2},
$$

$$
u_1 = 2a_2 w_x, \quad v_1 = -2a_2(a_1 w_x w_y + w_{xy}), \quad v_2 = -2a_2^2 w_x w_y,
\tag{2.2.14}
$$

同时函数 w 满足下面的方程

$$
P_{1t} + S_{1x} - 2P_{1xx} - P_1 P_{1x} - \delta w_x w_{xx} = 0,
\tag{2.2.15}
$$

其中 $P_1 = \dfrac{w_t}{w_x}, S_1 = \dfrac{w_{xxx}}{w_x} - \dfrac{3}{2}\left(\dfrac{w_{xx}}{w_x}\right)^2, \delta = a_1^2 - 4a_0 a_2.$

根据定义 2.2 可知, (2+1) 维色散长波方程组 (2.2.1) 是 CRE 可解的, 同时, 可以得到下面的 CRE 可解定理.

定理 2.5　(2+1) 维色散长波方程组 (2.2.1) 是 CRE 可解的, 相容的 Riccati 展式如下:

$$
\begin{aligned}
u &= u_0 + 2a_2 w_x R(w), \\
v &= v_0 - 2a_2(a_1 w_x w_y + w_{xy}) R(w) - 2a_2^2 w_x w_y R^2(w),
\end{aligned}
\tag{2.2.16}
$$

u_0, v_0 的具体表达式由方程 (2.2.14) 给出. 众所周知, 当 $a_0 = 1$, $a_1 = 0$, $a_2 = -1$ 时, Riccati 方程 (3.4.17) 有一个特殊解 $R(w) = \tanh(w)$, 此时, 我们称 CRE 可解为 CTE 可解, 反之亦然. 因此我们可以得到如下的 CTE 可解定理.

定理 2.6 当 $a_0 = 1$, $a_1 = 0$, $a_2 = -1$ 时, (2+1) 维色散长波方程组 (2.2.1) 是 CTE 可解的, 相容的 tanh 展式如下:

$$u = u_0 + 2a_2 w_x \tanh(w),$$
$$v = v_0 - 2a_2(a_1 w_x w_y + w_{xy}) \tanh(w) - 2a_2^2 w_x w_y \tanh^2(w), \tag{2.2.17}$$

u_0, v_0 的具体表达式由方程 (2.2.14) 给出.

因为方程组 (2.2.1) 的 CRE 及 CTE 可解性, 根据文献 [119], 关于 w 的方程 (2.2.15) 的解刻画了方程组 (2.2.1) 的孤立子和其他非线性激发模式的相互作用, 其一般形式为

$$w = h_1 x + h_2 y + h_3 t + W(q_1 x + q_2 y + q_3 t), \tag{2.2.18}$$

其中 $W(q_1 x + q_2 y + q_3 t) = W(X) = W$, $W_1(X) = W_X$ 满足

$$W_{1X}^2 = b_0 + b_1 W_1(X) + b_2 W_1(X)^2 + b_3 W_1(X)^3 + b_4 W_1(X)^4, \tag{2.2.19}$$

b_0, b_1, b_2, b_3, b_4 是待定常数, 把 (2.2.18), (2.2.19) 代入 (2.2.15), 利用符号计算工具 Maple 软件, 我们可得

$$b_0 = \frac{h_1^2(b_2 q_1^2 - 2b_3 h_1 q_1 + 9\delta h_1^2)}{q_1^4},$$
$$b_1 = \frac{h_1(2b_2 q_1^2 - 3b_3 h_1 q_1 + 12\delta h_1^2)}{q_1^3}, \tag{2.2.20}$$
$$b_4 = 3\delta, \quad h_3 = \frac{h_1 q_3}{q_1},$$

其他的常数 $h_1, h_2, h_3, q_1, q_2, q_3, b_2$ 及 b_3 依然为任意常数.

显然, 方程 (2.2.19) 的一般解能够表示为雅可比椭圆函数. 本节中, 我们取 w 为如下特殊形式的雅可比椭圆函数

$$w = h_1 x + h_2 y + h_3 t + \lambda E_\pi(sn(q_1 x + q_2 y + q_3 t, m), n, m) \tag{2.2.21}$$

作为方程 (2.2.15) 的解, (2.2.21) 刻画了方程组 (2.2.1) 的孤立子与椭圆周期波间的相互作用解, 其中 $sn(z, m)$ 为一般的雅可比椭圆 sine 函数, E_π 是第三类不完全椭圆积分. 把 (2.2.21) 代入 (2.2.15), 利用 Maple 软件解超定方程组可得以下几组解:

$$\{h_1 = h_1, \ h_2 = h_2, \ h_3 = h_3, \ \lambda = \lambda, \ m = m, \ n = 0,$$
$$q_1 = q_1, \ q_2 = q_2, \ q_3 = q_3\}, \tag{2.2.22}$$

$$\{h_1 = 2Zq_1, h_2 = h_2, h_3 = 2Zq_3, \lambda = -4Z, m = -1, n = -1,$$
$$q_1 = q_1, q_2 = q_2, q_3 = q_3\}, \tag{2.2.23}$$

$$\{h_1 = 2Zq_1, h_2 = h_2, h_3 = 2Zq_3, \lambda = -4Z, m = 1, n = -1,$$
$$q_1 = q_1, q_2 = q_2, q_3 = q_3\}, \tag{2.2.24}$$

其中

$$Z = \pm\frac{1}{\sqrt{4a_0a_2 - a_1^2}}, \quad 4a_0a_2 - a_1^2 \neq 0, \tag{2.2.25}$$

式 (2.2.22) 中的 $h_1, h_2, h_3, \lambda, q_1, q_2, q_3$ 及 m 均为任意常数, 并且满足 $h_3 = \frac{h_1q_3}{q_1}$.

当把 (2.2.22) 代入表达式 (2.2.21) 时, (2.2.21) 式将变为如下的形式

$$w = h_1x + h_2y + h_3t + \lambda\text{Elliptic}F(\text{Jacobi}SN(q_1x + q_2y + q_3t, m), m), \tag{2.2.26}$$

其中

$$\text{Elliptic}F(z, k) = \int_0^z \frac{d\alpha}{\sqrt{1-\alpha^2}\sqrt{1-\alpha^2k^2}}$$

表示的是第一种类型的不完全椭圆积分. 把方程 (2.2.14) 和 (2.2.26) 代入 (2.2.17), 我们将得到方程组 (2.2.1) 的孤立子与椭圆波的相互作用解. 由于解的形式比较复杂, 在这里我们就省略不写了. 为了更好地研究解的性质, 下面我们给出了解的图像如图 2.1, 参数选择如下: $\{h_1 = 1, h_2 = 0.5, h_3 = 0.5, \lambda = 0.1, q_1 = 2, q_2 = 4, q_3 = 1, m = 0.5\}$.

将 (2.2.23) 或 (2.2.24) 及 $a_0 = 1$, $a_1 = 0$, $a_2 = -1$ 代入表达式 (2.2.21), 式 (2.2.21) 将变为

$$w = -i(ih_2y + q_1x + q_3t - 2\text{Elliptic}F(\tanh(q_1x + q_2y + q_3t, -1), 1)), \tag{2.2.27}$$

再将 (2.2.14) 和 (2.2.27) 代入 (2.2.17), 我们可求得方程组 (2.2.1) 有如下的二孤立子解:

$$u = \frac{1}{(\tanh(q_1x + q_2y + q_3t)^2 + 1)q_1}(2Tq_1^2 - q_3)\tanh(q_1x + q_2y + q_3t)^2$$

$$-4q_1^2\tanh(q_1x + q_2y + q_3t) - 2q_1^2T - q_3, \tag{2.2.28}$$

$$v = -\frac{1}{(\tanh(q_1x + q_2y + q_3t)^2 + 1)^2}((2iT^2h_2q_1 + 2ih_2q_1 - 4q_1q_2$$

$$+1)\tanh(q_1x + q_2y + q_3t)^4 - 8Tq_1q_2\tanh(q_1x + q_2y + q_3t)^3$$

$$+2(1 + 2q_1q_2 - 2T^2q_1q_2)\tanh(q_1x + q_2y + q_3t)^2 + 8Tq_1q_2\tanh(q_1x$$

$$+q_2y + q_3t) - 2iT^2h_2q_1 + 4T^2q_1q_2 - 2ih_2q_1 + 1), \tag{2.2.29}$$

其中

$T = \tan(ih_2y + q_1x + q_3t - 2\text{Elliptic}F(\tanh(q_1x + q_2y + q_3t, -1), 1))$. 因为解 (2.2.28), (2.2.29) 是复数, 所以我们给出解的模的图形如图 2.2.

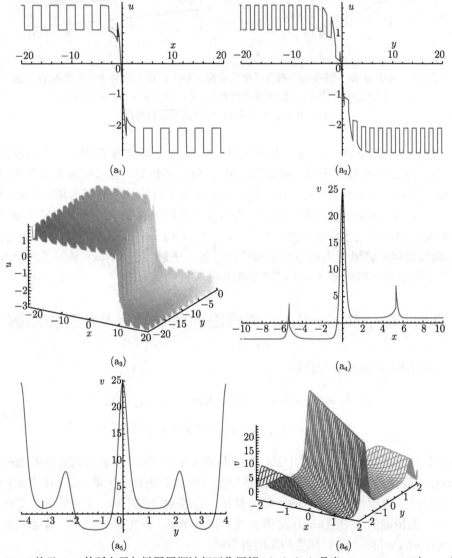

图 2.1 关于 u, v 的孤立子与椭圆周期波相互作用解. $(a_1), (a_4)$ 是当 $t = 0, y = 0$ 时 u, v 的 切面图. $(a_2), (a_5)$ 是当 $t = 0, x = 0$ 时 u, v 的切面图. $(a_3), (a_6)$ 是 u, v 的透视图

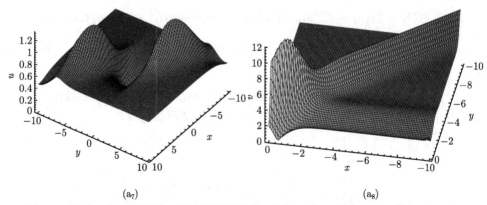

$$(a_7) \qquad\qquad\qquad\qquad (a_8)$$

图 2.2　关于 u 和 v 的模的二孤立子解的结构. 其中 u 和 v 是将 $t = 0$ 代入 (2.2.28),
(2.2.29) 时的表达式, 参数选择如下：$\{t = 0, h_2 = 0.1, h_3 = 0.5,$
$q_1 = 0.3, q_2 = 0.3, q_3 = 0.2\}$(文后附彩图)

注 2.2　图 2.1(a_1)—(a_3) 和图 2.1(a_4)—(a_6) 分别给出了 (2+1) 维色散长波方程组 (2.2.1) 的孤立子与椭圆周期波解 u 和 v 的图形. 图形刻画了孤立子在椭圆周期波背景下的传播, 可以明显地看出, 孤立子与每一个椭圆周期波尖峰间的相互作用相变都是弹性相变. 以上得到的解及其图形有助于进一步理解非线性色散的长重力波在浅水中的传播. 当模 $m = 1$ 或 $m = -1$ 以及 $n = -1$ 时, 孤立子-椭圆周期波将退化为图 2.2 所描绘的二孤立子解, 图 2.2(a_8) 显示了两个直线孤立子相交在初始时刻 $t = 0$ 时产生的共鸣现象.

2.3　高阶 Broer-Kaup 方程组的留数对称及相互作用解

高阶 Broer-Kaup 方程组

$$\begin{aligned}
\bar{F}_1 &= u_t + 4(u_{xx} + u^3 + 6uv - 3uu_x)_x = 0, \\
\bar{F}_2 &= v_t + 4(v_{xx} + 3uv_x + 3u^2v + 3v^2)_x = 0,
\end{aligned} \qquad (2.3.1)$$

最早是由楼森岳教授在文献 [120] 中提出并研究的, 它可以看作是著名的 Broer-Kaup 方程组的推广, 通常是用来描述长波在浅水中的双向传播. 在文献 [121] 中, 作者给出了方程组 (2.3.1) 的一些特殊解. 在文献 [122] 中, 作者研究了方程组 (2.3.1) 的精确的 n 次 Darboux 变换及多孤立子解. 在文献 [123] 中, 作者研究了 (2.3.1) 的 Painlevé 分析性质和新的解析解.

高阶 Broer-Kaup 方程组 (2.3.1) 是 Painlevé 可积的, 它的 Painlevé 截断表达式如下：

$$u = \sum_{i=0}^{\alpha} \bar{u}_i \bar{\phi}^{i-\alpha},$$

$$v = \sum_{j=0}^{\beta} \bar{v}_j \bar{\phi}^{j-\beta}, \qquad (2.3.2)$$

上式中的 α 和 β 均为正整数, $\bar{\phi}$ 表示的是奇异流形, 将 (2.3.2) 代入 (2.3.1) 中, 通过平衡非线性项和色散项的系数可得 $\alpha = 1$, $\beta = 2$, 将 α, $\beta = 2$ 代入 (2.3.2), 则可得如下标准的截断 Painlevé 表达式

$$u = \frac{\bar{u}_0}{\bar{\phi}} + \bar{u}_1,$$

$$v = \frac{\bar{v}_0}{\bar{\phi}^2} + \frac{\bar{v}_1}{\bar{\phi}} + \bar{v}_2, \qquad (2.3.3)$$

有趣的是, 当 $\bar{u}_1$ 和 $\bar{v}_2$ 是方程组 (2.3.1) 的解时, $\bar{u}_0$ 是 $\bar{v}_0$ 方程组 (2.3.1) 的对称方程的解, 即 $\bar{u}_0$ 是 $\bar{v}_1$ 方程组 (2.3.1) 的对称, 称为留数对称. 将表达式 (2.3.3) 代入 (2.3.1) 后, 令 $\dfrac{1}{\bar{\phi}}$ 的各次幂前面的系数为零, 可得

$$\bar{u}_0 = \bar{\phi}_x, \quad \bar{v}_0 = -\bar{\phi}_x^2,$$

$$\bar{v}_1 = \bar{\phi}_{xx}, \qquad (2.3.4)$$

$$\bar{v}_2 = \bar{u}_{1,x},$$

$$\bar{\phi}_t = -12\bar{\phi}_x \bar{u}_1^2 - 12\bar{\phi}_{xx}\bar{u}_1 - 24\bar{\phi}_x \bar{v}_2 + 12\bar{\phi}_x \bar{u}_{1,x} - 4\bar{\phi}_{xxx}. \qquad (2.3.5)$$

同时 $\bar{u}_1$, $\bar{v}_2$ 满足方程组 (2.3.1),

$$\bar{u}_{1,t} + 4(\bar{u}_{1,xx} + \bar{u}_1^3 + 6\bar{u}_1\bar{v}_2 - 3\bar{u}_1\bar{u}_{1,x})_x = 0,$$

$$\bar{v}_{2,t} + 4(\bar{v}_{2,xx} + 3\bar{u}_1\bar{v}_{2,x} + 3\bar{u}_1^2\bar{v}_2 + 3\bar{v}_2^2)_x = 0. \qquad (2.3.6)$$

将 (2.3.4) 代入 (2.3.3), 可得

$$u = \frac{\bar{\phi}_x}{\bar{\phi}} + \bar{u}_1,$$

$$v = \frac{-\bar{\phi}_x^2}{\bar{\phi}^2} + \frac{\bar{\phi}_{xx}}{\bar{\phi}} + \bar{v}_2, \qquad (2.3.7)$$

根据表达式 (2.3.7), 我们得到如下的 Bäcklund 变换定理.

定理 2.7 变换 (2.3.7) 是从解 $\{\bar{u}_1, \bar{v}_2\}$ 到解 $\{u, v\}$ 的 Bäcklund 变换, 其中 $\{\bar{u}_1, \bar{v}_2\}$ 满足方程 (2.3.5).

因为留数对称是非局部对称, 接下来我们引入新的变量 $\bar{f}$ 将其局部化, 通过表达式

$$\bar{f} = \bar{\phi}_x \tag{2.3.8}$$

来消掉空间导数 $\bar{\phi}$. 延拓方程组 (2.3.5), (2.3.6) 及 (2.3.8) 的线性化方程有如下的形式

$$\sigma^{\bar{v}_2} = \sigma^{\bar{u}_1}_x,$$

$$\sigma^{\bar{\phi}}_t + 12\sigma^{\bar{\phi}}_x u_1^2 + 24\phi_x \sigma^{\bar{u}_1} u_1 + 12\sigma^{\bar{\phi}}_{xx} u_1 + 12\phi_{xx}\sigma^{\bar{u}_1} + 24\sigma^{\bar{\phi}}_x v_2$$
$$+ 24\phi_x \sigma^{\bar{v}_2} - 12\sigma^{\bar{\phi}}_x u_{1x} - 12\phi_x \sigma^{\bar{u}_1}_x + 4\sigma^{\bar{\phi}}_{xxx} = 0,$$

$$\sigma^{\bar{u}_1}_t + 4\sigma^{\bar{u}_1}_{xxx} + 24\sigma^{\bar{u}_1} u_1 u_{1x} + 12\bar{u}_1^2 \sigma^{\bar{u}_1} + 24\sigma^{\bar{u}_1}_x \bar{v}_2 + 24\bar{u}_{1x}\sigma^{\bar{v}_2}$$
$$+ 24\sigma^{\bar{u}_1} \bar{v}_{2x} + 24\bar{u}_1 \sigma^{\bar{v}_2}_x - 24\sigma^{\bar{u}_1}_x \bar{u}_{1x}$$
$$- 12\sigma^{\bar{u}_1} \bar{u}_{1xx} - 12\bar{u}_1 \sigma^{\bar{u}_1}_{xx} = 0,$$

$$\sigma^{\bar{v}_2}_t + 4\sigma^{\bar{v}_2}_{xxx} + 24\sigma^{\bar{u}_1} \bar{v}_2 \bar{u}_{1x} + 24\bar{u}_1 \sigma^{\bar{v}_2} \bar{u}_{1x} + 24\bar{u}_1 \bar{v}_2 \sigma^{\bar{u}_1}_x$$
$$+ 24\sigma^{\bar{u}_1} \bar{u}_1 \bar{v}_{2x} + 12\sigma^{\bar{u}_1} \bar{v}_{2x} + 12\bar{u}_{1x}\sigma^{\bar{v}_2}_x + 12\sigma^{\bar{u}_1} \bar{v}_{2xx} + 12\bar{u}_1 \sigma^{\bar{v}_2}_{xx}$$
$$+ 12\bar{u}_1^2 \sigma^{\bar{v}_2}_x + 24\sigma^{\bar{v}_2} \bar{v}_{2x} + 24\bar{v}_2 \sigma^{\bar{v}_2}_x = 0,$$

$$\sigma^{\bar{f}} = \sigma^{\bar{\phi}}_x, \tag{2.3.9}$$

通过求解方程组 (2.3.9), 我们可以得到

$$\sigma^{\bar{u}_1} = \bar{f}, \quad \sigma^{\bar{v}_2} = -\bar{f}^2, \quad \sigma^{\bar{\phi}} = -\bar{\phi}^2, \quad \sigma^{\bar{f}} = -2\bar{\phi}\bar{f}, \tag{2.3.10}$$

从表达式 (2.3.10) 可以看出留数对称 $\{\bar{u}_0 = \bar{\phi}_x, \ \bar{v}_1 = \bar{\phi}_{xx}\}$ 被局部化为延拓方程组的 Lie 点对称, 其对应的向量场为

$$\bar{V} = \bar{f}\partial_{\bar{u}_1} - \bar{f}^2 \partial_{\bar{v}_2} - \bar{\phi}^2 \partial_{\bar{\phi}} - 2\bar{\phi}\bar{f}\partial_{\bar{f}}. \tag{2.3.11}$$

接下来, 我们研究 Lie 点对称 (2.3.11) 的有限对称变换. 根据 Lie 的第一定理, 通过解下面的初值问题

$$\frac{\mathrm{d}\hat{\bar{u}}_1(\varepsilon)}{\mathrm{d}\varepsilon} = \hat{\bar{f}}(\varepsilon), \quad \hat{\bar{u}}_1(0) = \bar{u}_1,$$

$$\frac{\mathrm{d}\hat{\bar{v}}_2(\varepsilon)}{\mathrm{d}\varepsilon} = -\hat{\bar{f}}^2(\varepsilon), \quad \hat{\bar{v}}_2(0) = \bar{v}_2,$$

$$\frac{\mathrm{d}\hat{\bar{f}}(\varepsilon)}{\mathrm{d}\varepsilon} = -2\hat{\bar{f}}(\varepsilon)\hat{\bar{\phi}}(\varepsilon), \quad \hat{\bar{f}}(0) = \bar{f},$$

$$\frac{\mathrm{d}\hat{\bar{\phi}}(\varepsilon)}{\mathrm{d}\varepsilon} = -\hat{\bar{\phi}}^2(\varepsilon), \quad \hat{\bar{\phi}}(0) = \bar{\phi}, \tag{2.3.12}$$

可以得到下面的对称群变换定理.

定理 2.8 如果 $\{\bar{u}_1, \bar{v}_2, \bar{\phi}, \bar{f}\}$ 是延拓方程组 (2.3.5), (2.3.6) 及 (2.3.8) 的解, 则 $\{\hat{\bar{u}}_1, \hat{\bar{v}}_2, \hat{\bar{\phi}}, \hat{\bar{f}}\}$ 也是 (2.3.5), (2.3.6) 及 (2.3.8) 的解, 且具体表达式如下

$$\hat{\bar{u}}_1 = -\frac{\bar{f}}{(\varepsilon\bar{\phi}+1)\bar{\phi}} + \frac{\bar{u}_1\bar{\phi}+\bar{f}}{\bar{\phi}},$$

$$\hat{\bar{\phi}} = \frac{\bar{\phi}}{\varepsilon\bar{\phi}+1},$$

$$\hat{\bar{v}}_2 = \frac{\bar{f}^2}{3\bar{\phi}(\varepsilon\bar{\phi}+1)^3} + \frac{3\bar{v}_2\bar{\phi}-\bar{f}^2}{3\bar{\phi}},$$

$$\hat{\bar{f}} = \frac{\bar{f}}{(\varepsilon\bar{\phi}+1)^2}.$$

$$(2.3.13)$$

注 2.3 通过定理 2.8, 我们发现通过截断的 Painlevé 展开得到的留数对称 $\{\bar{u}_0 = \bar{\phi}_x, \ \bar{v}_1 = \bar{\phi}_{xx}\}$ 正好就是群的无穷小形式. 实际上, 因为奇异流形方程 (2.3.5), (2.3.6) 及 (2.3.8) 在变换

$$1 + \varepsilon\bar{\phi} \to \bar{\phi} \quad (\varepsilon\bar{f} \to \bar{\phi}_x)$$

下是形式不变的, 所以上面的群变换等价于截断的 Painlevé 展开 (2.3.3) 及 (2.3.4).

2.3.1 高阶 Broer-Kaup 方程组的 CTE 展开及其 CTE 可解性

通过做领头项分析, 可知方程组 (2.3.1) 的截断 tanh 函数展开式为

$$u = \bar{u}_0 + \bar{u}_1 \tanh(\bar{w}) + \bar{w}_x,$$

$$v = \bar{v}_0 + \bar{v}_1 \tanh(\bar{w}) + \bar{v}_2 \tanh^2(\bar{w}),$$

$$(2.3.14)$$

为了后面计算的方便 (具体的见表达式 (2.3.15), (2.3.16), 此处的 $\bar{u}_0$ 已经被分出来), 我们将 (2.3.14) 关于 u 的表达式中的 $\bar{u}_0$ 用 $\bar{u}_0 + \bar{w}_x$ 做了替换, 将 (2.3.14) 代入 (2.3.1), 然后令 $\tanh(\bar{w})$ 的各次幂的系数为零, 可以得到 11 个关于 $\bar{u}_0$, $\bar{u}_1$, $\bar{v}_0$, $\bar{v}_1$, $\bar{v}_2$ 及 $\bar{w}$ 的超定方程组, 通过令 $\tanh^4(\bar{w})$ 及 $\tanh^5(\bar{w})$ 的系数为零, 可解出

$$\bar{u}_1 = \bar{w}_x, \quad \bar{v}_2 = -\bar{w}_x^2;$$

$$\bar{u}_1 = 2\bar{w}_x, \quad \bar{v}_2 = -2\bar{w}_x^2.$$

接下来, 我们分两种情况考虑.

情形 1 $\bar{u}_1 = \bar{w}_x, \bar{v}_2 = -\bar{w}_x^2$.

首先将表达式 $\{\bar{u}_1 = \bar{w}_x, \bar{v}_2 = -\bar{w}_x^2\}$ 代入剩下的 9 个方程, 我们能够得到变量 $\bar{u}_0$, $\bar{v}_0$, $\bar{v}_1$ 及 $\bar{w}$ 的相容关系式

$$\bar{v}_1 = \bar{w}_{xx},$$

$$\bar{v}_0 = \bar{u}_{0,x} + \bar{w}_x^2 + \bar{w}_{xx},$$

同时 $\bar{u}_0$, $\bar{w}$ 满足下面两个方程

PSTO :

$$\bar{w}_t + 4(\bar{w}_{xx} + 3\bar{w}_x^2 + 3\bar{u}_0\bar{w}_x)_x + 16\bar{w}_x^3 + 12\bar{u}_0\bar{w}_x(\bar{u}_0 + 2\bar{w}_x) = 0, \quad (2.3.15)$$

STO :

$$\bar{u}_{0,t} + 4(\bar{u}_{0,xx} + 3\bar{u}_0\bar{u}_{0,x} + \bar{u}_0^3)_x = 0, \tag{2.3.16}$$

通过 (2.3.16) 式, 我们发现 $\bar{w}_x$ 已经从 $\bar{u}_0$ 分离出来, 因此 $\bar{u}_0$ 的方程不依赖 $\bar{w}$, 又因为关于 $\bar{w}$ 的方程 (2.3.15) 是变系数的 Sharma-Tasso-Olver(STO) 方程的势形式 (PSTO), 它可以被线性化, 因此我们可以得到下面关于 HBK 方程组 (2.3.1) 的 CTE 可解定理.

定理 2.9　HBK 系统 (2.3.1) 是 CTE 可解的, 且其 CTE 展开式如下:

$$u = \bar{u}_0 + \bar{w}_x(1 + \tanh(\bar{w})),$$

$$v = \bar{u}_{0,x} + \bar{w}_{xx}(1 + \tanh(\bar{w})) + \bar{w}_x^2(1 - \tanh^2(\bar{w})), \tag{2.3.17}$$

其中 $\bar{u}_0$, $\bar{w}$ 满足方程 (2.3.15)—(2.3.16).

情形 2　$\bar{u}_1 = 2\bar{w}_x, \bar{v}_2 = -2\bar{w}_x^2$.

在这种情形下, 通过计算, 我们发现变量 $\bar{v}_1$, $\bar{v}_0$, $\bar{u}_0$ 及 $\bar{w}$ 是不相容的, u, v 的具体表达式如下

$$u = \bar{w}_x(1 + 2\tanh(\bar{w})) + \frac{\bar{w}_{xx}}{\bar{w}_x},$$

$$v = \frac{\bar{w}_{xx}^2}{\bar{w}_x^2} - \frac{\bar{w}_{xxx}}{\bar{w}_x} + 2\bar{w}_{xx}\tanh(\bar{w}) + 2\bar{w}_x^2(1 - \tanh^2(\bar{w})), \tag{2.3.18}$$

$\bar{w}$ 满足下面的方程组

$$\bar{w}_t + 4\left(4\bar{w}_x^3 - 2\bar{w}_{xxx} + 3\frac{\bar{w}_{xx}^2}{\bar{w}_x}\right) = 0,$$

$$(4\bar{w}_x^2 - \partial_x^2)\left(\frac{\bar{w}_{xxx}}{\bar{w}_x} - \frac{3}{2}\frac{\bar{w}_{xx}^2}{\bar{w}_x^2}\right) + 10\bar{w}_{xx}^2 = 0, \tag{2.3.19}$$

因此根据定义 2.3, 方程组 (2.3.1) 在情形 2 下不是 CTE 可解的, 然而, 通过求解超定的方程组 (2.3.19), 此情形依然可以用来构造方程组 (2.3.1) 的特殊类型的精确解.

2.3.2 高阶 Broer-Kaup 方程组的精确解

利用 CTE 可解方法, 可以构造各种不同类型的相互作用解[124]. 本小节我们主要根据定理 2.9 的内容构造方程组 (2.3.1) 的单孤立子解、多共振孤立子解及相互作用解. 根据定理 2.9, 我们可知通过解关于 $\bar{w}$ 和 $\bar{u}_0$ 的方程 (2.3.15), (2.3.16) 就可构造方程组 (2.3.1) 的精确解, 为了解关于 $\bar{w}$ 的方程 (2.3.15), 可以给关于 $\bar{u}_0$ 的方程 (2.3.16) 取一个特解, 则很容易能够通过方程 (2.3.16) 求解出 $\bar{w}$.

情形 1 HBK 方程组的单孤立子解.

首先取 STO 方程 (2.3.16) 最简单的解 $\bar{u}_0 = c$, 并把它代入方程 (2.3.15), 则方程 (2.3.15) 被化简为如下的常系数的 PSTO

$$\bar{w}_t + 4(\bar{w}_{xx} + 3\bar{w}_x^2 + 3c\bar{w}_x)_x + 16\bar{w}_x^3 + 12c\bar{w}_x(c + 2\bar{w}_x) = 0, \qquad (2.3.20)$$

根据 (2.3.15), 能够求解出

$$\bar{w} = kx + qt + z_0,$$
$$q = -4(3c^2k + 6ck^2 + 4k^3),$$

其中 z_0 是一个任意常数, 同时我们可以求得 HBK 方程组 (2.3.1) 对应的单孤立子解

$$u = k\tanh(kx + qt + z_0) + k + c,$$
$$v = k^2\text{sech}^2(kx + qt + z_0). \qquad (2.3.21)$$

为了更好地研究解的性质, 我们画出了解 (2.3.21) 对应的图形 (图 2.3).

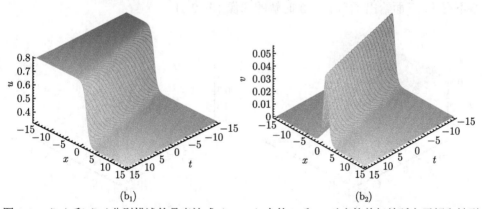

(b_1) $\qquad\qquad\qquad\qquad\qquad$ (b_2)

图 2.3 (b_1) 和 (b_2) 分别描述的是表达式 (2.3.21) 中的 u 和 v 对应的单扭结孤立子解和钟型孤立子解. 参数选取如下: $\left\{c = \dfrac{4}{5},\ k = \dfrac{-4}{17},\ z_0 = 2\right\}$

接下来, 我们更感兴趣的是去寻找 $\bar{w}$ 下面这种类型的解

$$\bar{w} = kx + qt + \frac{p}{2}, \qquad (2.3.22)$$

上述解 (2.3.22) 与孤立子和 STO/PSTO 波 p 之间的相互解相关, 将 (2.3.22) 代入 (2.3.20) 可得 p 满足下面的方程

$$p_t + 4p_x^3 + 4\left(\frac{3}{2}p_x^2 + 3c_1 p_x + 3c_1^2 p + p_{xx}\right)_x + 12c_1 p_x^2 = 0, \qquad (2.3.23)$$

其中 $c_1 = c + 2k$, 此时 HBK 方程组 (2.3.1) 对应的解为

$$u = \frac{1}{2}(2k + p_x)(1 + \tanh(\bar{w})) + c,$$

$$v = \left(k + \frac{1}{2}p_x\right)^2 \operatorname{sech}^2(\bar{w}) + \frac{1}{2}p_{xx}(1 + \tanh(\bar{w})). \qquad (2.3.24)$$

由文献 [125] 和 [126] 知, STO/PSTO 方程有多种类型的精确解, 比如共振孤立子解、多孤立子解等, 下面我们根据方程 (2.3.23) 的几种已知解来构造 HBK 方程组 (2.3.1) 的孤立子与 STO/PSTO 波之间的相互作用解.

情形 2 HBK 方程组的多共振孤立子解.

首先, 我们取方程 (2.3.23) 如下形式的多波解

$$p = \ln \sum_{i=1}^{n} c_i \exp(k_i x - 4(k_i^3 + 3k_i c_1^2 + 3c_1 k_i^2)t + z_i), \qquad (2.3.25)$$

将方程 (2.3.25) 代入 (2.3.24), 则可以得到方程组 (2.3.1) 的 $(n+1)$ 共振孤立子解, 这组解反映了孤立子的裂变与聚变. 解的具体形式由于其复杂性在这里就省略不写了, 下面给出了当 $n = 3$ 时解的图像 (图 2.4).

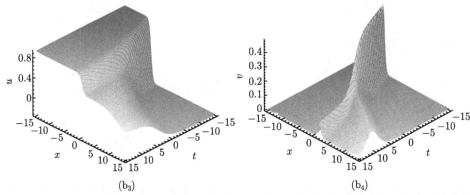

(b$_3$)　　　　　　　　　　　　　　　　(b$_4$)

图 2.4　(b$_3$) 和 (b$_4$) 分别描述的是上述将 (2.3.25) 代入 (2.3.24) 后所得的 u 和 v 对应的共振孤立子解, 此处 $n = 3$, 展示了三个扭结孤立子的裂变与聚变现象. 参数选取如下:

$$\left\{c = \frac{4}{5},\ k = \frac{-4}{17},\ z_0 = 2\right\}$$

情形 3 HBK 方程组的孤立子与周期波之间的相互作用解.

本小节我们取方程 (2.3.23) 另外两种不同类型的周期解来构造 HBK 方程组的孤立子与周期波之间的相互作用解.

(1) 孤立子与 sine-cosine 周期波之间的相互作用.

不难证明方程 (2.3.23) 有如下形式的精确解

$$p = \ln \left\{ \sum_{i=1}^{n} a_i \cos \left\{ k_i \left(-x + 4(3l_i^2 - k_i^2 + 3(c_1 + l_i)^2)t \right) \right\} \right.$$
$$\left. \cdot \exp \left\{ l_1 x - 4t(l_i^3 + 3(l_i(c_1^2 - k_i^2) - c_1(k_i^2 - 2l_i^2))) \right\} \right\}, \qquad (2.3.26)$$

a_i, k_i, l_i 代表任意常数, 这种类型的解反映了孤立子和 sine-cosine 周期波之间的相互作用, 将 (2.3.26) 代入 (2.3.24), 我们可以得到方程组 (2.3.1) 的多孤立子与多周期波之间的相互作用解.

(2) 孤立子与椭圆周期波之间的相互作用.

孤立子与椭圆周期波之间的相互作用体现了很多有趣的物理现象, 本节中我们取 p 为如下特殊的雅可比椭圆函数

$$p = l_1 x + l_2 t + \mu \mathrm{E}_\pi(sn(k_1 x + k_2 t, m), n, m), \qquad (2.3.27)$$

l_1, l_2, k_1, k_2, μ 及 m 为待定常数, $sn(z, m)$ 是一般的雅可比椭圆 sine 函数, E_π 表示的是第三类不完全椭圆积分, 将 (2.3.27) 代入 (2.3.23), 利用 Maple 软件解关于任意常数的超定方程组可得下面的结果

$$k_2 = -\frac{1}{\mu}(4k_1^3 \mu^3 + 12c_1 k_1^2 \mu^2 + 12k_1^2 l_1 \mu^2 + 1_2 c_1^2 k_1 \mu$$
$$+ 24c_1 k_1 l_1 \mu + 1_2 k_1 l_1^2 \mu + 1_2 c_1^2 l_1 + 1_2 c_1 l_1^2 + 4l_1^3 + l_2), \qquad (2.3.28)$$

$n = 0$, l_1, l_2, k_1, m, μ 均为任意常数, 将表达式 (2.3.27), (2.3.28) 代入 (2.3.24), 我们可以得到方程组 (2.3.1) 的孤立子与椭圆周期波的相互作用解.

根据以上两种情形, 可发现通过将 (2.3.26) 代入 CTE 解 (2.3.24) 及将 (2.3.27) 和 (2.3.28) 代入 CTE 解 (2.3.24) 均可得到 HBK 方程组 (2.3.1) 新的精确解, 这两类解均体现了多孤立子解和多周期波解之间的相互作用. 这里省略了解的具体形式, 为了更好地研究解的性质, 我们给出了关于 u 的两种相互作用解的图形 (图 2.5).

总而言之, 根据方程 (2.3.15) 和 (2.3.16), 任给 STO 及 PSTO 方程的一组解, 根据定理 2.9 我们就能得到 HBK 方程组 (2.3.1) 对应的相互作用解.

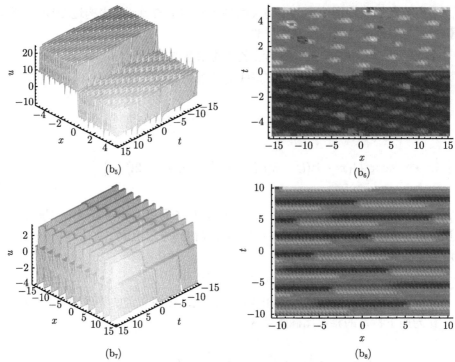

图 2.5　(b_5) 展示了关于 u 的孤立子与 sine-cosine 波之间的相互作用解, 参数选取为

$$\left\{a_1 = \frac{1}{3},\ a_2 = \frac{1}{3},\ c_1 = -6,\ k_1 = \frac{1}{4},\ k_2 = \frac{1}{4},\ l_1 = \frac{3}{20},\ l_2 = \frac{3}{20}\right\}.$$

(b_7) 是关于 u 的孤立子与 soliton-cnoidal 波相互作用解, 参数选取为

$$\left\{\mu = 50,\ k_1 = \frac{1}{4},\ l_1 = -1,\ l_2 = 0.37,\ c_1 = \frac{2}{3},\ m = 0.7\right\}.$$

(b_6) 和 (b_8) 是 (b_5) 和 (b_7) 的俯视图

对于不是 CTE 可解的情形, 我们依然能够找到超定方程组 (2.3.19) 的一些特殊精确解, 比如方程组 (2.3.19) 拥有如下的一组精确解

$$\bar{w} = \frac{1}{2}\ln\frac{k_1 x + k_2 - 4}{k_1 x + k_2 + 4} + k_3, \tag{2.3.29}$$

$$\bar{w} = -\frac{1}{2}\ln 2 + \frac{1}{4}\ln\frac{\left(\tan\left(\dfrac{\sqrt{2}}{8}\right)(2x + t + 1) + 1\right)^2}{\left(\tan\left(\dfrac{\sqrt{2}}{8}\right)(2x + t + 1) + 1 - 8\sqrt{2}\right)^2}, \tag{2.3.30}$$

将表达式 (2.3.29) 及 (2.3.30) 分别代入 (2.3.18) 我们即可获得方程组 (2.3.1) 对应的特殊有理解及单孤立子解.

2.4 (2+1) 维修正色散长波系统的 CTE 可解及相互作用解

(2+1) 维修正的色散水波 (MDWW) 系统的具体表达式如下:

$$
\begin{aligned}
\hat{F}_1 &= u_{yt} + u_{xxy} - 2v_{xx} - u_{xy}^2 = 0, \\
\hat{F}_2 &= v_t - v_{xx} - 2u_x v - 2u v_x = 0,
\end{aligned}
\tag{2.4.1}
$$

方程组 (2.4.1) 描述的是非线性色散长重力波在同一深度浅水域的两个水平方向的传播模型, MDWW 系统是从著名的 KP 方程及其对称约束中推导出来的[120], 方程组 (2.4.1) 已被广泛应用于物理和工程的很多分支, 尤其对于沿海和土木工程师在沿海港口的设计方面具有广泛的应用. 文献 [167] 和 [168] 利用多线性变量分离法, 通过选取恰当的任意函数, 获得了方程组 (2.4.1) 的丰富的局部激发模式, 如: 钟型孤子解、呼吸子、瞬子解等. 文献 [169]—[172] 研究了方程组 (2.4.1) 的孤立子聚变、裂变现象及折叠的局部激发现象等. 文献 [173] 利用标准的 Painlevé 截断展开法研究了方程组 (2.4.1) 非局部留数对称, 并将非局部对称局部化为 Lie 点对称, 利用对称约化法及 CK 直接法求出了方程组 (2.4.1) 的精确解. 本小节将主要研究方程 (2.4.1) 的 CTE 可解性及相互作用解.

首先利用截断的 Painlevé 分析方法, 对 (2+1) 维 MDWW 系统作截断的 Painlevé 展开, 具体表达式如下:

$$
\begin{aligned}
u &= \frac{\hat{u}_0}{\hat{\phi}} + \hat{u}_1, \\
v &= \frac{\hat{v}_0}{\hat{\phi}^2} + \frac{\hat{v}_1}{\hat{\phi}} + \hat{v}_2,
\end{aligned}
\tag{2.4.2}
$$

其中 $\hat{u}_0, \hat{u}_1, \hat{v}_0, \hat{v}_1, \hat{v}_2, \hat{\phi}$ 是关于 x, y 及 t 的函数, 通过将表达式 (2.4.2) 代入系统 (2.4.1), 消去 $\frac{1}{\hat{\phi}}$ 不同幂次的系数, 可解出

$$
\begin{aligned}
\hat{u}_0 &= \hat{\phi}_x, \quad \hat{u}_1 = \frac{\hat{\phi}_t - \hat{\phi}_{xx}}{2\hat{\phi}_x}, \\
\hat{v}_0 &= -\hat{\phi}_y \hat{\phi}_x, \quad \hat{v}_1 = \hat{\phi}_{xy}, \\
\hat{v}_2 &= \frac{-1}{2\hat{\phi}_x^2}(\hat{\phi}_{xy}\hat{\phi}_t - \hat{\phi}_{yt}\hat{\phi}_x - \hat{\phi}_{xy}\hat{\phi}_{xx} + \hat{\phi}_{xxy}\hat{\phi}_x),
\end{aligned}
\tag{2.4.3}
$$

因此我们可以得出 (2+1) 维的 MDWW 系统有如下的解:

$$
u = \frac{2\hat{\phi}_x^2 + \hat{\phi}\hat{\phi}_t - \hat{\phi}\hat{\phi}_{xx}}{2\hat{\phi}_x \hat{\phi}},
$$

$$v = \frac{1}{-2\hat{\phi}_x^2 \hat{\phi}^2}(2\hat{\phi}_y \hat{\phi}_x^3 - 2\hat{\phi}_{xy}\hat{\phi}\hat{\phi}_x^2 + \hat{\phi}_{xy}\hat{\phi}^2\hat{\phi}_t - \hat{\phi}_{xy}\hat{\phi}^2\hat{\phi}_{xx} \tag{2.4.4}$$

$$- \hat{\phi}_{yt}\hat{\phi}_x\hat{\phi}^2 + \hat{\phi}_{xxy}\hat{\phi}_x\hat{\phi}^2),$$

同时 $\hat{\phi}$ 满足 MDWW 系统的 Schwarzian 形式

$$\frac{-1}{2}CC_x + \frac{1}{2}S_x + \frac{1}{2}C_t - C_{xx} + \lambda = 0, \tag{2.4.5}$$

其中

$$C = \frac{\hat{\phi}_t}{\hat{\phi}_x},$$

$$S = \frac{\hat{\phi}_{xxx}}{\hat{\phi}_x} - \frac{3}{2}\left(\frac{\hat{\phi}_{xx}}{\hat{\phi}_x}\right)^2,$$

λ 是任意的积分参数. Schwarzian 形式 (2.4.5) 在 Möbious 变换

$$\hat{\phi} \to \frac{a + b\hat{\phi}}{c + d\hat{\phi}} \quad (ad \neq bc)$$

下是不变的, 也就是说方程 (2.4.5) 容许如下的三个对称

$$\sigma^{\hat{\phi}} = d_1,$$

$$\sigma^{\hat{\phi}} = d_2\hat{\phi},$$

$$\sigma^{\hat{\phi}} = d_3\hat{\phi}^2,$$

其中 d_1, d_2 及 d_3 是任意常数.

通过下面的拉直变换

$$\hat{\phi} = \frac{2}{\tanh(\hat{w}) - 1}, \tag{2.4.6}$$

其中 $\hat{w}$ 是 x, y 及 t 的函数, 可得到下面这组与 (2.4.4) 等价的解:

$$u = \hat{w}_x \tanh(\hat{w}) - \frac{\hat{w}_{xx} - \hat{w}_t}{2\hat{w}_x},$$

$$v = -\hat{w}_x\hat{w}_y \tanh^2(\hat{w}) + \hat{w}_{xy}\tanh(\hat{w}) + \hat{w}_x\hat{w}_y \tag{2.4.7}$$

$$+ \frac{\hat{w}_{yt} - \hat{w}_{xxy}}{2\hat{w}_x} + \frac{\hat{w}_{xx}\hat{w}_{xy} - \hat{w}_t\hat{w}_{xy}}{2\hat{w}_x^2},$$

关于 $\hat{w}$ 的等价相容性条件为

$$\frac{1}{2}C_{1t} - \frac{1}{2}C_1C_{1x} - C_{1xx} + \frac{1}{2}S_{1x} + 2\hat{w}_x\hat{w}_{xx} = 0, \tag{2.4.8}$$

其中

$$C_1 = \frac{\hat{w}_t}{\hat{w}_x}, \quad S_1 = \frac{\hat{w}_{xxx}}{\hat{w}_x} - \frac{3}{2}\left(\frac{\hat{w}_{xx}}{\hat{w}_x}\right)^2,$$

解 (2.4.7) 是通过变换 (2.4.6) 得到的, 故一般的截断 Painlevé 展开法被转化为推广的 tanh 函数展开法, 因此我们也说解 (2.4.7) 是一般 tanh 函数方法的推广, 解 (2.4.7) 也可以直接通过下面的 CTE 方法获得.

对于 (2+1) 维 MDWW 方程组 (2.4.1), 通过领头项分析可获得如下广义的截断 tanh 函数展开

$$
\begin{aligned}
u &= \hat{u}_0 + \hat{u}_1 \tanh(\hat{w}), \\
v &= \hat{v}_0 + \hat{v}_1 \tanh(\hat{w}) + \hat{v}_2 \tanh^2(\hat{w}),
\end{aligned}
\tag{2.4.9}
$$

其中 $\hat{u}_0, \hat{u}_1, \hat{v}_0, \hat{v}_1, \hat{v}_2$ 及 $\hat{w}$ 是关于 x, y 及 t 的函数, 将表达式 (2.4.9) 代入方程组 (2.4.1) 中, 消掉 $\tanh^i(\hat{w})$ 不同幂次的系数, 可以得到

$$
\begin{aligned}
\hat{u}_0 &= \frac{\hat{w}_t - \hat{w}_{xx}}{2\hat{w}_x}, \quad \hat{u}_1 = \hat{w}_x, \\
\hat{v}_1 &= \hat{w}_{xy}, \quad \hat{v}_2 = -\hat{w}_x \hat{w}_y, \\
\hat{v}_0 &= \frac{-1}{2\hat{w}_x^2}(-2\hat{w}_y \hat{w}_x^3 + \hat{w}_t \hat{w}_{xy} - \hat{w}_x \hat{w}_{yt} + \hat{w}_x \hat{w}_{xxy} - \hat{w}_{xx} \hat{w}_{xy}),
\end{aligned}
\tag{2.4.10}
$$

将 (2.4.10) 代入 (2.4.9), 就可得到与 (2.4.7) 完全相同的解.

上面的分析告诉我们, 方程 (2.4.8) 的直线解

$$w = \hat{k}_1 x + \hat{l}_1 y + \hat{d}_1 t$$

仅仅只能用来构造方程组 (2.4.1) 的单孤立子解, 为了寻找方程组 (2.4.1) 的孤立子与其他非线性激发之间的相互作用解, 我们需要寻找方程 (2.4.7) 其他类型的解, 本节中, 我们取 $\hat{w}$ 如下这种特殊形式的雅可比椭圆函数

$$\hat{w} = \hat{k}_1 x + \hat{l}_1 y + \hat{d}_1 t + \hat{\lambda} \mathrm{E}_\pi(sn(\hat{k}_2 x + \hat{l}_2 y + \hat{d}_2 t, \hat{m}), \hat{n}, \hat{m}), \tag{2.4.11}$$

其中 $sn(z, \hat{m})$ 是一般的雅可比椭圆 sine 函数,

$$\mathrm{E}_\pi(\zeta, \hat{n}, \hat{m}) = \int_0^\zeta \frac{\mathrm{d}t}{(1 - \hat{n}t^2)\sqrt{(1 - t^2)(1 - \hat{m}^2 t^2)}}$$

表示的是第三类不完全椭圆积分, 将 (2.4.11) 代入 (2.4.8), 利用 Maple 软件通过解超定的方程组可得

$$
\begin{aligned}
&\hat{k}_1 = 0, \quad \hat{l}_1 = \hat{l}_1, \quad \hat{d}_1 = \hat{d}_1, \quad \hat{\lambda} = \hat{\lambda}, \quad \hat{m} = \hat{m}, \quad \hat{n} = \hat{n}, \\
&\hat{k}_2 = \hat{k}_2, \quad \hat{l}_2 = \hat{l}_2, \quad \hat{d}_2 = \hat{d}_2,
\end{aligned}
\tag{2.4.12}
$$

其中 $\hat{l}_1, \hat{d}_1, \hat{\lambda}, \hat{m}, \hat{n}, \hat{k}_2, \hat{l}_2$ 及 $\hat{d}_2$ 为任意常数, 将 (2.4.10), (2.4.11) 及 (2.4.12) 代入 (2.4.9), 我们将得到方程组 (2.4.1) 的孤立子与椭圆周期波的相互作用解, 由于解 的具体形式比较复杂, 在此省略不写. 为了更好地研究解的动力学行为, 我们给出 具体的图像 (图 2.6), 其中参数选择如下: $\{\hat{l}_1 = 1.4, \hat{d}_1 = -0.5, \hat{\lambda} = -0.3, \hat{k}_2 = -0.9, \hat{l}_2 = -0.5, \hat{d}_2 = 0.2, \hat{m} = 0.8, \hat{n} = 0.5\}$.

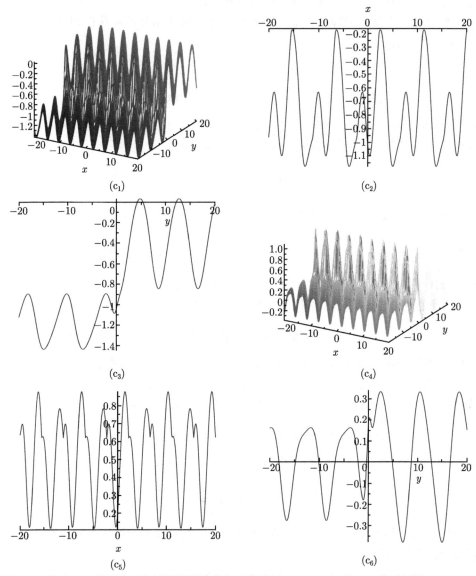

图 2.6　关于 u, v 的孤立子与椭圆周期波的相互作用解. $(c_1), (c_4)$ 是 u, v 的透视图. $(c_2), (c_5)$ 是当 $t = 0$, $y = 0$ 时 u, v 的切面图. $(c_3), (c_6)$ 是当 $t = 0$, $x = 0$ 时 u, v 的切面图

2.5 修正的 Boussinesq 方程组的相容 Riccati 展开可解性及相互作用解

2.5.1 修正的 Boussinesq 方程组的相容 Riccati 展开可解性

修正的 Boussinesq 方程组, 具体形式如下:

$$
\begin{aligned}
u_t &= 3v_{xx} + 6uv_x + 6vu_x, \\
v_t &= -u_{xx} - 6vv_x + 2uu_x.
\end{aligned}
\tag{2.5.1}
$$

本节中我们首先证明了方程组 (2.5.1) 是相容 Riccati 可解的, 接着利用方程组 (2.5.1) 推广的 Schwarzian 形式的特殊解构造了它的孤立子与椭圆周期波的相互作用解. 对于方程组 (2.5.1), 根据相容 Riccati 展开方法, 通过领头项分析, 方程组具有下面形式的解

$$
\begin{aligned}
u &= u_0 + u_1 R(w), \\
v &= v_0 + v_1 R(w),
\end{aligned}
\tag{2.5.2}
$$

其中 w 是关于 x, t 的函数, 展开项系数 u_0, u_1, v_0, v_1, w 将通过 $R(w)$ 的系数求解. $R(w)$ 满足 Riccati 方程

$$
R_w = a_0 + a_1 R(w) + a_2 R(w)^2, \quad R = R(w),
\tag{2.5.3}
$$

a_0, a_1, a_2 是待定常数.

将方程组 (2.5.2) 及 Riccati 方程 (2.5.3) 代入修正的 Boussinesq 方程组 (2.5.1), 通过令 $R(w)$ 的各次幂前面的系数为零, 我们得到了关于 4 个未知函数 u_0, u_1, v_0, v_1 的 8 个超定方程, 通过求解得到

$$
\begin{aligned}
u_0 &= -\frac{1}{4}\frac{a_1 w_x^2 + w_{xx} + w_t}{w_x}, \quad u_1 = -\frac{1}{2}a_2 w_x, \\
v_0 &= \frac{1}{12}\frac{3a_1 w_x^2 + 3w_{xx} - w_t}{w_x}, \quad v_1 = \frac{1}{2}a_2 w_x,
\end{aligned}
\tag{2.5.4}
$$

同时函数 w 满足下面的方程

$$
\begin{aligned}
&C_t + 3S_x + CC_x + 3\delta w_x w_{xx} = 0, \\
&C = \frac{w_t}{w_x}, \quad S = \frac{w_{xxx}}{w_x} - \frac{3}{2}\frac{w_{xx}^2}{w_x^2}, \quad \delta = a_1^2 - 4a_0 a_2.
\end{aligned}
\tag{2.5.5}
$$

w 所满足的方程 (2.5.5) 正是方程组 (2.5.1) 的推广 Schwarzian 形式, 当去掉 δ 项的时候, 就是方程组 (2.5.1) 的标准 Schwarzian 形式.

根据上面的计算, 我们发现 8 个超定方程是相容的, 因此称修正的 Boussinesq 方程组 (2.5.1) 是相容 Riccati 可解的. 同时我们可以得到关于修正的 Boussinesq 方程组 (2.5.1) 的解 u, v 和 Riccati 方程 (2.5.3) 的解之间的非自 Bäcklund 变换定理.

定理 2.10　如果 w 是方程 (2.5.5) 的解, 则

$$u = -\frac{1}{4}\frac{a_1 w_x^2 + w_{xx} + w_t}{w_x} - \frac{1}{2}a_2 w_x R(w),$$

$$v = \frac{1}{12}\frac{3a_1 w_x^2 + 3w_{xx} - w_t}{w_x} + \frac{1}{2}a_2 w_x R(w) \tag{2.5.6}$$

是修正的 Boussinesq 方程组 (2.5.1) 的解, 其中 $R(w)$ 是 Riccati 方程 (2.5.3) 的解. 本节中, 选取 Riccati 方程的解为如下的 tanh 函数类型:

$$R(w) = -\frac{1}{2a_2}\left(a_1 + \sqrt{\delta}\tanh\left(\frac{1}{2}\sqrt{\delta}w\right)\right). \tag{2.5.7}$$

2.5.2　修正的 Boussinesq 方程组的精确解

根据定理 2.10, 我们发现要求解修正的 Boussinesq 方程组 (2.5.1), 关键是求解关于 w 的方程 (2.5.5). 接下来我们给出 w 的两种特殊类型的解来构造方程组 (2.5.1) 的精确解.

1. 孤立子解

首先选取关于 w 的方程 (2.5.5) 具有如下形式的直线解

$$w = k_1 x + d_1 t, \tag{2.5.8}$$

把 (2.5.8) 代入 (2.5.6), 可得到修正的 Boussinesq 方程组 (2.5.1) 的单孤立子解如下:

$$u = \frac{1}{4}\frac{k_1^2\sqrt{\delta}\tanh\left(\frac{1}{2}\sqrt{\delta}(k_1 x + d_1 t)\right) - d_1}{k_1},$$

$$v = -\frac{1}{12}\frac{k_1^2\sqrt{\delta}\tanh\left(\frac{1}{2}\sqrt{\delta}(k_1 x + d_1 t)\right) + d_1}{k_1}, \tag{2.5.9}$$

其中 k_1, d_1 为任意常数.

2. 孤立子与椭圆周期波间的相互作用解

为了构造孤立子与椭圆函数波之间的相互作用解, 这里取方程 (2.5.5) 有下面特殊形式的解:

$$w = k_1 x + d_1 t + W(X), \qquad X = k_2 x + d_2 t. \tag{2.5.10}$$

将表达式 (2.5.10) 代入方程 (2.5.5) 中, 得到 $W_1(X)$ 满足如下的椭圆函数方程:

$$W_1^2(X) = b_0 + b_1 W_1(X) + b_2 W_1^2(X) + b_3 W_1^3(X) + b_4 W_1^4(X),$$
$$W_1(X) = W(X)_X,$$

其中

$$b_0 = \frac{1}{9} \frac{9k_1^2 k_2^3 (b_2 k_2 - 2b_3 k_1) + k_2^2 (d_1^2 - 27\delta k_1^4) + k_1 d_2 (4d_1 k_2 - 5k_1 d_2)}{k_2^6},$$

$$b_1 = \frac{1}{3} -3k_1^2 k_2^2 (4\delta k_1 + 3b_3 k_2) + 2k_1 (3b_2 k_2^4 - d_2^2) + 2d_1 d_2 k_2, \qquad (2.5.11)$$

$$b_4 = -\delta,$$

$k_1, k_2, d_1, d_2, b_2, b_3$ 均为任意常数.

通过上面的分析可以得到修正的 Boussinesq 方程组 (2.5.1) 有下面形式的解:

$$
\begin{aligned}
u = &-\frac{1}{4} \frac{a_1 (k_1 + k_2 W_1)^2 + k_2^2 W_{1X} + (d_1 + d_2 W_1)}{k_1 + k_2 W_1} \\
&+ \frac{1}{4} (k_1 + k_2 W_1) \left(a_1 + \sqrt{\delta} \tanh \left(\frac{1}{2} \sqrt{\delta} (k_1 x + d_1 t + W) \right) \right), \\
v = &\frac{1}{12} \frac{3a_1 (k_1 + k_2 W_1)^2 + 3k_2^2 W_{1X} - (d_1 + d_2 W_1)}{k_1 + k_2 W_1} \\
&- \frac{1}{4} (k_1 + k_2 W_1) \left(a_1 + \sqrt{\delta} \tanh \left(\frac{1}{2} \sqrt{\delta} (k_1 x + d_1 t + W) \right) \right).
\end{aligned}
\qquad (2.5.12)
$$

表达式 (2.5.12) 体现了修正的 Boussinesq 方程组 (2.5.1) 具有孤立子和其他波之间的相互作用解. 因为椭圆方程 (2.5.11) 的解可以表示为不同的椭圆函数, 下面我们选取方程 (2.5.11) 的特殊类型的解来构造方程组 (2.5.1) 的孤立子和椭圆周期波之间的相互作用解. 假设方程 (2.5.11) 具有下面形式的解

$$W = \lambda \mathrm{E}_\pi (sn(k_2 x + d_2 t, m), n, m), \qquad (2.5.13)$$

这里 $sn(z, m)$ 是一般的雅可比椭圆 sine 函数,

$$\mathrm{E}_\pi (\zeta, n, m) = \int_0^\zeta \frac{\mathrm{d}t}{(1 - nt^2)\sqrt{(1 - t^2)(1 - m^2 t^2)}}.$$

将表达式 (2.5.13) 代入方程组 (2.5.12) 中, 利用符号计算工具 Maple 求解超定的方程组得到

$$\{d_1 = 3Zk_2^2 (n+1)(n-1), d_2 = 0, k_1 = Zk_2 (n-1), k_2 = k_2,$$

$$\lambda = -2Z(n-1), m = n, n = n\}, \tag{2.5.14}$$

$$\{d_1 = 3Zk_2^2(n+1)(n-1), d_2 = 0, k_1 = Zk_2(n-1), k_2 = k_2,$$

$$\lambda = -2Z(n-1), m = -n, n = n\}, \tag{2.5.15}$$

$$\{d_1 = d_1, d_2 = d_2, k_1 = k_1, k_2 = k_2, \lambda = \lambda, m = m, n = 0\}, \tag{2.5.16}$$

其中

$$Z = \frac{1}{\sqrt{\delta}} = \frac{1}{\sqrt{4a_0a_2 - a_1^2}}$$

或

$$Z = -\frac{1}{\sqrt{\delta}} = -\frac{1}{\sqrt{4a_0a_2 - a_1^2}},$$

这里 $4a_0a_2 - a_1^2 \neq 0$, d_1, d_2, λ, m, n 为任意常数.

情形 1　当 $a_0 = 1$, $a_1 = 0$, $a_2 = -1$ 时, Riccati 方程 (2.5.3) 有下面形式的特殊解

$$R(w) = \tanh(w).$$

此时, 将表达式 (2.5.14) 或 (3.4.18) 及 $a_0 = 1$, $a_1 = 0$, $a_2 = -1$ 代入 (2.5.6), 得到修正的 Boussinesq 方程组 (2.5.1) 下面形式的相互作用解

$$u = \frac{1}{4i}\frac{(n-1)T_1((nS^2-1)^2 + 4k_2(nS^2-1) + 4k_2)}{n^2S^4 - 1}$$

$$- \frac{1}{4}\frac{3((nS^2-1)^2(n^2-1)) - 4k_2nSCD}{n^2S^4 - 1},$$

$$v = -\frac{1}{4i}\frac{(n-1)T_1((nS^2-1)^2 + 4k_2(nS^2-1) + 4k_2)}{n^2S^4 - 1}$$

$$- \frac{1}{4}\frac{(n^2-1)(nS^2-1)^2 + 4k_2nSCD}{n^2S^4 - 1}, \tag{2.5.17}$$

其中

$$T_1 = \tanh\left(\frac{3k_2(n+1)(n-1)^2t + k_2x(n-1) - 2nE_\pi(S,n,n) + 2E_\pi(S,n,n)}{2i}\right),$$

$$S = \mathrm{Jacobi}SN(k_2x, n), \quad D = \mathrm{Jacobi}DN(k_2x, n), \quad C = \mathrm{Jacobi}CN(k_2x, n).$$

情形 2　当 $4a_0a_2 - a_1^2 \neq 0$ 时, 将表达式 (2.5.16) 代入 (2.5.13), 可得到

$$W = \lambda\mathrm{Elliptic}F(\mathrm{Jacobi}SN(k_2x + d_2t, m), m), \tag{2.5.18}$$

其中

$$\mathrm{Elliptic}F(z, k) = \int_0^z \frac{\mathrm{d}\alpha}{\sqrt{1 - \alpha^2}\sqrt{1 - \alpha^2 k^2}}$$

表示第一型不完全椭圆积分. 将 (2.5.18) 代入 (2.5.12), 将得到修正的 Boussinesq 方程组 (2.5.1) 如下形式的相互作用解

$$
\begin{aligned}
u &= \frac{1}{4}\frac{T\sqrt{\delta}(k_1 + k_2\lambda)^2 - \lambda d_2 - d_1}{k_1 + k_2\lambda}, \\
v &= -\frac{1}{12}\frac{3T\sqrt{\delta}(k_1 + k_2\lambda)^2 + \lambda d_2 + d_1}{k_1 + k_2\lambda},
\end{aligned}
\tag{2.5.19}
$$

这里

$$
\begin{aligned}
T = {}&\tanh\left(\frac{1}{2}\mathrm{Elliptic}F(\mathrm{Jacobi}SN(d_2t + k_2x, m), m)\sqrt{\delta}\lambda\right. \\
&\left. + \frac{1}{2}\sqrt{\delta}d_1t + \frac{1}{2}\sqrt{\delta}k_1x\right).
\end{aligned}
$$

注 2.4   孤立子与椭圆周期波解的相互作用中, 椭圆函数的模 m 不能为 1, 当模 $m = 1$ 时, 解 (2.5.17) 及 (2.5.19) 将退化为不同形式的二孤立子解.

2.6 小   结

本章利用截断的 Painlevé 分析方法研究了 (2+1) 维色散长波方程组 (DLW)、高阶 Broer-Kaup 方程组 (HBK) 的非局部留数对称, 给出了它们的非自 Bäcklund 变换定理. 然后, 通过引入新的势变量及辅助方程, 将非局部对称转化为局域的 Lie 点对称, 在将非局部对称局部化过程中, 最初的研究系统被拓展为封闭的延拓系统, 对于封闭系统而言, 它的对称中不再出现新的局部变量, 因此延拓系统的对称等价于原方程组的 Lie 点对称. 利用 Lie 的第一基本定理研究了封闭系统的有限变换, 我们发现从截断的 Painlevé 表达式得出的留数对称正好就是有限变换群的无穷小形式, 同时, 新引入的变量中最后一个变量所满足的微分方程正好是初始系统的 Schwarzian 形式, 而一般的 Schwarzian 方程具有 Möbius 变换不变性, 这显示了 Darboux 变换、Bäcklund 变换等经典变换与 Möbius 变换之间的关系. 进一步, 我们讨论了 DLW 方程组的 CRE 可解性及其特殊情形 CTE 可解性, HBK 方程组、MDWW 方程组及修正的 Boussinesq 方程组的 CTE 可解性, 通过给定的雅可比椭圆函数, 得到了上面几类方程组丰富的扭结孤立子解、孤立子与椭圆周期波解等相互作用解, 为了能更好地研究解的性质, 通过选取适当的参数, 画出了上述解相应的图形.

第 3 章 利用辅助系统 Lax 对研究几类方程的非局部对称及群不变解

在上一章内容中, 我们利用留数对称研究了几类方程的非局部对称, 这一章借助于辅助系统 Lax 对先来研究耦合 KdV 方程组这类常系数偏微分方程的非局部对称, 接着将该方法推广到变系数耦合的 Newell-Whitehead 方程组、变系数的 AKNS 方程组及推广的变系数浅水波方程组这三类变系数的非线性偏微分方程中, 得到了一些新的结果. 为了进一步利用获得的非局部对称研究方程的性质, 我们通过引入新的变量将原系统扩大, 再利用经典的 Lie 对称方法研究扩大系统的 Lie 对称. 利用获得的 Lie 对称一方面可以研究方程的有限对称变换, 即通过方程的一个旧解, 以及有限对称变换可以得到原方程 (组) 的一个 (一组) 新解; 另一方面可以对原方程进行对称约化, 研究方程的 Painlevé 可积性及群不变解.

求解非线性偏微分方程的群不变解是一项很有意义的工作. 因为当我们面对一个来自于物理上重要问题的偏微分方程的复杂系统时, 任何显式解的发现都是有意义的. 显式解可以为物理实验做模型, 也可以作为测试数值解的基准, 还可以反映更一般解的渐近或主导行为. 用来寻找群不变解的方法, 使得寻找相似解的技巧一般化, 为确定一大类特解提供了一种系统的计算方法. 这种群不变解的特点是在方程的某些对称群下保持不变, 对称性越多, 这种解越容易构造. 群不变解的基本理论大致是说, 保持系统给定的 r 参数对称群不变的解可以通过求解比初始方程少 r 个自变量的方程得到. 特别地, 如果原来的方程自变量有 p 个, 参数群是 $p-1$ 维的, 则相应的群不变解就可以通过求解常微分方程得到. 这样, 就可以把难处理的偏微分方程约化成常微分方程处理.

3.1 引　言

对称理论是数学物理领域的最重要的研究方法之一, 尤其是在孤立子领域, 对称研究尤为重要, 是基于它在以下三个方面的重要应用. 第一, 应用对称性可以从方程已知的一个旧解获得一个新解. 第二, 对称性可以用来约化非线性偏微分方程的维数. 第三, 通过对称可以获得一个新的孤立子方程. 对称理论获得了广泛的应用. 偏微分方程的一个连续对称就是一个变换, 该变换对于解流形来说是保持不变的, 也就是说对于非线性方程的一个解, 通过此变换可以得到方程的另外一个解. Lie 对称作为研究非线性偏微分方程的一个重要方法, 自从 Lie 提出以来就受到了众多学者的关注, 得到了多种推广 [127]. Lie 对称方法不仅能从方程的一个旧解得到方程的一个新解, 而且能约化偏微分方程的维数 [128-130]. 一旦得到约化方程, 我们就可以讨论方程的 Painlevé 可积性, 得到方程不同类型的精确解. 因此, 对称方法受到了众多学者的青睐.

非局部对称作为对称的推广, 最早是由 Vinogradov 和 Krasil'shchik 于 1980 年 [131] 提出的, 非局部对称与可积系统之间有着密切的联系. 与 Lie 点对称相比, 非局部对称的构造过程就比较复杂, 但是一旦我们构造出了非线性偏微分方程的非局部对称, 将可以得到方程新类型的对称约化和精确解. 因此, 多种构造非局部对称的方法被提出. 比如：Galas 提出了利用伪势构造非局部对称 [132]; Bluman 和 Euler 等利用势系统构造非局部对称 [133-136]; 楼森岳和胡星标教授从递归算子和它的逆出发构造了非线性偏微分方程的非局部对称 [137]; 楼森岳、胡晓瑞和陈勇从 Bäcklund 变换出发构造了非线性偏微分方程的非局部对称 [138]; 楼森岳、Reyes 在不考虑递推算子的情况下分别从一个依赖于对称的参数出发得到了方程的无穷多非局部对称 [139,140]; 高晓楠、楼森岳和唐晓艳发现 Painlevé 截断分析可以用来获得留数对称, 该对称对应于奇异流形的截断 Painlevé 展开的留数, 也被称为留数对称 [141]; 辛祥鹏和陈勇借助于辅助系统 (Lax对) 获得了方程的非局部对称 [142,143].

非局部对称作为对称的重要组成部分, 除了依赖于自变量、因变量及因变量的各阶导数外, 还依赖于因变量的积分, 因此, 相比于经典 Lie 对称方法所获的解, 利用非局部对称方法构造的解可以进一步反映无穷小变换下解的整体行为. 另外, 利用非局部对称方法可以构造微分方程的各种相互作用解及局部激发态解, 其中相互作用解可以用来解释自然界中多种非线性叠加现象, 具有重要的理论及应用价值. 然而, 已有的关于非局部对称的研究, 主要针对常系数局部偏微分方程, 关于变系数局部偏微分方程非局部对称方面的研究较少. 本章首先利用辅助函数法研究一类常系数耦合 KdV 方程的非局部对称, 再将该方法应用于几类高维的、具有实际物理背景的变系数局部偏微分方程的解及性质. 下面我们先对变系数的偏微分方程做简单的介绍.

变系数非线性偏微分系统是数学物理中重要的研究对象, 与常系数偏微分系统相比, 它们可以更加客观有力、真实地描述一些出现在等离子体、光纤通信、爱因斯坦凝聚等领域的一些物理规律和现象. 而且, 大量的研究结果表明, 通过控制变系数方程系数函数的参数, 可以有效地控制方程的解, 从而指导相应的物理实验, 解释物理现象. 如光纤通信中的色散管理和非线性管理 [1-3]、玻色-爱因斯坦凝聚体中的费希巴赫共振管理 [4,5]、磁学中的磁孤立子管理等 [6]. 因而, 变系数非线性偏微分系统引起了众多研究人员的兴趣.

　　近年来, 利用辅助系统求解方程的非局部对称取得了一定的进展, 本章将对此方法进一步推广, 将其应用到非线性变系数偏微分方程中去. 主要研究的方程为变系数的耦合 Newell-Whitehead 方程组、变系数的 AKNS 方程组及变系数广义的浅水波方程组. 本章以 Lax 对作为辅助系统来研究几类方程的非局部对称.

　　下面给出本章要用到的一些基本的定义, 并给出利用辅助系统求解偏微分方程 (组) 非局部对称的基本步骤.

3.2　基本的定义及方法简介

　　首先, 我们来列出一些后面要用到的重要的定义和定理 [133].

　　定义 3.1　一个单参数 Lie 群的点变换

$$
\begin{aligned}
(x^*)^i &= f^i(x, u; \varepsilon), \\
(u^*)^\mu &= g^\mu(x, u; \varepsilon)
\end{aligned}
\tag{3.2.1}
$$

保持下面的偏微分方程系统

$$
R^\sigma(x, u, \partial u, \cdots, \partial^k u) = 0 \quad (x = (x^1, \cdots, x^n), \ u(x) = (u^{(1)}(x), \cdots, u^{(m)}(x)))
\tag{3.2.2}
$$

不变当且仅当它的 k 阶延拓

$$
\begin{aligned}
X^{(k)} = {}& \xi^i(x, u)\frac{\partial}{\partial x^i} + \eta^\mu(x, u)\frac{\partial}{\partial u^\mu} + \eta_i^{(1)\mu}(x, u, u)\frac{\partial}{\partial u_i^\mu} \\
& + \cdots + \eta_{i_1\cdots i_k}^{(k)\mu}(x, u, u, \cdots, \partial^k u)\frac{\partial}{\partial u_{i_1\cdots i_k}^\mu}
\end{aligned}
$$

保持系统 (3.2.2) 的解流形在 $(x, u, \partial u, \cdots, \partial^k u)$ 上不变, 也就是说, 一个偏微分方程经过点变换 (3.2.1) 后, 将它映射到偏微分方程系统 (3.2.2) 的解平面上. 在这种情况下, 单参数 Lie 群的点变换 (3.2.1) 被称为偏微分方程组 (3.2.2) 的点对称.

　　定义 3.2　偏微分方程系统 (3.2.2) 的一个对称 $\sigma = \sigma(u)$ 是指下面的线性方程的解

$$
R'\sigma \equiv \left.\frac{\mathrm{d}}{\mathrm{d}\varepsilon}R(u + \varepsilon\sigma)\right|_{\varepsilon=0},
\tag{3.2.3}
$$

应用对称求解微分方程的主要思想是: 通过对称构造一个辅助方程和原方程组成方程组, 构造新方程的原则是新方程与原方程具有相容性. 已经证明对称和原方程具有相容性, 即人们可以通过方程组 $F(u) = 0$, $\sigma(u) = 0$ 的解得到方程 (3.2.2) 的一些显式解或约化方程 (3.2.2). 根据对称的意义可知 (3.2.3) 在下面的变换

$$
u \to u + \varepsilon\sigma,
\tag{3.2.4}
$$

下是保持不变的, 其中 ε 表示无穷小参数.

定义 3.3　下面的向量场

$$V = \xi^n(x, u)\frac{\partial}{\partial x^n} + \eta^m(x, u)\frac{\partial}{\partial u^m} \tag{3.2.5}$$

表示的是 Lie 点变换群 $\tilde{x} = F(x, u, \varepsilon), \tilde{u} = G(x, u, \varepsilon)$ 的无穷小生成子.

定义 3.4　对于偏微分方程组 (3.2.2), 如果我们得到了经典 Lie 对称的无穷小生成子 (3.2.5), 则对应的有限对称变换是通过求解下面的初值问题给出的:

$$
\begin{aligned}
\frac{\mathrm{d}\hat{x}}{\mathrm{d}\varepsilon} &= \xi(\hat{x}, \hat{t}, \hat{u}), & \hat{x}(\varepsilon = 0) &= x, \\
\frac{\mathrm{d}\hat{t}}{\mathrm{d}\varepsilon} &= \tau(\hat{x}, \hat{t}, \hat{u}), & \hat{t}(\varepsilon = 0) &= t, \\
\frac{\mathrm{d}\hat{u}_i}{\mathrm{d}\varepsilon} &= \eta^{u_i}(\hat{x}, \hat{t}, \hat{u}), & \hat{u}_i(\varepsilon = 0) &= u_i.
\end{aligned}
\tag{3.2.6}
$$

接下来, 我们以偏微分方程组 (3.2.2) 为例来给出构造偏微分方程 (组) 非局部对称的具体步骤. 为了简单起见, 我们只考虑 $n = 2, m = 1$, 即 $(x^1, x^2) = (x, t)$ 的情形.

第一步　根据对称的定义, 先来写出偏微分方程 (3.2.2) 对应的对称方程.

第二步　选择恰当的辅助系统, 一般情况下可以选择 Lax 对、Bäcklund 变换、势系统、伪势等. 这里我们选择 Lax 对作为辅助系统, 一般的形式如下:

$$
\begin{aligned}
R_\alpha(x, y, t, u, u_x, u_t, \cdots, \psi_x, \psi_t, \\
\psi_{xx}, \psi_{xt}, \psi_{tt}, \cdots, \psi_{\lambda x}, \psi_{\mu t}) = 0, \quad \alpha \in \mathbb{Z}^+,
\end{aligned}
\tag{3.2.7}
$$

其中 $\psi = (\psi^1, \psi^2, \cdots, \psi^\beta)$ 表示 β 个辅助变量, $\psi_{\lambda x}$ 表示关于 x 的 λ 阶偏导数, $\psi_{\mu t}$ 表示关于 t 的 μ 阶偏导数.

令 $U \simeq \mathbb{R}$ 代表单个空间坐标 u, 空间 U_1 与空间 (u_x, u_t) 同胚. 类似地, $U_2 \simeq \mathbb{R}^3$ 表示关于 u 的二阶偏导数的空间. 一般来说, $U_k \simeq \mathbb{R}^{k+1}$ 表示的是 $k+1$ 个 u 的 k 阶偏导数. 最终, 空间 $U^{(k)} = U \times U_1 \times \cdots \times U_k$ 可记为 $U^{(k)} = (u; u_x, u_t; u_{xx}, u_{xt}, u_{tt}; \cdots)$.

第三步　将原始的空间 $X \times U$ 延拓到空间 $X \times U^{(n)}$, 其坐标变量为 $(x, t, u, u_x, u_t, \cdots)$. $\tilde{V}^{(n)}$ 表示关于 V 的 n 阶延拓, 代表的是一个在 n-射流空间 $X \times U^{(n)}$ 上的向量场, 具体的表达式如下:

$$\tilde{V}^{(n)} = \sum_{i=1}^{2} \xi^i \frac{\partial}{\partial x^i} + \sum_L \eta^L \frac{\partial}{\partial u_L}. \tag{3.2.8}$$

此时, 我们将新的变量引入对称的系数函数中, 让系数函数 ξ^i, η^L 依赖于变量 $(x, t, u, \cdots, \psi, \psi, \psi_x, \psi_t, \cdots, \psi_{\lambda x}, \psi_{\mu t})$, $\eta^0 = \eta$ 和 η^L 具有下面的形式:

$$\eta^L = D_L u - \sum_{i=1}^{2} u_L D_L \xi^i. \tag{3.2.9}$$

第四步　为了构造非线性偏微分方程 (3.2.2) 的非局部对称, 我们需要求解下面的方程:

$$\tilde{V}^{(n)} \Delta_v(x, u^{(n)}) \bigg|_{\substack{\Delta_v(x, u^{(n)})=0 \\ (3.2.2)}} = 0. \tag{3.2.10}$$

通过求解方程组 (3.2.10), 令不同阶导数前面的系数 $\partial^k u$, $\psi_{\lambda x}$, $\psi_{\mu t}$ 等于零, 将得到一组关于系数函数 ξ^i 和 η^L 的决定方程组, 利用符号运算工具 Maple 求解方程组, 将得到关于原偏微分方程 (组) 的局部和非局部对称.

接下来, 利用此方法研究几类方程组的非局部对称.

3.3　耦合 KdV 方程组的非局部对称、
Painlevé 可积性及相互作用解

这一节从 Lax 对出发研究下面耦合 KdV 方程的非局部对称

$$
\begin{aligned}
& u_t - \frac{1}{2} u_{xxx} + \frac{3}{2} v_{xxx} - 3(u-v)u_x + 6uv_x = 0, \\
& v_t - \frac{1}{2} v_{xxx} + \frac{3}{2} u_{xxx} - 3(v-u)v_x + 6u_x v = 0,
\end{aligned}
\tag{3.3.1}
$$

其中 $u = u(x, t)$, $v = v(x, t)$. 通过改变对称假设中的变量, 进而对经典的 Lie 群方法进行改进, 我们得到了耦合 KdV 方程 (3.3.1) 的局部对称和非局部对称. 因为非局部对称不能直接用来对方程做对称约化, 所以, 一个自然的问题就提出了: 如何将得到的非局部对称局部化以及如何利用获得的局部对称来进一步研究方程的性质. 接下来, 我们引入一个辅助的势变量来将原系统扩大, 对于扩大后的延拓系统, 利用经典 Lie 群的方法, 可以得到新的延拓系统的 Lie 点对称和原系统的非局部对称.

将非局部对称局部化之后, 我们利用有限对称变换定理 [132], 求解局部对称的初值问题, 可以得到对应的有限变换定理. 也就是说, 如果我们知道耦合 KdV 方程 (3.3.1) 的一个解, 通过有限变换定理则可以得到方程的另一个解. 另外, 我们感兴趣的是利用标准的 Lie 点对称方法研究延拓系统的相似约化. 这样, 我们不仅可以得到耦合 KdV 方程 (3.3.1) 的 Painlevé 可积性质, 还可以利用非局部对称得到的局部对称构造方程新的相互作用解. 这种介于不同的非线性激发之间的相互作用解一般很难通过其他方法获得. 这种方法不仅可以用于常系数的偏微分方程, 也可用于变系数的偏微分方程 [144,146−152,175].

耦合 KdV 方程组 (3.3.1) 最早是在文献 [153] 中讨论 AB-KdV 方程的对称不变性和对称破缺孤立子解中提出的, 该方程可以用来描述许多物理现象, 比如浅层分层液体中的内部重力波运动 [154]、大气和海洋中的阻塞现象等等. 方程 (3.3.1) 可以从 Hirota-Satsuma 系统的约化中得到 [156−159], 它是可积的, 且 Lax 对如下:

$$\psi_{xx} = P_1 \psi = \begin{pmatrix} -u & 0 \\ 0 & -v \end{pmatrix} \psi, \tag{3.3.2}$$

$$\psi_t = P_2 \psi = \begin{pmatrix} \dfrac{1}{2}(3v-u)_x + (u-3v)\partial_x & 0 \\ 0 & \dfrac{1}{2}(3u-v)_x + (v-3u)\partial_x \end{pmatrix} \psi, \tag{3.3.3}$$

其中

$$\psi = \begin{pmatrix} \psi_1 \\ \psi_2 \end{pmatrix},$$

具体的相容性条件如下:

$$P_{1t} - P_{2x} + [P_1, P_2] = 0, \quad [P_1, P_2] = P_1 P_2 - P_2 P_1.$$

下面, 我们将从耦合 KdV 方程组 (3.3.1) 的 Lax 对出发来构造它的非局部对称.

3.3.1 耦合 KdV 方程的非局部对称

方程 (3.3.1) 的对称方程是

$$\sigma_{1t} - \frac{1}{2}\sigma_{1xxx} + \frac{3}{2}\sigma_{2xxx} - 3\sigma_1 u_x - 3u\sigma_{1x} + 3\sigma_2 u_x + 3v\sigma_{1x} + 6\sigma_1 v_x + 6u\sigma_{2x} = 0,$$

$$\sigma_{2t} - \frac{1}{2}\sigma_{2xxx} + \frac{3}{2}\sigma_{1xxx} - 3\sigma_2 v_x - 3v\sigma_{2x} + 3\sigma_1 v_x + 3u\sigma_{2x} + 6B\sigma_{1x} + 6\sigma_2 u_x = 0, \tag{3.3.4}$$

上式中的对称 σ_1, σ_2 可以被写为

$$\sigma_1 = \bar{X}u_x + \bar{T}u_t - \bar{U}, \quad \sigma_2 = \bar{X}v_x + \bar{T}v_t - \bar{V}, \tag{3.3.5}$$

这里 $\bar{X}$, $\bar{T}$, $\bar{U}$, $\bar{V}$ 是关于 x, t, u, v, ψ_1, ψ_2, ψ_{1x}, ψ_{2x} 的函数. 将表达式 (3.3.5) 代入 (3.3.4) 中, 利用 Lax 对 (3.3.2) 和表达式 (3.3.3) 消去 u_t, v_t 及 ψ_{1xx}, ψ_{1t}, 可

以得到关于函数 $\bar{X}, \bar{T}, \bar{U}, \bar{V}$ 的决定方程组, 利用符号计算软件 Maple 求解可以得到

$$
\begin{aligned}
\bar{T} &= 3c_1 t + c_2, & \bar{U} &= 2c_4\psi_1\psi_{2x} + 6c_4\psi_2\psi_{1x} - 2c_1 u, \\
\bar{X} &= c_1 x + c_3, & \bar{V} &= 6c_4\psi_1\psi_{2x} + 2c_4\psi_2\psi_{1x} - 2c_1 v.
\end{aligned} \tag{3.3.6}
$$

将表达式 (3.3.6) 代入方程 (3.3.5) 中, 可以得到 σ_1, σ_2 的具体表达式如下:

$$
\begin{aligned}
\sigma_1 &= (c_1 x + c_3)u_x + (3c_1 t + c_2)u_t + 2c_1 u - 2c_4\psi_1\psi_{2x} - 6c_4\psi_2\psi_{1x}, \\
\sigma_2 &= (c_1 x + c_3)v_x + (3c_1 t + c_2)v_t - 6c_4\psi_1\psi_{2x} - 2c_4\psi_2\psi_{1x} + 2c_1 v,
\end{aligned} \tag{3.3.7}
$$

这里 $c_i(i = 1, \cdots, 4)$ 是任意常数. 我们可以将对称方程 (3.3.7) 写为下面两部分:

$$
\begin{aligned}
\sigma_{11} &= (c_1 x + c_3)u_x + (3c_1 t + c_2)u_t + 2c_1 u, \\
\sigma_{21} &= (c_1 x + c_3)v_x + (3c_1 t + c_2)v_t + 2c_1 v
\end{aligned} \tag{3.3.8}
$$

和

$$
\begin{aligned}
\sigma_{12} &= -2c_4\psi_1\psi_{2x} - 6c_4\psi_2\psi_{1x}, \\
\sigma_{22} &= -6c_4\psi_1\psi_{2x} - 2c_4\psi_2\psi_{1x}.
\end{aligned} \tag{3.3.9}
$$

上面的表达式 (3.3.9) 表明 σ_{11}, σ_{21} 表示的是耦合 KdV 方程组 (3.3.1) 的经典 Lie 对称, σ_{12}, σ_{22} 表示非局部对称.

为了简单起见, 令 (3.3.7) 式中 $c_1 = 0$, $c_2 = 0$, $c_3 = 0$, $c_4 = 1$, 可以得到方程组 (3.3.1) 如下的非局部对称:

$$
\begin{aligned}
\sigma_1 &= -2\psi_1\psi_{2x} - 6\psi_2\psi_{1x}, \\
\sigma_2 &= -6\psi_1\psi_{2x} - 2\psi_2\psi_{1x}.
\end{aligned} \tag{3.3.10}
$$

3.3.2　耦合 KdV 方程组非局部对称的局部化

众所周知, 非局部对称不能直接用来构造局部方程的精确解, 但是一旦寻找到方法将非局部对称局部化, 尤其是局部化为 Lie 点对称之后, 就可以用局部化之后的对称来研究方程的解及相关性质, 而且此时我们可以得到一些不同于直接利用 Lie 点对称方法所得到的解和新的性质. 本节内容中, 我们通过引入两个新的变量 $\psi_3 = \psi_{1x}, \psi_4 = \psi_{2x}$, 将原来的方程组扩大, 此时可以得到一个新的封闭的延拓方程组如下:

$$u_t - \frac{1}{2}u_{xxx} + \frac{3}{2}v_{xxx} - 3(u-v)u_x + 6uv_x = 0,$$

$$v_t - \frac{1}{2}v_{xxx} + \frac{3}{2}u_{xxx} - 3(v-u)v_x + 6u_x v = 0,$$

$$\psi_{1xx} = -u\psi_1, \quad \psi_{2xx} = -v\psi_2,$$

$$\psi_{1t} = \frac{3}{2}\psi_1 v_x - \frac{1}{2}\psi_1 u_x + (u-3v)\psi_{1x}, \qquad (3.3.11)$$

$$\psi_{2t} = \frac{3}{2}\psi_2 u_x - \frac{1}{2}\psi_2 u_x + (v-3u)\psi_{2x},$$

$$\psi_3 = \psi_{1x}, \quad \psi_4 = \psi_{2x}.$$

解方程组 (3.3.4) 及下面的线性方程组

$$\sigma_{3xx} + \sigma_1\psi_1 + u\sigma_3 = 0,$$

$$\sigma_{4xx} + \sigma_2\psi_2 + v\sigma_4 = 0,$$

$$\sigma_{3t} - \frac{3}{2}\sigma_3 v_x + 8\psi_1^2\psi_{2xx} - 8\psi_1\psi_{1x}\psi_{2x} + \frac{1}{2}\sigma_3 u_x - u\sigma_{3x} + 3v\sigma_{3x} = 0, \qquad (3.3.12)$$

$$\sigma_{4t} - \frac{3}{2}\sigma_4 u_x + 8\psi_2^2\psi_{1xx} - 8\psi_2\psi_{1x}\psi_{2x} + \frac{1}{2}\sigma_4 v_x - B\sigma_{4x} + 3u\sigma_{4x} = 0,$$

$$\sigma_5 - \sigma_{3x} = 0, \quad \sigma_6 - \sigma_{4x} = 0,$$

其中 σ_1 和 σ_2 是由 (3.3.10) 给出的, ψ_1, ψ_2, ψ_3 和 ψ_4 满足下面的变换

$$\psi_1 \to \psi_1 + \varepsilon\sigma_3, \quad \psi_2 \to \psi_2 + \varepsilon\sigma_4,$$

$$\psi_3 \to \psi_3 + \varepsilon\sigma_5, \quad \psi_4 \to \psi_4 + \varepsilon\sigma_6.$$

容易证明方程组 (3.3.12) 有下面的解

$$\sigma_3 = \psi_1 f, \quad \sigma_4 = \psi_2 f, \qquad (3.3.13)$$

其中 f 满足

$$f_x = 2\psi_1\psi_2,$$

$$f_t = 2v\psi_1\psi_2 + 2u\psi_1\psi_2 + 8\psi_{1x}\psi_{2x}, \qquad (3.3.14)$$

关于 f 的对称方程如下:

$$\sigma_{7x} = 2(\sigma_3\psi_2 + \psi_1\sigma_4),$$

$$\sigma_{7t} - 2\psi_1\psi_2(\sigma_2 + \sigma_1) - 2v(\sigma_3\psi_2 + \psi_1\sigma_4) - 2u(\sigma_3\psi_2 + \psi_1\sigma_4)$$

$$-8(\sigma_{3x}\psi_{2x} + \psi_{1x}\sigma_{4x}) = 0.$$

有趣的是, 辅助变量 f 满足耦合 KdV 方程如下的 Schwarzian 形式

$$(CC_x + C_t)(S + C) = 0, \tag{3.3.15}$$

其中

$$C = \frac{f_t}{f_x}, \quad S = \frac{f_{xxx}}{f_x} - \frac{3}{2}\left(\frac{f_{xx}}{f_x}\right)^2.$$

Schwarzian 形式 (3.3.15) 在 Möbious 变换

$$f \to \frac{a + bf}{c + df} \quad (ad \neq bc)$$

下是保持不变的. 也就是说, 方程 (3.3.15) 容许下面三个对称: $\sigma^f = d_1$, $\sigma^f = d_2 f$ 和 $\sigma^f = d_3 f^2$, 其中 d_1, d_2 和 d_3 是任意常数.

这里, 如果取

$$\sigma^7 = \sigma^f = f^2, \tag{3.3.16}$$

我们可以看到非局部对称 (3.3.10) 已经从原来的空间 $\{x,\ t,\ A,\ B,\ \psi_1,\ \psi_2\}$ 成功被局部化为延拓空间 $\{x,\ t,\ u,\ v,\ \psi_1,\ \psi_2,\ \psi_3,\ \psi_4,\ f\}$ 下的 Lie 点对称

$$\begin{aligned}
&\sigma_1 = -2\psi_1\psi_{2x} - 6\psi_2\psi_{1x}, \\
&\sigma_2 = -6\psi_1\psi_{2x} - 2\psi_2\psi_{1x}, \\
&\sigma_3 = \psi_1 f, \quad \sigma_4 = \psi_2 f, \\
&\sigma_5 = \psi_3 f + 2\psi_1^2\psi_2, \quad \sigma_6 = \psi_4 f + 2\psi_1\psi_2^2, \\
&\sigma_7 = f^2.
\end{aligned} \tag{3.3.17}$$

其对应的向量场为

$$\begin{aligned}
\hat{V} = &- 2(\psi_1\psi_{2x} + 3\psi_2\psi_{1x})\frac{\partial}{\partial u} - 2(3\psi_1\psi_{2x} + \psi_2\psi_{1x})\frac{\partial}{\partial v} + \psi_1 f\frac{\partial}{\partial \psi_1} + \psi_2 f\frac{\partial}{\partial \psi_2} \\
&+ (\psi_3 f + 2\psi_1^2\psi_2)\frac{\partial}{\partial \psi_3} + (\psi_4 f + 2\psi_1\psi_2^2)\frac{\partial}{\partial \psi_4} + f^2\frac{\partial}{\partial f}.
\end{aligned}$$

接下来, 令 $\psi_3 = \psi_{1x}$, $\psi_4 = \psi_{2x}$, 根据 Lie 的第一定理, 解下面的初值问题:

$$\frac{\mathrm{d}\hat{u}(\varepsilon)}{\mathrm{d}\varepsilon} = 2(\hat{\psi}_1\hat{\psi}_4 + 3\hat{\psi}_2\hat{\psi}_3), \quad \hat{u}(0) = u,$$

$$\frac{\mathrm{d}\hat{v}(\varepsilon)}{\mathrm{d}\varepsilon} = 2(3\hat{\psi}_1\hat{\psi}_4 + \hat{\psi}_2\hat{\psi}_3), \quad \hat{v}(0) = v,$$

$$\frac{\mathrm{d}\hat{\psi}_1(\varepsilon)}{\mathrm{d}\varepsilon} = -\hat{\psi}_1\hat{f}, \qquad \psi_1(0) = \psi_1,$$

$$\frac{\mathrm{d}\hat{\psi}_2(\varepsilon)}{\mathrm{d}\varepsilon} = -\hat{\psi}_2\hat{f}, \qquad \hat{\psi}_2(0) = \psi_2, \qquad (3.3.18)$$

$$\frac{\mathrm{d}\hat{\psi}_3(\varepsilon)}{\mathrm{d}\varepsilon} = -\hat{\psi}_3\hat{f} - 2\hat{\psi}_1^2\psi_2, \quad \hat{\psi}_3(0) = \psi_3,$$

$$\frac{\mathrm{d}\hat{\psi}_4(\varepsilon)}{\mathrm{d}\varepsilon} = -\hat{\psi}_4\hat{f} - 2\hat{\psi}_1\hat{\psi}_2^2, \quad \hat{\psi}_4(0) = \psi_4,$$

$$\frac{\mathrm{d}\hat{f}(\varepsilon)}{\mathrm{d}\varepsilon} = -\hat{f}^2(\varepsilon), \qquad \hat{f}(0) = f,$$

可以得到下面的对称群定理.

定理 3.1　如果 u, v, ψ_1, ψ_2, ψ_3, ψ_4, f 是延拓系统的解, 则下面的 $\hat{u}$, $\hat{v}$, $\hat{\psi}_1, \hat{\psi}_2, \hat{\psi}_3, \hat{\psi}_4, \hat{f}$ 也是延拓系统的解

$$\hat{u} = u + \frac{2\varepsilon\psi_1\psi_4}{1+\varepsilon f} + \frac{6\varepsilon\psi_2\psi_3}{1+\varepsilon f} - \frac{8\varepsilon^2\psi_1^2\psi_2^2}{(1+\varepsilon f)^2},$$

$$\hat{v} = v + \frac{6\varepsilon\psi_1\psi_4}{1+\varepsilon f} + \frac{2\varepsilon\psi_2\psi_3}{1+\varepsilon f} - \frac{8\varepsilon^2\psi_1^2\psi_2^2}{(1+\varepsilon f)^2},$$

$$\hat{\psi}_1 = \frac{\psi_1}{1+\varepsilon f}, \quad \hat{\psi}_2 = \frac{\psi_2}{1+\varepsilon f}, \qquad (3.3.19)$$

$$\hat{\psi}_3 = \frac{\psi_3}{1+\varepsilon f} - \frac{2\varepsilon\psi_1^2\psi_2}{(1+\varepsilon f)^2}, \quad \hat{\psi}_4 = \frac{\psi_4}{1+\varepsilon f} - \frac{2\varepsilon\psi_1\psi_2^2}{(1+\varepsilon f)^2},$$

$$\hat{f} = \frac{f}{1+\varepsilon f},$$

其中 ε 是一个任意群参数.

通过定理 3.1 可知, 从耦合 KdV 方程 (3.3.1) 的一个旧解 u, v 出发, 利用有限对称变换 (3.3.19), 就可以得到方程的一组新解. 值得强调的是方程组 (3.3.19) 的最后一个表达式恰好是 Schwarzian 形式 (3.3.15) 的 Möbious 变换.

接下来, 我们研究延拓方程组 (3.3.11) 和 (3.3.14) 的 Lie 点对称. 借助于经典 Lie 对称方法, 首先假设对称的向量场具有下面的形式:

$$V = X\frac{\partial}{\partial x} + T\frac{\partial}{\partial t} + U\frac{\partial}{\partial u} + V\frac{\partial}{\partial v} + \Psi_1\frac{\partial}{\partial \psi_1} + \Psi_2\frac{\partial}{\partial \psi_2}$$

$$+ \Psi_3\frac{\partial}{\partial \psi_3} + \Psi_4\frac{\partial}{\partial \psi_4} + F\frac{\partial}{\partial f}, \qquad (3.3.20)$$

这里 X, T, U, V, Ψ_1, Ψ_2, Ψ_3, Ψ_4, F 是关于 x, t, u, v, ψ_1, ψ_2, ψ_3, ψ_4 和 f 的函数. 也就是说, 封闭系统在下面的无穷小变换下是不变的:

$$
\begin{aligned}
&(x, t, u, v, \psi_1, \psi_2, \psi_3, \psi_4, f) \\
&\rightarrow (x + \varepsilon X,\ t + \varepsilon T,\ u + \varepsilon U,\ v + \varepsilon V,\ \psi_1 + \varepsilon \Psi_1,\ \psi_2 + \varepsilon \Psi_2, \\
&\qquad \psi_3 + \varepsilon \Psi_3, \psi_4 + \varepsilon \Psi_4,\ f + \varepsilon f),
\end{aligned}
$$

令

$$
\begin{aligned}
&\sigma^1 = X u_x + T u_t - U, \qquad \sigma^2 = X v_x + T v_t - V, \\
&\sigma^3 = X \psi_{1x} + T \psi_{1t} - \Psi_1, \quad \sigma^4 = X \psi_{2x} + T \psi_{2t} - \Psi_2, \\
&\sigma^5 = X \psi_{3x} + T \psi_{3t} - \Psi_3, \quad \sigma^6 = X \psi_{4x} + T \psi_{4t} - \Psi_4, \\
&\sigma^7 = X f_x + T f_t - F.
\end{aligned}
\tag{3.3.21}
$$

将上面的 σ^i $(i = 1, \cdots, 7)$ 代入延拓方程的线性方程, 即方程 (3.3.4), (3.3.12) 和 (3.3.15) 中, 消去 u_t, v_t, ψ_{1xx}, ψ_{1t}, ψ_{2xx}, ψ_{2t}, f_x, f_t, 收集因变量 u, v 关于自变量的各阶导数, 可以得到变量 X, T, U, V, Ψ_1, Ψ_2, Ψ_3, Ψ_4, F 的一个超定方程组, 求解该方程组可以得到

$$
\begin{aligned}
&X = c_1 x + c_3, \quad T = 3 c_1 t + c_2, \quad U = -2(c_4 \psi_1 \psi_4 + 3 c_4 \psi_2 \psi_3 + c_1 u), \\
&V = -2(3 c_4 \psi_1 \psi_4 + c_4 \psi_2 \psi_3 + c_1 v), \quad \Psi_1 = (c_4 f + c_5) \psi_1, \\
&\Psi_2 = (c_4 f + c_6) \psi_2, \quad \Psi_3 = 2 c_4 \psi_1^2 \psi_2 + (c_4 f - c_1 + c_5) \psi_3, \\
&\Psi_4 = 2 c_4 \psi_1 \psi_2^2 + (c_4 f - c_1 + c_6) \psi_4, \quad F = (c_4 f + c_1 + c_5 + c_6) f + c_7,
\end{aligned}
\tag{3.3.22}
$$

这里 c_i $(i = 1, \cdots, 7)$ 是任意常数. 当令 $c_i = 0 (i = 1, \cdots, 7, i \neq 4)$, $c_4 = 1$ 时, 上面的对称 (3.3.22) 退化为对称 (3.3.10).

3.3.3 耦合 KdV 方程组的对称约化

对于偏微分方程组, 我们感兴趣的是利用多种方法研究它们的精确解, 并进一步分析解中所包含的物理性质. 目前, 已有多种求解非线性偏微分方程精确解的方法 [160-163], 本小节中, 我们主要利用经典 Lie 对称方法来构造耦合 KdV 方程组的群不变解.

首先, 我们需要求解表达式 (3.3.21) 和 (3.3.22) 所定义的对称约束条件 $\sigma^i = 0$ $(i = 1, \cdots, 7)$, 其等价于求解下面的特征方程组

$$
\frac{\mathrm{d}x}{X} = \frac{\mathrm{d}t}{T} = \frac{\mathrm{d}u}{U} = \frac{\mathrm{d}v}{V} = \frac{\mathrm{d}\psi_1}{\Psi_1} = \frac{\mathrm{d}\psi_2}{\Psi_2} = \frac{\mathrm{d}\psi_3}{\Psi_3} = \frac{\mathrm{d}\psi_4}{\Psi_4} = \frac{\mathrm{d}f}{F},
\tag{3.3.23}
$$

通过求解方程 (3.3.23), 我们可以得到两类非平凡的相似约化和一些群不变解.

下面, 我们考虑分别耦合 KdV 方程 (3.3.1) 在条件 $c_1 \neq 0$ 和 $c_1 = 0$ 下的相似约化, 并给出方程 (3.3.1) 的 Painlevé 可积性和非平凡的群不变解.

3.3.4 耦合 KdV 方程组的对称约化和 Painlevé 可积性

在本小节中, 我们考虑方程组 (3.3.1) 在 $c_1 \neq 0$ 时的对称约化, 并通过约化后的常微分方程的 Painlevé 可积性来讨论方程 (3.3.1) 的 Painlevé 可积性.

情形 1 $c_1 \neq 0$.

不失一般性, 假设 $c_2 = c_3 = c_5 = c_6 = 0$. 通过求解特征方程 (3.3.23), 并令 $\dfrac{c_1^2 - 4c_4c_7}{144c_1^2} = k^2$, 会出现两种子情况, 需要我们分开考虑 $k \neq 0$ 和 $k = 0$.

情形 1.1 $k \neq 0$.

这种情况下相似解如下:

$$u = \frac{U(z)}{t^{\frac{2}{3}}} + \frac{2c_4}{9c_1^2 k^2 t^{\frac{2}{3}}} \exp\left(-\frac{2}{3}F(z)\right) \left\{ c_4 \Psi_1^2(z)\Psi_2^2(z) \frac{1}{(2\cosh(t_1)^2 - 1)^2} \right.$$
$$\left. - \frac{3c_1 k \tanh(t_1)(\Psi_1(z)\Psi_4(z) + 3\Psi_2(z)\Psi_3(z))}{\tanh((t_1)^2 + 1)} \right\},$$

$$v = \frac{V(z)}{t^{\frac{2}{3}}} + \frac{2c_4}{9c_1^2 k^2 t^{\frac{2}{3}}} \exp\left(-\frac{2}{3}F(z)\right) \left\{ c_4 \Psi_1^2(z)\Psi_2^2(z) \frac{1}{(2\cosh(t_1)^2 - 1)^2} \right.$$
$$\left. - \frac{3c_1 k \tanh(t_1)(3\Psi_1(z)\Psi_4(z) + \Psi_2(z)\Psi_3(z))}{\tanh((t_1)^2 + 1)} \right\}, \tag{3.3.24}$$

$$\psi_1 = \frac{\Psi_1(z)\exp\left(-\frac{1}{6}F(z)\right)}{t^{\frac{1}{6}}(2\cosh(t_1)^2 - 1)}, \quad \psi_2 = \frac{\Psi_2(z)\exp\left(-\frac{1}{6}F(z)\right)}{t^{\frac{1}{6}}(2\cosh(t_1)^2 - 1)},$$

$$f = -\frac{c_1(12\tanh(2t_1)k + 1)}{2c_4},$$

$$\psi_3 = \frac{1}{3}\exp\left(-\frac{1}{2}F(z)\right)\left(\frac{6\Psi_3(z)}{\sqrt{t}}(2t_1) + \frac{2c_4\Psi_2(z)\Psi_1^2(z)\sinh(t_1)\cosh(t_1)}{\sqrt{t}kc_1(\sinh(t_1)^2 + \cosh(t_1)^2)^2}\right),$$

$$\psi_4 = \frac{1}{3}\exp\left(-\frac{1}{2}F(z)\right)\left(\frac{6\Psi_4(z)}{\sqrt{t}}(2t_1) + \frac{2c_4\Psi_1(z)\Psi_2^2(z)\sinh(t_1)\cosh(t_1)}{\sqrt{t}kc_1(\sinh(t_1)^2 + \cosh(t_1)^2)^2}\right),$$

其中 $t_1 = k(\ln t + F(z))$, $z = xt^{-\frac{1}{3}}$.

将 (3.4.24) 代入延拓方程组, 可以得到

$$\Psi_3(z) = -\frac{1}{6} \exp\left(\frac{1}{3}F(z)\right)(\Psi_1(z)F_z(z) - 6\Psi_{1z}(z)),$$

$$\Psi_4(z) = -\frac{1}{c_4\Psi_1^2(z)} \exp\left(\frac{2}{3}F(z)\right) c_1 k^2 (\Psi_1(z)F_z^2(z)$$

$$- 6\Psi_{1z}(z)F_z(z) + 6\Psi_1(z)F_{zz}(z)),$$

$$U(z) = -\frac{1}{36}(F_z^2(z) - 6F_{zz}(z)) - \frac{1}{\Psi_1(z)}\left(4k^2\Psi_1(z)F_z^2(z) + \Psi_{1zz}(z)\right.$$

$$\left. + \frac{1}{3\Psi_1(z)}\Psi_{1z}(z)F_z(z)\right),$$

$$V(z) = -\frac{1}{36}((144k^2 + 1)F_z^2(z) + 18F_{zz}(z)) + \frac{1}{3\Psi_1(z)}(\Psi_{1z}(z)F_z(z) + 3\Psi_{1zz})$$

$$- \frac{2\Psi_{1z}}{F_z(z)\Psi_1^2}(\Psi_{1z}(z)F_z(z) - \Psi_1(z)F_{zz}(z)),$$

$$\Psi_1(z) = \sqrt{-\frac{6F_z(z)c_1}{c_4}}k \exp\left(\int Q_1(z)\mathrm{d}z\right),$$

$$\Psi_2(z) = \sqrt{-\frac{6F_z(z)c_1}{c_4}}k \exp\left(-\int Q(z)\mathrm{d}z\right),$$

其中 $F_1(z) = F_z(z), Q_1(z) = Q_z(z)$ 满足下面的方程:

$$6F_{1zz}F_1(z) - 48k^2F_1^4(z) + 36Q_1^2(z)F_1^2(z) - 2zF_1^2(z) - 9F_{1z}^2 + 6F_1(z) = 0,$$

$$6Q_{1zz}(z)F_1(z) + Q_1(z)(4zF_1(z) - 48Q_1^2(z)F_1(z) - 9) = 0. \tag{3.3.25}$$

求解系统 (3.3.25) 中的第二个方程可得

$$F_1(z) = -\frac{9}{2}\frac{Q_1(z)}{24Q_1^3(z) - 2zQ_1(z) - 3Q_{1zz}(z)}. \tag{3.3.26}$$

将表达式 (3.3.26) 代入方程组 (3.3.25) 的第一个方程中, 可以得到一个关于 $Q(z)$ 的四阶常微分方程. 利用 Ablowitz-Ramani-Segur(ARS) 算法可以测试方程 (3.3.25) 的 Painlevé 可积性. 方程组 (3.3.25) 的第一个方程关于 $(z - z_0)$ 的主要行为是 $Q_1(z) \sim \dfrac{Q_0(z)}{(z - z_0)^r}$, 这里 $Q_0(z)$ 和 z_0 是任意常数. 领头项分析可以得到下面两个分支:

$$Q_1(z) \sim \frac{\frac{1}{2}}{(z-z_0)^r}, \quad Q_1(z) \sim \frac{-\frac{1}{2}}{(z-z_0)^r},$$

且共振点为 $\{-1, 1, 4, 5\}$. 经过复杂的计算, 可知系统 (3.3.25) 是 Painlevé 可积的. 借助于偏微分方程和约化的常微分方程之间的关系 [211], 可知耦合 KdV 方程组 (3.3.1) 是 Painlevé 可积的.

情形 1.2 $k = 0$.

这种情况下, 相似约化解为

$$u = \frac{U(z)}{t^{\frac{2}{3}}} - \frac{8c_4^2\Psi_1^2(z)\Psi_2^2(z)}{9t^{\frac{2}{3}}c_1^2t_1^2} + \frac{2c_4(3\Psi_3(z)\Psi_2(z) + \Psi_4(z)\Psi_1(z))}{3t^{\frac{2}{3}}c_1t_1},$$

$$v = \frac{V(z)}{t^{\frac{2}{3}}} - \frac{8c_4^2\Psi_1^2(z)\Psi_2^2(z)}{9t^{\frac{2}{3}}c_1^2t_1^2} + \frac{2c_4(\Psi_3(z)\Psi_2(z) + 3\Psi_4(z)\Psi_1(z))}{3t^{\frac{2}{3}}c_1t_1},$$

$$\psi_1 = \frac{\Psi_1(z)}{t^{\frac{1}{6}}t_1}, \quad \psi_2 = \frac{\Psi_2(z)}{t^{\frac{1}{6}}t_1}, \quad f = -\frac{c_1(t_1+6)}{2c_4t_1}, \qquad (3.3.27)$$

$$\psi_3 = -\frac{2c_4\Psi_1^2(z)\Psi_2(z)}{3c_1t_1^2\sqrt{t}} + \frac{\Psi_3(z)}{t_1\sqrt{t}},$$

$$\psi_4 = -\frac{2c_4\Psi_1(z)\Psi_2^2(z)}{3c_1t_1^2\sqrt{t}} + \frac{\Psi_4(z)}{t_1\sqrt{t}}.$$

将 (3.3.27) 代入延拓方程组中去, 可以得到

$$U(z) = -\frac{\Psi_{1zz}(z)}{\psi_1(z)}, \quad V(z) = -\frac{\Psi_{2zz}(z)}{\psi_2(z)},$$

$$\Psi_1(z) = \frac{\sqrt{6c_1F_1(z)}\exp\left(\int Q_1(z)\mathrm{d}z\right)}{2\sqrt{c_4}},$$

$$\Psi_2(z) = \frac{\sqrt{6c_1F_1(z)}\exp\left(-\int Q_1(z)\mathrm{d}z\right)}{2\sqrt{c_4}},$$

$$\Psi_3(z) = \Psi_{1z}(z), \quad \Psi_4(z) = \Psi_{2z}(z),$$

这里 $F_1(z) = F_z(z)$, $Q_1(z) = Q_z(z)$ 满足下面的方程组

$$6F_1(z)F_{1zz}(z) + 36F_1^2(z)Q_1^2(z) - 2zF_1^2(z) - 9F_{1z}^2(z) + 6F_1(z) = 0,$$
$$6F_1(z)Q_{1zz}(z) - 48Q_1(z)F_1(z)Q_1^2(z) + 4zF_1(z) - 9Q_1(z) = 0. \qquad (3.3.28)$$

对于方程组 (3.3.28), 应用情形 1.1 的方法, 也可以得到下面的两个分支:

$$Q_1(z) \sim \frac{\frac{1}{2}}{(z - z_0)^r}, \quad Q_1(z) \sim \frac{-\frac{1}{2}}{(z - z_0)^r},$$

且共振点为 $\{-1, 1, 4, 5\}$. 进一步, 方程组 (3.3.28) 的 Painlevé 可积性可以得到, 同样地, 我们可以得到耦合 KdV 方程组 (3.3.1) 的 Painlevé 可积性.

3.3.5　耦合 KdV 方程组的对称约化和群不变解

在这一小节, 我们考虑耦合 KdV 方程组 (3.3.1) 在 $c_1 = 0$ 的对称约化, 得到了方程组的两组群不变解.

情形 2　$c_1 = 0$.

为了简单起见, 我们取 $c_2 = 1$, 并令 $\frac{(c_5 + c_6)^2}{4} - c_4 c_7 = l^2$. 此时我们需要讨论下面两种子情况.

情形 2.1　$l \neq 0$.

这时会有如下的相似约化解

$$u = U(z) - \frac{2c_4}{l}(\Psi_1(z)\Psi_4(z) + 3\Psi_2(z)\Psi_3(z))\tanh t_1 - \frac{8c_4^2}{l^2}\Psi_1^2\Psi_2^{22}t_1,$$

$$v = V(z) - \frac{2c_4}{l}(3\Psi_1(z)\Psi_4(z) + \Psi_2(z)\Psi_3(z))\tanh t_1 - \frac{8c_4^2}{l^2}\Psi_1^2\Psi_2^{22}t_1,$$

$$\psi_1 = -\Psi_1(z)\exp\left(\frac{t(c_5 - c_6)}{2}\right)t_1, \quad \psi_2 = -\Psi_2(z)\exp\left(\frac{(c_5 - c_6)t}{2}\right)t_1,$$

$$\psi_3 = -\frac{2\exp\left(\frac{(c_5 - c_6)t}{2}\right)}{l}2c_4\Psi_1^2(z)\Psi_2(z)\tanh(t_1) + 2\exp\left(\frac{t(c_5 - c_6)}{2}\right)\Psi_3 t_1,$$

$$f = \frac{1}{2c_4}(2l\tanh t_1 - c_5 - c_6), \tag{3.3.29}$$

其中 $t_1 = l(F(z) + t)$, $z = x - c_3 t$ 是相似变量.

将 (3.3.29) 代入延拓系统, 我们可以得到

$$U(z) = \frac{4c_4^2\Psi_1^2(z)\Psi_2^2(z)}{l^2} - \frac{\Psi_{1zz}(z)}{\Psi_1(z)},$$

$$V(z) = \frac{4c_4^2\Psi_1^2(z)\Psi_2^2(z)}{l^2} - \frac{\Psi_{2zz}(z)}{\Psi_2(z)},$$

$$\Psi_1(z) = \frac{l}{2}\sqrt{\frac{2F_1(z)}{c_4}}\exp\left(\int Q_1(z)\mathrm{d}z\right), \tag{3.3.30}$$

$$\Psi_2(z) = \frac{l}{2}\sqrt{\frac{2F_1(z)}{c_4}}\exp\left(\int -Q_1(z)\mathrm{d}z\right),$$

$$\Psi_3(z) = \Psi_{1z}(z), \quad \Psi_4(z) = \Psi_{2z}(z),$$

$$F_1(z) = \frac{6Q_1(z)}{32Q_1^3(z) - 8c_3Q_1(z) - 4Q_{1zz}(z) + c_5 - c_6},$$

其中 $Q_1(z) = Q_z(z)$ 满足下面的椭圆方程:

$$Q_{1z}^2(z) = a_0 + a_1Q_1(z) + a_2Q_1^2(z) + a_3Q_1^3(z) + a_4Q_1^4(z), \qquad (3.3.31)$$

其中 $\left\{a_0 = -\dfrac{4l^2}{a_3^2},\ a_1 = \dfrac{1}{2}(c_5 - c_6),\ a_2 = -2c_3,\ a_4 = 4\right\}$ 或者 $\left\{a_0 = 0,\ a_1 = \right.$

$\dfrac{c_6 - c_5}{4},\ a_2 = -2c_3,\ a_3 = \dfrac{c_5 - c_6}{2c_3} + \dfrac{2l^2}{c_3(c_5 - c_6)}\left.\right\}$.

因为方程 (3.4.31) 中的 $Q_1(z)$ 可以表示为不同的雅可比椭圆函数, 所以我们可以通过 (3.3.29) 和 (3.3.30) 得到耦合 KdV 方程组介于孤立子和多种椭圆周期波的相互作用解. 为了将这种相互作用解呈现得更加清楚, 我们取方程 (3.3.31) 有如下的解:

$$Q_1(z) = \mu_1 + \mu_2\mathrm{Jacobi}SN(z, m). \qquad (3.3.32)$$

将方程 (3.3.32) 代入 (3.3.31) 可以得到

$$a_3 = -16\mu_1, \quad c_3 = 2\mu_2^2 - 12\mu_1^2 + \frac{1}{2}, \quad c_6 = 32\mu_1^3 - 16\mu_1\mu_2^2 + c_5 - 4\mu_1,$$

$$l = 8\mu_1\sqrt{-4\mu_1^4 + 4\mu_1^2\mu_2^2 + \mu_1^2 - \mu_2^2}, \quad m = 2\mu_2. \qquad (3.3.33)$$

将表达式 (3.3.33) 代入 (3.3.31) 和 (3.3.30), 我们将可以得到 $F_1(z)$, $\Psi_1(z)$, $\Psi_2(z)$, $\Psi_3(z)$, $\Psi_4(z)$, $U(z)$, $V(z)$ 的精确形式, 再把这些表达式代入方程组 (3.3.29) 的前两个方程中, 就可以得到 u 和 v 的具体表达式. 因为结果太复杂, 这里就省略不写了, 我们给出上述解在 $\left\{\mu_1 = 2, \mu_2 = 1, c_3 = -2, c_5 = -1, c_6 = -\dfrac{1}{3}, l = -10\right\}$ 时对应的图形, 如图 3.1 所示.

同时, 我们给出 u 在 $x = 0$ 处的数值分析如表 3.1 所示.

借助于符号计算工具 Maple, 我们给出了 u 在 $x = 0$ 时的数值分析. 通过取时间 t 在几个关键点的值, 数值分析的结果几乎与精确解的二维图形 (图 3.1 (a)) 完全一致. 通过表 3.1, 我们可以看出 u 的值从 $t = -7$ 到 $t = -0.2516$ 呈现周期

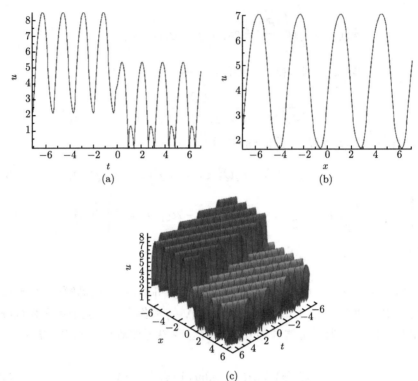

(c)

图 3.1　关于 u 的孤立子和椭圆周期波解. (a) 当 $x = 0$ 时 u 的二维图形. (b) 当 $t = 0$ 时 u 的二维图. (c) u 的三维图

表 3.1　u 在 $x = 0$ 时的数值分析

x	0	0	0	0	0	0	0
t	-7	-6.23540	-6	-5.27770	-4	-3.59190	-2.86400
u	2.21334	8.33976	8.31707	2.21344	5.06270	2.21352	8.33954
x	0	0	0	0	0	0	0
t	-2	-1.90630	-1.17830	-1	-0.25160	0.50490	1
u	2.38391	2.21331	8.33943	8.45273	2.21235	5.35937	0.01779
x	0	0	0	0	0	0	0
t	1.24010	1.47420	2	2.12550	2.68810	2.92580	3
u	1.34200	0.01711	5.07370	5.35921	0.01816	1.34208	1.10875
x	0	0	0	0	0	0	0
t	3.15990	3.81130	4	4.37150	4.52500	4.84920	5
u	0.01761	5.35924	5.02672	0.01780	1.34188	0.01737	1.82085
x	0	0	0	0	0		
t	5.49710	6	6.05730	6.30300	6.53150		
u	5.35929	0.98980	0.01704	1.33029	0.01664		

性变化, 最高点处的值接近于 8.34, 最低点处的值接近于 2.21. 当 $t = 0.5049$ 时, u 的值突然变小, 接着又呈现周期性变换. 对比上面的二维图和三维图, 我们看到孤立子和周期波的相互作用在某一时刻形成了一个扭结孤立子解, 由于碰撞前后孤立子的波形没有发生变化, 所以该变换属于弹性碰撞.

同时我们给出 v 在 $x = 0$ 时的数值分析如表 3.2 所示.

表 3.2 v 在 $x = 0$ 时的数值分析

x	0	0	0	0	0	0	0
t	-2	-2.0035	-1.5320	-1	-0.9694	-0.3412	0.3051
v	5.59065	5.54969	1.35679	6.55527	6.69761	1.35605	6.69981
x	0	0	0	0	0	0	0
t	0.7705	1	1.2234	1.8534	2	2.0883	2.1418
v	1.46356	2.96166	6.69693	2.09575	4.69652	29.07161	0.03939
x	0	0	0	0	0	0	0
t	2.4900	2.9770	3	3.6751	4	4.1479	4.6155
v	6.53238	1.35676	1.28513	6.64508	2.45604	1.38254	6.69679
x	0	0	0				
t	5	5.2619	5.7031				
v	4.68181	1.50911	6.69698				

类似于表 3.1, 我们也得到了 v 在 $x = 0$ 处的数值分析. 通过取时间 t 在几个关键点处的值, v 的数值分析也几乎与 v 在 $x = 0$ 处的二维图 (图 3.2(a)) 完全一致.

通过表 3.2, 我们可以看到, v 的值在 $t = 2.0883$ 时达到最大值 29.07, 这是由于孤立子和椭圆周期波相互碰撞作用的结果. 这种碰撞依然属于弹性碰撞, 原因在于从 $t = -2$ 到 1.2234 及从 $t = 2$ 到 5.7031 这两个区间, v 的值呈现的是周期性的变化, 最大值约为 6.70, 最小值约为 1.36.

类似地, 我们可以得到 u 在不同点 x 随着时间 t 变换的结果, 此结果的变换规律与 $x = 0$ 处的变换过程是一致的.

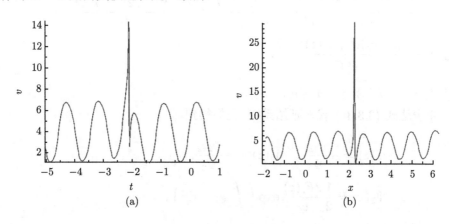

(a)   (b)

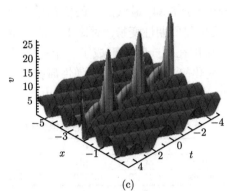

(c)

图 3.2　关于 v 的亮孤立子和椭圆周期波的相互作用解. (a) 当 $x = 0$ 时 v 的二维图. (b) 当 $t = 0$ 时 v 的二维图. (c) v 的三维图

情形 2.2　$l = 0$.

当 $l = 0$ 时, 我们可以得到下面的相似解

$$u = U(z) - 8c_4^2 \frac{\Psi_1^2(z)\Psi_2^2(z)}{t_1^2} + \frac{2c_4}{t_1}(\Psi_1(z)\Psi_4(z) + 3\Psi_2(z)\Psi_3(z)),$$

$$v = V(z) - 8c_4^2 \frac{\Psi_1^2(z)\Psi_2^2(z)}{t_1^2} + \frac{2c_4}{t_1}(3\Psi_1(z)\Psi_4(z) + \Psi_2(z)\Psi_3(z)),$$

$$\psi_1 = \frac{\Psi_1(z)}{t_1} \exp\left(\frac{t(c_5 - c_6)}{2}\right), \quad \psi_2 = \frac{\Psi_2(z)}{t_1} \exp\left(\frac{t(c_6 - c_5)}{2}\right),$$

$$\psi_3 = -\frac{2c_4\Psi_1^2(z)\Psi_2(z)\exp\left(\frac{t(c_5 - c_6)}{2}\right)}{t_1^2} + \frac{\exp\left(\frac{t(c_5 - c_6)}{2}\right)\Psi_3(z)}{t_1}, \quad (3.3.34)$$

$$\psi_4 = -\frac{2c_4\Psi_1(z)\Psi_2^2(z)\exp\left(\frac{t(c_6 - c_5)}{2}\right)}{t_1^2} + \frac{\exp\left(\frac{t(c_6 - c_5)}{2}\right)\Psi_4(z)}{t_1},$$

$$f = -\frac{(c_5 + c_6)(t + F(z)) + 2}{2c_4 t_1},$$

其中 $t_1 = t + F(z)$, $z = x - c_3 t$.

将表达式 (3.3.34) 代入延拓系统, 我们得到

$$U(z) = -\frac{\psi_{1zz}}{\Psi_1}, \quad V(z) = -\frac{\psi_{2zz}}{\Psi_2},$$

$$\Psi_1(z) = \frac{1}{2}\frac{2F_1(z)}{c_4}\exp\left(\int Q_1(z)\mathrm{d}z\right),$$

$$\Psi_2(z) = \frac{1}{2}\frac{2F_1(z)}{c_4}\exp\left(\int -Q_1(z)\mathrm{d}z\right),\tag{3.3.35}$$

$$\Psi_3(z) = \Psi_{1z}(z),\quad \Psi_4(z) = \Psi_{2z}(z),$$

$$F_1(z) = \frac{6Q_1(z)}{32Q_1^3(z) - 8c_3Q_1(z) - 4Q_{1zz}(z) + c_5 - c_6},$$

这里 $Q_1(z)$ 满足椭圆方程

$$Q_{1z}^2(z) = b_0 + b_1Q_1(z) + b_2Q_1^2(z) + b_3Q_1^3(z) + b_4Q_1^4(z),$$

其中 $\left\{a_0 = 0,\ a_1 = \dfrac{c_6 - c_5}{4},\ a_2 = -2c_3,\ a_3 = \dfrac{c_5 - c_6}{2c_3},\ a_4 = 4\right\}$, 或者 $\bigg\{a_0 =$

$0,\ a_1 = \dfrac{c_5 - c_6}{2},\ a_2 = -2c_3,\ a_3 = a_3,\ a_4 = 4\bigg\}$.

对于这种子情形, 利用子情形 2.1 的方法, 我们也可以得到 u 和 v 的雅可比椭圆函数和有理函数间的相互作用解.

3.4　变系数耦合 Newell-Whitehead 方程组的非局部对称及群不变解研究

在这一节中, 我们将利用辅助系统 Lax 对求解非线性偏微分方程非局部对称的方法应用到变系数耦合 Newell-Whitehead 方程组中, 并研究了该系统的群不变解.

3.4.1　变系数耦合 Newell-Whitehead 方程组的非局部对称

变系数耦合 Newell-Whitehead 方程组的具体形式如下:

$$p_t = \frac{1}{2}\alpha(t)p_{xx} - \alpha(t)p^2q + 2\beta(t)p,$$
$$q_t = -\frac{1}{2}\alpha(t)q_{xx} + \alpha(t)q^2p - 2\beta(t)q,\tag{3.4.1}$$

其中 $\alpha(t)$ 和 $\beta(t)$ 是关于 t 的实函数, $p = p(x,t)$, $q = q(x,t)$ 是关于 x 和 t 的实函数. 当 $u = p = q$, $a(t) = \dfrac{1}{2}\alpha(t)$, $b(t) = -\alpha(t) = -2\beta(t)$ 时, 方程组 (3.4.1) 约化为如下的 Newell-Whitehead 方程

$$u_t = a(t)u_{xx} + b(t)(u^3 - u).$$

方程组 (3.4.1) 可以有效地描述流体力学、等离子体物理、热核反应和人口增殖等问题的非线性现象. 文献 [174] 研究了方程组 (3.4.1) 的 Darboux 变换和多孤立子解.

方程组 (3.4.1) 的 lax 对具体形式如下[174]:

$$\phi_x = U\phi, \quad \phi_t = V\phi, \tag{3.4.2}$$

其中

$$\phi = \begin{pmatrix} \phi_1 \\ \phi_2 \end{pmatrix}, \quad U = \begin{pmatrix} \lambda & p \\ q & -\lambda \end{pmatrix}, \quad V = \begin{pmatrix} A & B \\ C & -A \end{pmatrix}, \tag{3.4.3}$$

这里

$$A = \alpha\lambda^2 - \frac{1}{2}\alpha pq + \beta, \quad B = \alpha p\lambda + \frac{1}{2}\alpha p_x, \quad C = \alpha q\lambda - \frac{1}{2}\alpha q_x.$$

对方程组 (3.4.1), 我们考虑方程在如下变换下的不变性质

$$p \to p + \varepsilon\sigma^1, \quad q \to q + \varepsilon\sigma^2, \quad \alpha \to \alpha + \varepsilon\sigma^3, \quad \beta \to \beta + \varepsilon\sigma^4,$$

也就是说, $\sigma^i \ (i = 1, \cdots, 4)$ 是 p, q, α 和 β 的对称, 方程组 (3.4.1) 有如下的对称方程

$$\sigma_t^1 - \frac{1}{2}\sigma^3 p_{xx} - \frac{1}{2}\alpha\sigma_{xx}^1 + \sigma^3 p^2 q + 2\alpha\sigma^1 pq + \alpha p^2\sigma^2 - 2\sigma^4 p - 2\beta\sigma^1 = 0,$$
$$\sigma_t^2 + \frac{1}{2}\sigma^3 q_{xx} + \frac{1}{2}\alpha\sigma_{xx}^2 - \sigma^3 q^2 p - 2\alpha\sigma^2 qp - \alpha q^2\sigma^1 + 2\sigma^4 q + 2\beta\sigma^2 = 0, \tag{3.4.4}$$

对称 σ^1, σ^2, σ^3 和 σ^4 可以写为下面的形式

$$\sigma^1 = \bar{X}p_x + \bar{T}p_t - \bar{U}, \quad \sigma^2 = \bar{X}q_x + \bar{T}q_t - \bar{V},$$
$$\sigma^3 = \bar{T}\alpha_t - A_1, \qquad \sigma^4 = \bar{T}\beta_t - B_1, \tag{3.4.5}$$

其中 $\bar{X}$, $\bar{T}$, $\bar{U}$, $\bar{V}$, A_1, B_1 是关于 x, t, p, q, α, β, ϕ_1, ϕ_2 的函数. 将方程组 (3.4.5) 代入 (3.4.4) 中, 利用 Lax 对 (3.4.2), 消去 p_t, q_t, ϕ_{1x}, ϕ_{1t}, ϕ_{2x}, ϕ_{2t}, 可以得到关于函数 $\bar{X}$, $\bar{T}$, $\bar{U}$, $\bar{V}$, A_1, B_1 的决定方程组, 利用 Maple 求解得到

$$\bar{X} = F_1(x), \quad \bar{T} = F_2(t),$$
$$\bar{U} = \bar{c}_1\phi^2 - pF_3(t) + \frac{1}{2}p\frac{\mathrm{d}}{\mathrm{d}x}F_1(x) + \bar{c}_2 p,$$

$$\bar{V} = \frac{1}{2}q\frac{\mathrm{d}F_1(x)}{\mathrm{d}x} + \bar{c}_1\phi_2^2 + F_3(t)q,$$

$$A_1 = \alpha\left(-\frac{\mathrm{d}F_2(t)}{\mathrm{d}t} + 2\frac{\mathrm{d}F_1(x)}{\mathrm{d}x}\right), \tag{3.4.6}$$

$$B_1 = \frac{3}{2}pq\alpha\frac{\mathrm{d}F_1(x)}{\mathrm{d}x} + \frac{1}{2}\bar{c}_2\alpha qp - \beta\frac{\mathrm{d}F_2(t)}{\mathrm{d}t} - \frac{1}{8}\alpha\frac{\mathrm{d}^3F_1(x)}{\mathrm{d}x^3} - \frac{1}{2}\frac{\mathrm{d}F_3(t)}{\mathrm{d}t},$$

其中 $\bar{c}_1$, $\bar{c}_2$ 为任意常数, $F_1(x)$ 为关于 x 的任意函数, $F_2(t)$, $F_3(t)$ 是关于 t 的任意函数.

注 3.1 从结果 (3.4.6) 中, 我们发现当 $\bar{c}_1 = 0$ 时, 方程组 (3.4.5) 代表的是变系数耦合 Newell-Whitehead 方程组的局部对称, 当 $\bar{c}_1 \neq 0$ 时, 方程组 (3.4.5) 表示的是系统 (3.4.1) 的非局部对称.

3.4.2 变系数耦合 Newell-Whitehead 方程组非局部对称的局部化

Lie 点对称可以用来求解非线性偏微分方程的精确解, 然而, 非局部对称却不行. 因此, 我们需要将非局部对称转化为局部对称, 尤其是 Lie 点对称. 基于这样的想法, 我们首先引入新的变量, 将原来的系统推广到新的封闭扩大系统, 并且构造扩大系统的 Lie 点对称. 为了简化计算, 首先令 (3.4.6) 中的 $\bar{c}_1 = 1$, $\bar{c}_2 = 0$, $F_1(x) = 0$, $F_2(t) = 0$, $F_3(t) = 0$, 可以得到方程组 (3.4.1) 如下的非局部对称:

$$\sigma^1 = -\phi_1^2, \quad \sigma^2 = -\phi_2^2, \quad \sigma^3 = 0, \quad \sigma^4 = 0. \tag{3.4.7}$$

接着局部化方程组 (3.4.7), 我们先来求解如下的线性化方程组:

$$\sigma_x^5 - \lambda\sigma^5 - \sigma^1\phi_2 - p\sigma^6 = 0,$$

$$\sigma_x^6 + \lambda\sigma^6 - \sigma^2\phi_2 - q\sigma^5 = 0,$$

$$-\frac{1}{2}\sigma^4 p_x\phi_2 - \frac{1}{2}\alpha\sigma_x^1\phi_2 - \frac{1}{2}\alpha p_x\sigma^6 - \lambda^2\sigma^4\phi_1 - \alpha\lambda^2\sigma^5 - \beta\sigma^5 + \sigma_t^5 + \frac{1}{2}\alpha\sigma^1 q_1\phi_1$$

$$+\frac{1}{2}\alpha p\sigma^2\phi_1 + \frac{1}{2}\alpha pq\sigma^5 - \lambda\sigma^4 p\phi_2 - \lambda\alpha\sigma^1\phi_2 - \alpha p\lambda\sigma^6 + \frac{1}{2}\sigma^4 pq\phi_1 = 0,$$

$$\lambda^2\sigma^4\phi_2 + \alpha\lambda^2\sigma^6 + \frac{1}{2}\sigma^4 q_x\phi_1 + \frac{1}{2}\alpha\sigma_x^2\phi_1 + \frac{1}{2}\alpha q_x\sigma^5 + \beta\sigma^6 + \sigma_t^6 - \frac{1}{2}\sigma^4 pq\phi_2$$

$$-\frac{1}{2}\alpha\sigma^1 q\phi_2 - \frac{1}{2}\alpha p\sigma^2\phi_2 - \frac{1}{2}\alpha pq\sigma^6 - \lambda\sigma^4 q\phi_1 - \lambda\alpha\sigma^2\phi_1 - \alpha q\lambda\sigma^5 = 0, \tag{3.4.8}$$

其中 σ^1, σ^2, σ^3, σ^4 如 (3.4.7) 中所给, σ^5, σ^6 满足如下的变换:

$$
\begin{aligned}
\phi_1 &\to \phi_1 + \varepsilon\sigma^5, \\
\phi_2 &\to \phi_2 + \varepsilon\sigma^6, \\
f &\to f + \varepsilon\sigma^7.
\end{aligned}
\tag{3.4.9}
$$

很容易证明方程组 (3.4.8) 有如下形式的解:

$$
\sigma^5 = \phi_1 f, \quad \sigma^6 = \phi_2 f,
\tag{3.4.10}
$$

其中 f 满足

$$
\begin{aligned}
f_x &= -\phi_1\phi_2, \\
f_t &= -\frac{1}{2}\alpha(p\phi_2^2 + 4\lambda\phi_1\phi_2),
\end{aligned}
\tag{3.4.11}
$$

它的对称形式为

$$
\sigma^7 = \sigma^f = f^2.
\tag{3.4.12}
$$

注 3.2　有趣的是, 表达式 (3.4.12) 说明 f 满足方程

$$
\begin{aligned}
&\alpha^3 S_x - 16\alpha^2 C_x\lambda + 12\alpha C C_x - 4\alpha C_t + 4C\alpha_t = 0, \\
&C = \frac{f_t}{f_x}, \quad S = \frac{f_{xxx}}{f_x} - \frac{3}{2}\left(\frac{f_{xx}}{f_x}\right)^2,
\end{aligned}
\tag{3.4.13}
$$

方程 (3.4.13) 恰好就是方程组 (3.4.1) 的 Schwarzian 形式. 因此上述方法又给我们提供了一个寻找非线性偏微分方程 Schwarzian 形式的新方法, 尤其是对于离散可积系统, 不需要做截断 Painlevé 分析, 就可以得到方程的 Schwarzian 形式.

从表达式 (3.4.10) 中, 我们可以看到非局部对称 (3.4.7) 已经从原来的空间 x, t, p, q, α, β 局部化为推广空间 x, t, p, q, α, β, ϕ_1, ϕ_2, f 下的 Lie 点对称, 具体形式如下:

$$
\begin{aligned}
\sigma^1 &= -\phi_1^2, \quad \sigma^2 = -\phi_2^2, \quad \sigma^3 = 0, \quad \sigma^4 = 0, \\
\sigma^5 &= \phi_1 f, \quad \sigma^6 = \phi_2 f, \quad \sigma^7 = f^2.
\end{aligned}
\tag{3.4.14}
$$

扩大方程组 (3.4.1), (3.4.2) 和 (3.4.11) 具有如下的 Lie 对称向量场:

$$
V = -\phi_1^2\partial_p - \phi_2^2\partial_q + 0\partial_\alpha + 0\partial_\beta + \phi_1 f\partial_{\phi_1} + \phi_2 f\partial_{\phi_2} + f^2\partial_f.
\tag{3.4.15}
$$

接着, 我们研究 Lie 对称 (3.4.15) 的有限对称变换. 根据 Lie 的第一定理, 解决下面的初值问题:

$$\frac{\mathrm{d}\hat{p}(\varepsilon)}{\mathrm{d}\varepsilon} = -\hat{\phi}_1^2(\varepsilon), \qquad \hat{p}(0) = p,$$

$$\frac{\mathrm{d}\hat{q}(\varepsilon)}{\mathrm{d}\varepsilon} = -\hat{\phi}_2^2(\varepsilon), \qquad \hat{q}(0) = q,$$

$$\frac{\mathrm{d}\hat{\alpha}(\varepsilon)}{\mathrm{d}\varepsilon} = 0, \qquad \hat{\alpha}(0) = \alpha,$$

$$\frac{\mathrm{d}\hat{\beta}(\varepsilon)}{\mathrm{d}\varepsilon} = 0, \qquad \hat{\beta}(0) = \beta, \qquad (3.4.16)$$

$$\frac{\mathrm{d}\hat{\phi}_1(\varepsilon)}{\mathrm{d}\varepsilon} = \hat{\phi}_1(\varepsilon)\hat{f}(\varepsilon), \quad \hat{\phi}_1(0) = \phi_1,$$

$$\frac{\mathrm{d}\hat{\phi}_2(\varepsilon)}{\mathrm{d}\varepsilon} = \hat{\phi}_2(\varepsilon)\hat{f}(\varepsilon), \quad \hat{\phi}_2(0) = \phi_2,$$

$$\frac{\mathrm{d}\hat{f}(\varepsilon)}{\mathrm{d}\varepsilon} = \hat{f}^2(\varepsilon), \qquad \hat{f}(0) = f,$$

将得到下面的对称群变换定理.

定理 3.2 如果 $\{p, q, \alpha, \beta, \phi_1, \phi_2, f\}$ 是延拓系统 (3.4.1), (3.4.2) 和 (3.4.11) 的解, 则 $\{\hat{p}, \hat{q}, \hat{\alpha}, \hat{\beta}, \hat{\phi}_1, \hat{\phi}_2, \hat{f}\}$ 也是延拓系统的解, 它们的具体表达式为

$$\hat{p} = p + \frac{\varepsilon\phi_1^2}{1+\varepsilon f}, \quad \hat{q} = q + \frac{\varepsilon\phi_2^2}{1+\varepsilon f}, \quad \hat{\alpha} = \alpha, \quad \hat{\beta} = \beta,$$

$$\hat{\phi}_1 = \frac{\phi_1}{1+\varepsilon f}, \quad \hat{\phi}_2 = \frac{\phi_2}{1+\varepsilon f}. \qquad (3.4.17)$$

注 3.3 通过定理 3.2, 我们可以看到有限对称变换 (3.4.17) 可以通过方程组 (3.4.1) 的一个给定解 p, q 给出 (3.4.1) 的一个新解 $\hat{p}$, $\hat{q}$, 特别需要指出的是, 表达式 (3.4.16) 的最后一个方程正好是 Möbious 变换.

下一步, 我们研究扩大方程组的 Lie 对称. 根据经典的 Lie 对称方法, 首先假设对称向量场的形式如下:

$$V = X\frac{\partial}{\partial x} + T\frac{\partial}{\partial t} + P\frac{\partial}{\partial p} + Q\frac{\partial}{\partial q} + A\frac{\partial}{\partial \alpha} + B\frac{\partial}{\partial \beta} + P_1\frac{\partial}{\partial \phi_1} + P_2\frac{\partial}{\partial \phi_2} + F\frac{\partial}{\partial f}, \quad (3.4.18)$$

这里 X, T, P, Q, A, B, P_1, P_2, F 是关于 x, t, p, q, α, β, ϕ_1, ϕ_2, f 的函数, 这样的假设意味着扩大系统在下面的无穷小变换下是保持不变的, 无穷小变换形式为

$$(x, t, p, q, \alpha, \beta, \phi_1, \phi_2, f) \rightarrow (x+\varepsilon X, \ t+\varepsilon T, \ p+\varepsilon P, \ q+\varepsilon Q, \ \alpha+\varepsilon A, \ \beta+\varepsilon B,$$
$$\phi_1+\varepsilon P_1, \ \phi_2+\varepsilon P_2, \ x+\varepsilon F)$$

且

$$\sigma^1 = Xp_x + Tp_t - P, \quad \sigma^2 = Xq_x + Tq_t - Q, \qquad \sigma^3 = T\alpha_t - A,$$

$$\sigma^4 = T\beta_t - B, \qquad\qquad \sigma^5 = X\phi_{1x} + T\phi_{1t} - P_1, \quad \sigma^6 = X\phi_{2x} + T\phi_{2t} - P_2,$$

$$\sigma^7 = Xf_x + Tf_t - F,$$

$$(3.4.19)$$

对称 σ^i ($i = 1, \cdots, 7$) 是作为扩大后的线性化方程组的解, 也就是说 σ^i ($i = 1, \cdots, 7$) 满足方程 (3.4.4), (3.4.8) 及下面的方程:

$$\sigma_x^7 + \sigma^5\phi_2 + \phi_1\sigma^6 = 0,$$

$$\sigma_t^7 + 2\sigma^3\lambda\phi_2\phi_1 + 2\alpha\lambda\sigma^5\phi_2 + \frac{1}{2}\sigma^3 p\phi_2^2 - \frac{1}{2}\sigma^3 q\phi_1^2 + \frac{1}{2}\alpha\sigma^1\phi_2^2 \qquad (3.4.20)$$

$$-\frac{1}{2}\alpha\phi_1^2\sigma^2 + 2\alpha\lambda\sigma^6\phi_1 + \alpha p\sigma^6\phi_2 - \alpha\sigma^5\phi_1 q = 0.$$

将表达式 (3.4.19) 代入 (3.4.4), (3.4.8) 及 (3.4.20), 消去 p_t, q_t, ϕ_{1x}, ϕ_{1t}, ϕ_{2x}, ϕ_{2t}, f_x, f_t, 并收集变量 p, q, α, β 的各阶导数, 可以得到一个关于无穷小变量 X, T, P, Q, A, B, P_1, P_2, F 的超定方程组, 通过求解超定的方程组可以得到下面的结果:

$$X = c_1, \quad T = F_4(t), \quad P = c_2\phi_1^2 + F_5(t)p,$$

$$Q = c_2\phi_2^2 + F_5(t)q, \quad P_1 = \frac{1}{2}\phi_1(-2c_2f + F_5(t) + c_3),$$

$$P_2 = -\frac{1}{2}\phi_2(2c_2f + F_5(t) - c_3), \quad A = -\frac{\mathrm{d}}{\mathrm{d}t}F_4(t)\alpha, \qquad (3.4.21)$$

$$B = -\frac{\mathrm{d}}{\mathrm{d}t}F_4(t)\beta + \frac{1}{2}\frac{\mathrm{d}}{\mathrm{d}t}F_5(t), \quad F = -c_2f^2 + c_3f + c_4,$$

其中 c_i ($i = 1, \cdots, 4$) 是任意常数, $F_4(t)$, $F_5(t)$ 是关于 t 的函数. 特别地, 当 $c_1 = c_3 = F_3(t) = F_4(t) = F_5(t) = 0$, $c_2 = -1$ 时, 对称 (3.4.21) 就完全等于 (3.4.14). 如果设 $c_2 = c_3 = 0$, 则表达式 (3.4.21) 给出的是方程 (3.4.1) 的经典 Lie 对称.

3.4.3　变系数耦合 Newell-Whitehead 方程组的对称约化及群不变解

为了得到群不变解, 我们需要求解对称约束条件 $\sigma^i = 0$ ($i = 1, \cdots, 7$), 这里 σ^i 是将 (3.4.21) 代入 (3.4.19) 后定义的. 求解对称约束条件等价于求解下面的特征方程:

$$\frac{\mathrm{d}x}{X} = \frac{\mathrm{d}t}{T} = \frac{\mathrm{d}p}{P} = \frac{\mathrm{d}q}{Q} = \frac{\mathrm{d}\alpha}{A} = \frac{\mathrm{d}\beta}{B} = \frac{\mathrm{d}\phi_1}{P_1} = \frac{\mathrm{d}\phi_2}{P_2} = \frac{\mathrm{d}f}{F}. \qquad (3.4.22)$$

当 $c_2 \neq 0$ 时, 求解特征方程 (3.4.22), 可以得到两个非平凡的相似约化及相应的不变解. 下面分两种情形讨论.

情形 1 $c_4 \neq 0$.

不失一般性, 我们假设 $c_1 = 1$, $c_2 = 1$, $c_3 = 0$, $c_4 = k_1$, $F_4(t) = k_2$, $F_5(t) = k_3$, 其中 k_1, k_2, k_3 是任意常数, 通过求解特征方程 (3.4.22), 我们可以得到下面的相似解:

$$p = -\frac{e^{\frac{k_3 t}{k_2}} \tanh(\Theta) F_2^2(\xi) - \sqrt{k_1} F_4(\xi)}{\sqrt{k_1}}, \quad q = -\frac{e^{\frac{-k_3 t}{k_2}} \tanh(\Theta) F_3^2(\xi) - \sqrt{k_1} F_5(\xi)}{\sqrt{k_1}},$$

$$\phi_1 = F_2(\xi) \sqrt{\tanh^2(\Theta - 1)} e^{\frac{k_3 t}{2k_2}}, \quad \phi_2 = F_3(\xi) \sqrt{\tanh^2(\Theta - 1)} e^{\frac{-k_3 t}{2k_2}},$$

$$\alpha = C_1, \quad \beta = C_2, \quad f = \sqrt{k_1} \tanh(\Theta),$$

$$(3.4.23)$$

这里 $\Theta = \dfrac{\sqrt{k_1} F_1(\xi) + t}{k_2}$, $\xi = \dfrac{k_2 x - t}{k_2}$. 将表达式 (3.4.23) 代入延拓系统, 可以得到 $F_2(\xi)$, $F_3(\xi)$, $F_4(\xi)$ 及 $F_5(\xi)$ 满足下面的形式:

$$F_2(\xi) = C_2 e^{\int (-\lambda + \frac{F_{1\xi\xi}}{2F_{1\xi}} - \frac{1}{C_1 k_2} + \frac{1}{C_1 F_{1\xi}}) \mathrm{d}x}, \quad F_3(\xi) = \frac{k_1 F_{1\xi}}{k_2 F_2},$$

$$F_4(\xi) = \frac{-4k_2 C_1 \lambda F_2^2 F_{1\xi} + k_2 C_1 F_2^2 F_{1\xi\xi} - 2F_2^2 F_{1\xi} + 2k_2 F_2^2}{2k_1 C_1 F_{1\xi}^2},$$

$$F_5(\xi) = \frac{4k_1 k_2 C_1 \lambda F_{1\xi} + k_1 k_2 C_1 F_{1\xi\xi} + 2k_1 F_{1\xi} - 2k_1 k_2}{2C_1 k_2^2 F_2^2},$$

$$(3.4.24)$$

其中 C_1, C_2 是任意常数. 由于辅助变量 f 满足变系数耦合 Newell-Whitehead 方程组的 Schwarzian 形式 (3.4.13), 因此, 将 $f = \sqrt{k_1} \tanh(\Theta)$ 代入 (3.4.13), 可以得到 F_1 满足下面的约化方程:

$$4k_1 C_1^2 F^4 F_\xi - k_2^2 C_1^2 F^2 F_{\xi\xi\xi} + 4C_1^2 k_2^2 F F_\xi F_{\xi\xi} - 3C_1^2 k_2^2 F_\xi^3$$
$$- 16C_1 k_2^2 \lambda F F_\xi - 8k_2 F F_\xi + 12k_2^2 F_\xi = 0,$$

$$(3.4.25)$$

其中 $F(\xi) = F = F_{1\xi}$. 容易证明方程 (3.4.25) 等价于下面的椭圆方程

$$F_\xi = \frac{1}{k_2 C_1} \sqrt{L_0 + L_1 F + L_2 F^2 + L_3 F^3 + L_4 F^4}, \quad (3.4.26)$$

其中

$$L_0 = 4k_2^2, \quad L_1 = -16C_1 k_2^2 \lambda - 8k_2, \quad L_2 = 2C_1^2 C_3 k_2^2,$$

$$L_3 = -2C_1^2 C_2 k_2, \quad L_4 = 4C_1^2 k_1,$$

$$(3.4.27)$$

其中 C_1, C_2, C_3 是任意常数.

显然, 只要通过 (3.4.25) 可以解出 F_1, 则 F_2, F_3, F_4, F_5 就可以直接通过方程 (3.4.24) 求解出来. 从方程 (3.4.26), 我们发现 F 可以写为如下的 Jacobi Elliptic 函数:

$$F = b_0 + b_1 \text{Jacobi}SN(\xi, n). \tag{3.4.28}$$

将方程 (3.4.28) 代入方程 (3.4.26), 利用 Maple 求解超定方程, 可以得到

$$b_0 = 0, \quad b_1 = b_1, \quad k_1 = k_1, \quad k_2 = \frac{1}{4}b_1\lambda, \quad k_3 = \frac{-2}{b_1}, \quad n = 8\sqrt{k_1}\lambda, \tag{3.4.29}$$

其中 k_1, b_1, λ 是实数, $0 \leqslant n \leqslant 1$. 将表达式 (3.4.28), (3.4.29) 及 $F_{1\xi} = F$ 代入方程 (3.4.24) 可以得到 p, q 的具体表达式.

由于结果太复杂这里就省略不写了, 但是我们给出解 p 和 q 在参数取 $\{k_1 = 1, \ k_2 = 10000, \ b_1 = 1000, \ k_3 = 10, \ C_1 = 0.10, \ C_2 = 0.1, \ \lambda = 0.001\}$ 时对应的具体图形 (图 3.3).

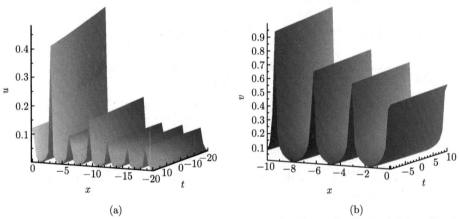

(a)　　　　　　　　　　　　　　　　(b)

图 3.3　关于变系数 Newell-Whitehead 方程组的三维孤立子和椭圆周期波的相互作用解
(文后附彩图)

情形 2　$c_4 = 0$.

假设 $c_1 = k_4$, $c_2 = k_5$, $c_3 = 0$, $c_4 = 0$, $F_1(t) = 1$, $F_4(t) = 1$, k_4, k_5 是任意常数. 解下面的特征方程

$$\frac{\mathrm{d}x}{k_4} = \frac{\mathrm{d}t}{1} = \frac{\mathrm{d}p}{-k_5\phi_1^2 - p} = \frac{\mathrm{d}q}{-k_5\phi_2^2 + q} = \frac{\mathrm{d}\alpha}{0} = \frac{\mathrm{d}\beta}{0}$$

$$= \frac{\mathrm{d}\phi_1}{\frac{1}{2}\phi_1(2k_5 f - 1)} = \frac{\mathrm{d}\phi_2}{\frac{1}{2}\phi_2(2k_5 f + 1)} = \frac{\mathrm{d}f}{k_5 f^2}. \tag{3.4.30}$$

可以得到

$$p = e^t \left(-\frac{F_2^2(\zeta)}{k_5 t + F_1(\zeta)} + F_4(\zeta) \right), \quad q = e^{-t} \left(-\frac{F_3^2(\zeta)}{k_5 t + F_1(\zeta)} + F_5(\zeta) \right),$$

$$\phi_1 = \frac{e^{\frac{1}{2}t} F_2(\zeta)}{k_5 t + F_1(\zeta)}, \quad \phi_2 = \frac{e^{\frac{-1}{2}t} F_3(\zeta)}{k_5 t + F_1(\zeta)}, \quad \alpha = K_1, \quad \beta = K_2,$$

$$f = \frac{1}{k_5 t + F_1(\zeta)},$$

$$\tag{3.4.31}$$

这里 $\zeta = -k_4 t + x$, K_1, K_2 是任意常数. 将方程 (3.4.31) 代入延拓系统, 满足

$$F_2(\zeta) = C_2 e^{\int \left(-\lambda - \frac{k_4}{C_1} + \frac{F_{1\zeta\zeta}}{2F_{1\zeta}} + \frac{k_5}{C_1 F_{1\zeta}} \right) d\zeta}, \qquad F_3(\zeta) = \frac{F_{1\zeta}}{F_2},$$

$$F_4(\zeta) = -\frac{(4\lambda \bar{C}_1 F_{1\zeta} + 2k_4 F_{1\zeta} - \bar{C}_1 F_{1\zeta\zeta} - 2k_5)}{2\bar{C}_1 F_{1\zeta}^2} F_2^2, \tag{3.4.32}$$

$$F_5(\xi) = \frac{4\lambda \bar{C}_1 F_{1\zeta} + 2k_4 F_{1\zeta} + \bar{C}_1 F_{1\zeta\zeta} - 2k_5}{2\bar{C}_1 F_2^2},$$

这里 $\bar{C}_1$ 是任意常数, $F = F(\zeta) = F_{1\zeta}$ 满足方程

$$\bar{C}_1^2 F^2 F_{\zeta\zeta\zeta} - 4\bar{C}_1^2 F F_\zeta F_{\zeta\zeta} + 16 k_5 \lambda \bar{C}_1 F F_\zeta + 3\bar{C}_1^2 F_\zeta^3 + 8 k_4 k_5 F F_\zeta - 12 k_5^2 F_\zeta = 0,$$

$$\tag{3.4.33}$$

表达式 (3.4.33) 等价于下面的椭圆方程:

$$\frac{\mathrm{d}F(\zeta)}{\mathrm{d}\zeta} = \frac{\sqrt{-2\bar{C}_1^2 \bar{C}_2 F^3(\zeta) + 2\bar{C}_1^2 \bar{C}_3 F^2(\zeta) - 8(2k_5 \lambda \bar{C}_1 + k_4 k_5) F(\zeta) + 4k_5^2}}{\bar{C}_1}.$$

$$\tag{3.4.34}$$

因此, 我们如果取 $F = F(\zeta)$ 满足下面的表达式:

$$F(\zeta) = \frac{1}{L_0 + L_1 \mathrm{Jacobi}SN(\zeta, m)} \tag{3.4.35}$$

并将它代入约化方程 (3.4.33), 可以得到下面 8 组解:

$$\left\{ L_0 = \pm\frac{L_1}{m}, L_1 = L_1, k_4 = -(C_1 + 2C_1\lambda), k_5 = \mp\frac{C_1 m}{2L_1} \right\},$$

$$\left\{ L_0 = \pm\frac{L_1}{m}, L_1 = L_1, k_4 = (C_1 - 2C_1\lambda), k_5 = \pm\frac{C_1 m}{2L_1} \right\},$$

$$\tag{3.4.36}$$

$$\left\{ L_0 = \pm L_1, L_1 = L_1, k_4 = -(C_1 m + 2C_1\lambda), k_5 = \mp\frac{C_1 m}{2L_1} \right\},$$

$$\left\{ L_0 = \pm L_1, L_1 = L_1, k_4 = (C_1 m - 2C_1\lambda), k_5 = \pm\frac{C_1 m}{2L_1} \right\}.$$

将表达式 (3.4.36), (3.4.35) 和 (3.4.32) 代入 (3.4.31) 可以得到变系数耦合 Newell-Whitehead 方程组的精确解, 解的形式说明了 p, q 是有理函数.

3.5　变系数 AKNS 方程组的非局部对称及群不变解

本节我们利用辅助函数法讨论变系数 AKNS 方程组的非局部对称及群不变解. 变系数 AKNS 方程组它的具体形式如下:

$$
\begin{cases}
u_t + \delta(2\alpha vu^2 - \alpha u_{xx}) = 0, \\
v_t - \delta(2\alpha v^2 u - \alpha v_{xx}) = 0,
\end{cases}
\tag{3.5.1}
$$

其中 $u = u(x, t)$ 和 $v = v(x, t)$ 是关于 (x, t) 的实函数, $\delta = \delta(t)$ 是关于 t 的实函数. 变系数的 AKNS 方程组 (3.5.1) 是将变系数的 Whitham-Broer-Kaup 方程组通过变量变换得到的, 在 Boussinesq 近似法下, 方程组 (3.5.1) 可以作为描述潜水波的模型. 文献 [175] 研究了方程组 (3.5.1) 的 Lax 对、无穷多守恒律及孤立子解. 当 $\delta = 1, \alpha = i/2$ 时, 方程组 (3.5.1) 可约化为著名的 AKNS 系统. 文献 [143] 研究了当 $i^2 = -1$ 时的常系数 AKNS 系统的非局部对称和精确解, 本节主要研究方程组 (3.5.1) 的非局部对称. 方程组 (3.5.1) 的 Lax 对表达式如下:

$$
\begin{aligned}
\varphi_x &= U\varphi, \\
\varphi_t &= V\varphi,
\end{aligned}
\tag{3.5.2}
$$

其中

$$
\varphi = \begin{pmatrix} \phi_1 \\ \phi_2 \end{pmatrix}, \quad
U = \begin{pmatrix} \lambda & v \\ u & -\lambda \end{pmatrix}, \quad
V = \begin{pmatrix} A & B \\ C & -A \end{pmatrix},
$$

$A = \alpha\delta uv - 2\lambda^2\alpha\delta, B = -\alpha\delta v_x - 2\lambda\alpha\delta v, C = \alpha\delta u_x - 2\lambda\alpha\delta u$. 为了构造变系数 AKNS 系统 (3.5.1) 的非局部对称, 我们首先需要解决下面的线性方程组:

$$
\begin{aligned}
&\sigma^1_t + 2\alpha vu^2\sigma^3 - \alpha u_{xx}\sigma^3 + 2\alpha\delta u^2\sigma^2 + 4\alpha uv\delta\sigma^1 - \alpha\delta\sigma^1_{xx} = 0, \\
&\sigma^2_t - 2\alpha v^2 u\sigma^3 + \alpha v_{xx}\sigma^3 - 2\alpha\delta v^2\sigma^1 - 4\alpha uv\delta\sigma^2 + \alpha\delta\sigma^2_{xx} = 0,
\end{aligned}
\tag{3.5.3}
$$

$\sigma^1, \sigma^2, \sigma^3$ 分别是 u, v, δ 的对称, 也就是说方程组 (3.5.1) 在下面这组变换下是不变的,

$$
\begin{aligned}
u &\to u + \varepsilon\sigma^1, \\
v &\to v + \varepsilon\sigma^2, \\
\delta &\to \delta + \varepsilon\sigma^3,
\end{aligned}
\tag{3.5.4}
$$

其中 ε 是无穷小参数.

不同于 Lie 点对称, 我们假设方程组 (3.5.1) 的非局部对称具有如下的形式:

$$\sigma^1 = \bar{X}(x,t,u,v,\delta,\phi_1,\phi_2)u_x + \bar{T}(x,t,u,v,\delta,\phi_1,\phi_2)u_t - \bar{U}(x,t,u,v,\delta,\phi_1,\phi_2),$$

$$\sigma^2 = \bar{X}(x,t,u,v,\delta,\phi_1,\phi_2)v_x + \bar{T}(x,t,u,v,\delta,\phi_1,\phi_2)v_t - \bar{V}(x,t,u,v,\delta,\phi_1,\phi_2),$$

$$\sigma^3 = \bar{T}(x,t,u,v,\delta,\phi_1,\phi_2)\delta_t - \bar{\Delta}(x,t,u,v,\delta,\phi_1,\phi_2). \tag{3.5.5}$$

接着, 我们利用 Lie 点对称的方法寻找 $\sigma^1,\sigma^2,\sigma^3$ 的解. 首先将方程组 (3.5.5) 代入方程组 (3.5.3) 中去, 然后利用 Lax 对和方程组 (3.5.1) 消去 $u_t, v_t, \phi_{1x}, \phi_{1t}, \phi_{2x}, \phi_{2t}$, 可以得到关于 $\bar{X}, \bar{T}, \bar{U}, \bar{V}, \bar{\Delta}$ 的决定方程组, 求解决定方程组, 可以得到如下的结果:

$$\begin{aligned}
\bar{X}(x,t,u,v,\delta,\phi_1,\phi_2) &= c_1 x + c_2, \\
\bar{T}(x,t,u,v,\delta,\phi_1,\phi_2) &= F_1(t), \\
\bar{U}(x,t,u,v,\delta,\phi_1,\phi_2) &= (-2c_1 - c_3)u + c_4\phi_2^2, \\
\bar{V}(x,t,u,v,\delta,\phi_1,\phi_2) &= c_3 v + c_4\phi_1^2, \\
\bar{\Delta}(x,t,u,v,\delta,\phi_1,\phi_2) &= \delta\left(2c_1 - \frac{\mathrm{d}F_1(t)}{\mathrm{d}t}\right),
\end{aligned} \tag{3.5.6}$$

这里 $c_i(i = 1, \cdots, 4)$ 是四个任意常数, $F_1(t)$ 是关于 t 的任意函数.

注 3.4 当 $c_4 = 0$ 时, 表达式 (3.5.6) 代表的是变系数 AKNS 系统的局部对称, 当 $c_4 \neq 0$ 时, (3.5.6) 代表的是变系数 AKNS 系统的非局部对称.

由于非局部对称不能直接用来构造非线性方程的解, 因此需要将其转化为局部对称, 我们通过将原系统扩大来构造一个封闭的系统, 新系统的 Lie 点对称包含原系统的 Lie 点对称.

3.5.1 变系数 AKNS 系统非局部对称的局部化

为了简单起见, 令表达式 (3.4.6) 中 $c_1 = c_2 = c_3 = 0, c_4 = 1, F_1(t) = 0$, 可得

$$\begin{aligned}
\sigma^1 &= -\phi_2^2, \\
\sigma^2 &= -\phi_1^2, \\
\sigma^3 &= 0.
\end{aligned} \tag{3.5.7}$$

要对非局部对称 (3.5.7) 局部化, 我们需要解下面的线性化方程:

$$\sigma_x^4 - \sigma^2\phi_2 - v\sigma^5 - \lambda\sigma^4 = 0,$$

$$\sigma_x^5 - \sigma^1\phi_1 - u\sigma^4 + \lambda\sigma^5 = 0,$$

$$\sigma_t^4 - \alpha uv\phi_1\sigma^3 - \alpha\delta v\phi_1\sigma^1 - \alpha\delta u\phi_1\sigma^2 - \alpha\delta uv\sigma^4 + 2\lambda\alpha v\phi_2\sigma^3 + 2\lambda\alpha\delta\phi_2\sigma^2$$

$$+2\lambda\alpha\delta v\sigma^5 + 2\lambda^2\alpha\phi_1\sigma^3 + 2\lambda^2\alpha\delta\sigma^4 + \alpha\sigma^3\phi_2 v_x + \alpha\delta\phi_2\sigma_x^2 + \alpha\delta\sigma^5 v_x = 0,$$

$$\sigma_t^5 + \alpha\delta u\phi_2\sigma^2 + \alpha u v\sigma^5 + \alpha u v\phi_2\sigma^3 + \alpha\delta v\sigma^1\phi_2 + 2\lambda\alpha u\phi_1\sigma^3 + 2\lambda\alpha\delta\phi_1\sigma^1$$

$$+2\lambda\alpha\delta u\sigma^4 - 2\lambda^2\alpha\phi_2\sigma^3 - 2\lambda^2\alpha\delta\sigma^5 - \alpha\sigma^3\phi_1 u_x - \alpha\delta\phi_1\sigma_x^1 - \alpha\delta\sigma^4 u_x = 0,$$

$$(3.5.8)$$

方程组 (3.5.8) 在下面的变换下满足形式不变性

$$\phi_1 \to \phi_1 + \varepsilon\sigma^4,$$
$$\phi_2 \to \phi_2 + \varepsilon\sigma^5, \tag{3.5.9}$$
$$f \to f + \varepsilon\sigma^6,$$

ε 是无穷小参数, $\sigma^1, \sigma^2, \sigma^3$ 由 (3.5.7) 给出, 容易证明方程 (3.5.8) 有下面形式的解

$$\sigma^4 = \phi_1 f, \quad \sigma^5 = \phi_2 f, \tag{3.5.10}$$

其中 f 满足下面的方程组

$$f_x = -\phi_1\phi_2,$$
$$f_t = \alpha\delta(v\phi_2^2 + 4\lambda\phi_1\phi_2 - u\phi_1^2), \tag{3.5.11}$$

因此, 容易得到下面的结论

$$\sigma^6 = f^2. \tag{3.5.12}$$

现在我们可以看到非局部对称 (3.5.7) 已经从原来的空间 $\{x, t, u, v, \delta\}$ 局部化为延拓空间 $\{x, t, u, v, \delta, \phi_1, \phi_2, f\}$ 的 Lie 点对称. 容易证明新的辅助变量 f 满足变系数 AKNS 系统的 Schwarzian 形式:

$$\delta\frac{\partial C}{\partial t} - \alpha^2\delta^3\frac{\partial S}{\partial x} - (8\lambda\alpha\delta^2 + 3\delta C)\frac{\partial C}{\partial x} - C\frac{\partial\delta}{\partial t} = 0, \tag{3.5.13}$$

其中, $C = \dfrac{\frac{\partial\phi}{\partial t}}{\frac{\partial\phi}{\partial x}}$, $S = \dfrac{\frac{\partial^3\phi}{\partial x^3}}{\frac{\partial\phi}{\partial x}} - \dfrac{3\left(\frac{\partial^2\phi}{\partial x^2}\right)^2}{2\left(\frac{\partial\phi}{\partial x}\right)^2}$ 代表的是 Schwarzian 导数.

将非局部对称 (3.5.7) 局部化成功后, 自然地, 我们就可以利用 Lie 群理论来构造 AKNS 系统新的解析解. 具体的步骤如下：利用 Lie 点对称 (3.5.7),(3.5.10), (3.5.12), 通过解如下的初值问题

$$\frac{d\bar{u}(\varepsilon)}{d\varepsilon} = -\phi_2^2, \quad \bar{u}\,|_{\varepsilon=0} = u,$$
$$\frac{d\bar{v}(\varepsilon)}{d\varepsilon} = -\phi_1^2, \quad \bar{v}\,|_{\varepsilon=0} = v,$$

$$\frac{\mathrm{d}\bar{\delta}(\varepsilon)}{\mathrm{d}\varepsilon} = 0, \qquad \bar{\delta}\,|_{\varepsilon=0} = \delta,$$

$$\frac{\mathrm{d}\bar{\phi}_1(\varepsilon)}{\mathrm{d}\varepsilon} = \phi_1 f, \quad \bar{\phi}_1\,|_{\varepsilon=0} = \phi_1,$$

$$\frac{\mathrm{d}\bar{\phi}_2(\varepsilon)}{\mathrm{d}\varepsilon} = \phi_2 f, \quad \bar{\phi}_2\,|_{\varepsilon=0} = \phi_2, \tag{3.5.14}$$

$$\frac{\mathrm{d}\bar{f}(\varepsilon)}{\mathrm{d}\varepsilon} = f^2, \qquad \bar{f}\,|_{\varepsilon=0} = f,$$

我们可以得到下面的对称群定理 (其中 ε 表示群参数).

定理 3.3　如果 $\{u,v,\delta,\phi_1,\phi_2,f\}$ 是延拓系统 (3.5.1), (3.5.2) 及 (3.5.11) 的解, 其中 $\lambda = 0$, 则

$$\bar{u} = u + \frac{\varepsilon\phi_2^2}{1+\varepsilon f}, \quad \bar{v} = v + \frac{\varepsilon\phi_1^2}{1+\varepsilon f}, \quad \bar{\delta} = \delta,$$

$$\bar{\phi}_1 = \frac{\varepsilon\phi_1}{1+\varepsilon f}, \quad \bar{\phi}_2 = \frac{\varepsilon\phi_2}{1+\varepsilon f}, \quad \bar{f} = \frac{\varepsilon f}{1+\varepsilon f} \tag{3.5.15}$$

也是延拓系统的解 (ε 表示任意的群参数).

下面我们给出一个简单的例子来验证上面的定理. 从 AKNS 系统 (3.5.1) 的一个解

$$u = -\tanh(2\alpha t - x) - 1, \quad v = -\tanh(2\alpha t - x) + 1, \quad \delta = 1, \tag{3.5.16}$$

出发通过表达式 (3.5.2) 和 (3.5.11) 很容易得到关于变量 ϕ_1, ϕ_2, f 如下的特殊解:

$$\phi_1 = 1 - \tanh(2\alpha t - x), \quad \phi_2 = 1 + \tanh(2\alpha t - x),$$

$$f = -\frac{2}{1+e^{4\alpha t - 2x}}. \tag{3.5.17}$$

利用定理 3.3, 不难验证

$$u = \frac{2(2\varepsilon-1)e^{4\alpha t-2x}}{1-2\varepsilon+e^{4\alpha t-2x}}, \quad v = \frac{2}{1-2\varepsilon+e^{4\alpha t-2x}}, \quad \phi_1 = \frac{2e^{2x}}{(2\varepsilon-1)e^{2x}-e^{4\alpha t}},$$

$$\phi_2 = -\frac{2e^{4t\alpha}}{(2\varepsilon-1)e^{2x}-e^{4\alpha t}}, \quad f = -\frac{2}{1-2\varepsilon+e^{4\alpha t-2x}}, \quad \delta = 1$$

依然是系统 (3.5.1),(3.5.2) 和 (3.5.11) 的解.

注 3.5　通过上面的结果我们可以看到, 解 u,v 的形式已经从孤立子解变为非孤立子解. 重复使用上面的定理, 我们可以得到变系数 AKNS 系统 (3.5.1) 更多的解, 这些解不能通过传统的 Lie 群方法得到, 因此我们将其称为系统 (3.5.1) 的新的解析解.

接下来, 我们主要利用经典的 Lie 群方法去寻找变系数 AKNS 系统 (3.5.1) 更多的相似约化和解析解. 首先假定延拓系统的对称具有下面形式的向量场:

$$V = X\frac{\partial}{\partial x} + T\frac{\partial}{\partial t} + U\frac{\partial}{\partial u} + V\frac{\partial}{\partial v} + \Delta\frac{\partial}{\partial \delta} + P\frac{\partial}{\partial p} + Q\frac{\partial}{\partial q} + F\frac{\partial}{\partial f}, \quad (3.5.18)$$

这里 X, T, U, Δ, P, Q, F 是关于变量 $x, t, u, \delta, \phi_1, \phi_2, f$ 的函数, 也就是说封闭系统在下面的变换下是不变的

$$(x, t, u, v, \delta, \phi_1, \phi_2, f)$$
$$\rightarrow (x + \varepsilon X, t + \varepsilon T, u + \varepsilon U, v + \varepsilon V, \delta + \varepsilon \Delta, \phi_1 + \varepsilon P, \phi_2 + \varepsilon Q, f + \varepsilon F), \quad (3.5.19)$$

其中 ε 是无穷小参数. 可以对向量形式的对称 (3.5.18) 做如下的假设:

$$\begin{aligned}
\sigma^1 &= Xu_x + Tu_t - U, \\
\sigma^2 &= Xv_x + Tv_t - V, \\
\sigma^3 &= T\delta_t - \Delta, \\
\sigma^4 &= X\phi_{1x} + T\phi_{1t} - P, \\
\sigma^5 &= X\phi_{2x} + T\phi_{2t} - Q, \\
\sigma^6 &= Xf_x + Tf_t - F,
\end{aligned} \quad (3.5.20)$$

这里 X, T, U, Δ, P, Q, F 是关于变量 $\{x, t, u, \delta, \phi_1, \phi_2, f\}$ 的函数. 对称 $\sigma^i (i = 1, \cdots, 6)$ 满足延拓系统的线性化方程组, 即表达式 (3.5.3),(3.5.8) 和下面的方程组

$$\begin{aligned}
&\sigma_x^6 + \sigma^4\phi_2 + \sigma^5\phi_1 = 0, \\
&\sigma_t^6 - 4\alpha\lambda\sigma^3\phi_1\phi_2 - 4\alpha\lambda\delta\sigma^4\phi_2 + 2\alpha\delta\sigma^4\varphi_1 u - 4\alpha\lambda\delta\sigma^5\phi_1 \\
&-2\alpha\delta\sigma^5\phi_2 v + \alpha\sigma^3\phi_1^2 u - \alpha\sigma^3\phi_2^2 v + \alpha\delta\sigma^1\phi_1^2 - \alpha\delta\sigma^2\phi_2^2 = 0.
\end{aligned} \quad (3.5.21)$$

将表达式 (3.5.20) 代入 (3.5.3),(3.5.8),(3.5.21) 中, 利用延拓系统消去 $u_t, v_t, \phi_{1x}, \phi_{1t},$ $\phi_{2x}, \phi_{2t}, f_x, f_t$, 得到关于函数 $X, T, U, V, \Delta, P, Q, F$ 的决定方程, 通过解决定方程, 可以得到

$$X = c_1, \quad T = F_2(t), \quad U = c_2 u + c_3\phi_2^2, \quad V = -c_2 v + c_3\phi_1^2,$$

$$\Delta = -\delta\frac{\mathrm{d}F(t)}{\mathrm{d}t}, \quad P = -\frac{\phi_1}{2}(c_2 - c_4 + 2c_3 f), \quad (3.5.22)$$

$$Q = \frac{\phi_2}{2}(c_2 + c_4 - 2c_3 f), \quad F = -c_3 f^2 + c_4 f + c_5,$$

其中 $c_i(i=1,2,\cdots,5)$ 是任意常数, $F_2(t)$ 是关于 t 的任意函数.

注 3.6 当 $c_1 = c_2 = c_4 = c_5 = F_2(t) = 0, c_3 = -1$ 时, 非局部对称正好是表达式 (3.5.6). 当 $c_3 = c_4 = c_5 = 0$ 时将得到变系数 AKNS 系统的 Lie 点对称.

3.5.2 变系数 AKNS 系统的对称约化和群不变解

在这一部分内容中, 我们在考虑变量 $c_3 \neq 0$ 的情况下, 将给出变系数 AKNS 系统 (3.5.1) 的两种非平凡相似约化和群不变解.

情况 1 $c_5 \neq 0$.

不失一般性, 令 $c_2 = c_4 = 0, c_1 = c_3 = 1, c_5 = k_1, F_2(t) = k_2$, 其中 k_1, k_2 是两个任意常数. 通过解下面的特征方程:

$$\frac{\mathrm{d}x}{1} = \frac{\mathrm{d}t}{k_2} = \frac{\mathrm{d}u}{\phi_2^2} = \frac{\mathrm{d}v}{\phi_1^2} = \frac{\mathrm{d}\delta}{0} = \frac{\mathrm{d}\phi_1}{-\phi_1 f} = \frac{\mathrm{d}\phi_2}{-\phi_2 f} = \frac{\mathrm{d}f}{-f^2 + k_1}, \tag{3.5.23}$$

可以得到

$$u = \frac{\sqrt{k_1} F_4(\xi) - F_3^2(\xi) \tanh(\Theta)}{\sqrt{k_1}},$$

$$v = \frac{\sqrt{k_1} F_5(\xi) - F_2^2(\xi) \tanh(\Theta)}{\sqrt{k_1}},$$

$$\phi_1 = F_2(\xi)\sqrt{\tanh^2(\Theta) - 1}, \tag{3.5.24}$$

$$\phi_2 = F_3(\xi)\sqrt{\tanh^2(\Theta) - 1},$$

$$f = \sqrt{k_1} \tanh(\Theta), \quad \delta = k_3,$$

其中 $\Theta = \sqrt{k_1}(F_1(\xi) + x), \xi = t - k_2 x$.

将方程组 (3.5.24) 代入延拓系统, 可以得到

$$F_2 = Ce^{\int \frac{k_3 \alpha k_2^2 F_{1\xi\xi} + 2k_3 \alpha \lambda k_2 F_{1\xi} - F_{1\xi} - 2k_3 \alpha \lambda}{2k_3 \alpha k_2 (k_2 F_{1\xi} - 1)} \mathrm{d}\xi},$$

$$F_3 = \frac{k_1 - k_1 k_2 F_{1\xi}}{F_2},$$

$$F_4 = -\frac{-k_2^2 k_3 \alpha F_{1\xi\xi} + 4k_1 k_2 \lambda k_3 \alpha F_{1\xi} - k_1 F_{1\xi} - 4k_1 \lambda k_3 \alpha}{2k_3 \alpha F_2^2}, \tag{3.5.25}$$

$$F_5 = \frac{k_2^2 k_3 \alpha F_2^2 F_{1\xi\xi} + 4k_1 \lambda k_3 \alpha F_2^2 F_{1\xi} - 4k_3 \alpha F_2^2 + F_2^2 F_{1\xi}}{2k_3 \alpha k_2^2 F_{1\xi}^2 - 4k_3 \alpha k_1 k_2 F_{1\xi} + 2k_3 \alpha k_1},$$

其中 C 是任意常数. 通过方程组 (3.5.24) 和 (3.5.25), 我们发现如果知道 $F_1(\xi)$ 的具体形式, 则解 u, v 可以直接得到. 又因为辅助变量 f 满足系统 (3.4.1) 的

Schwarzian 形式, 所以将 $f = \sqrt{k_1}\tanh(\Theta)$ 代入 (3.5.13), 可以得到

$$
\begin{aligned}
& \alpha^2 k_3^2 k_2^4 (2k_2 F - k_2^2 F^2 - 1) F_{\xi\xi\xi} - 3k_3^3 \alpha^2 k_2^6 F_\xi^3 + [4\alpha^2 k_3^2 k_2^5 (k_2 F - 1) F_{\xi\xi} \\
& + 4k_1 k_3^2 \alpha^2 k_2^4 F^2 (k_2^2 F^2 - 4k_2 F + 6) + (2k_2 - 16k_1 k_2^2 k_3^3 \alpha^2 - 4k_3 \alpha\lambda k_2^2) F \\
& + 4k_1 k_3^2 \alpha^2 + 4k_3 \lambda\alpha k_2 + 1] F_\xi = 0,
\end{aligned}
$$

$$(3.5.26)$$

其中 $F = F(\xi) = F_{1\xi}$.

　　容易证明上面的方程等价于下面的椭圆方程

$$
F_\xi = \frac{1}{k_3 \alpha k_2^3} \sqrt{A_0 + A_1 F + A_2 F^2 + A_3 F^3 + A_4 F^4}, \tag{3.5.27}
$$

其中

$$
\begin{aligned}
A_0 &= 2k_3 C_1 \alpha^2 k_2^5 + 2k_3^2 C_2 \alpha^2 k_2^5 + 4C\alpha\lambda k_2 - 1, \\
A_1 &= -(4k_3^2 C_1 \alpha^2 k_2^6 + 6k_3^2 C_2 \alpha^2 k_2^6 + 4k_3 \alpha\lambda k_2^2 - 2k_2), \\
A_2 &= 2k_3^2 C_1 \alpha^2 k_2^7 + 6k_3^2 C_2 \alpha^2 k_2^7 + 4k_3^2 \alpha^2 k_1 k_2^4, \\
A_3 &= -2k_3^2 C_2 \alpha^2 k_2^8 - 8k_3^2 \alpha^2 k_1 k_2^5, \\
A_4 &= 4k_3^2 \alpha^2 k_1 k_2^6.
\end{aligned}
$$

其中 C_1, C_2 是任意常数.

　　众所周知, 方程 (3.5.27) 的一般解可以写成雅可比椭圆函数. 因此, 解 (3.5.24) 体现了孤立子和椭圆函数周期波的相互作用. 取方程 (3.5.27) 一个简单形式的解

$$
F = b_0 + b_1 sn(\xi, n), \tag{3.5.28}
$$

将 (3.5.28) 代入方程 (3.5.27) 可得到

$$
b_0 = 2\alpha\lambda k_3, \quad b_1 = 8k_3^2 \alpha^2 \lambda^3, \quad k_1 = \frac{n^2}{256 k_3^4 \alpha^4 \lambda^6}, \quad k_2 = \frac{1}{2\lambda\alpha k_3}, \tag{3.5.29}
$$

其中 $k_3, \lambda, \alpha \in R, 0 \leqslant n \leqslant 1$.

　　将表达式 (3.5.29),(3.5.28) 和 $F_{1\xi} = F$ 代入方程 (3.5.25) 中, 就可以得到解系统 (3.5.1) 的 u, v. 由于表达式太冗长, 这里就不具体给出了. 为了能更好地研究变系数 AKNS 系统的解的性质, 下面我们给出解 u, v 的图像. 通过对表达式 (3.5.24) 取参数 $C = 5, C_1 = 2, k_1 = 0.18, k_2 = 10, \lambda = 0.1, \alpha = 1, n = 0.1$, 我们画出了孤立子和椭圆函数波的相互作用解, 如图 3.4 所示.

　　通过图像可以看到分量 u 展示的是一个孤立子在雅可比椭圆 sine 函数波背景下的传播路径. 在图 3.4 中, 图 (a) 显示在 $t = -10$ 时, 孤立子的高度接近于

0.03, 随着时间的变化, 孤立子与其他波产生了弹性碰撞, 高度不断增加. 图 (e) 显示了在 $t = 14$ 时, 孤立子与相邻波在一条直线上. 图 (f)—(i) 显示, 孤立子与其他波发生碰撞之后, 回到原来的高度. 为了更好地研究解的性质, 图 3.5 给出了对应的三维图, 参数与图 3.4 的参数一致. 该图形展示了孤立子在周期波背景下的传播图. 表达式 (3.4.16) 显示 u, v 在形式上具有相似性, 因此这里就不再做过多的讨论了. 事实上, 研究非线性方程多种类型的相互作用解是非常有意义的, 比如在光学研究中, 相互作用解可以描述光学折射中的局部状态; 在海洋中, 一些典型的非线性波可以用孤立子和椭圆周期波的相互作用来描述.

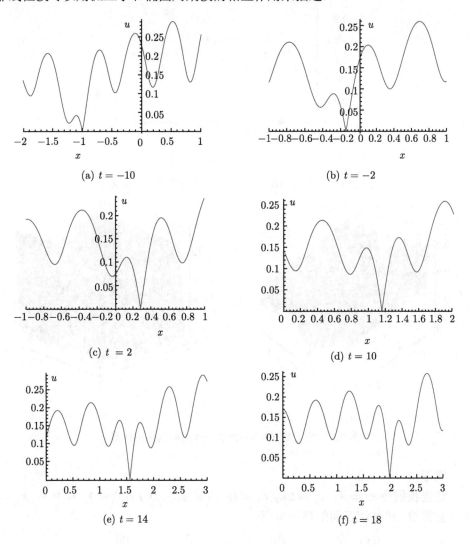

(a) $t = -10$

(b) $t = -2$

(c) $t = 2$

(d) $t = 10$

(e) $t = 14$

(f) $t = 18$

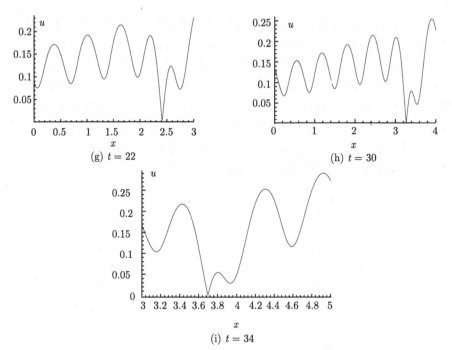

(g) $t = 22$

(h) $t = 30$

(i) $t = 34$

图 3.4　变系数 AKNS 系统相互作用解的二维演化图

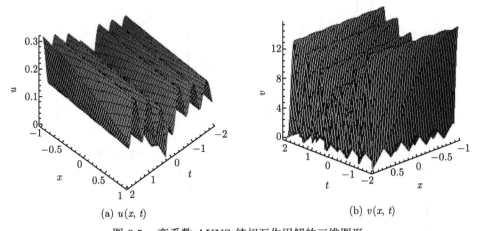

(a) $u(x, t)$

(b) $v(x, t)$

图 3.5　变系数 AKNS 统相互作用解的三维图形

情形 2　$c_5 = 0$.

这里我们令 $c_1 = k_1, c_2 = 2k_2, c_3 = k_3, c_4 = c_5 = 0, F_1(t) = 1$, 其中 k_1, k_2, k_3 是任意常数. 通过解下面的特征方程:

$$\frac{\mathrm{d}x}{k_1} = \frac{\mathrm{d}t}{1} = \frac{\mathrm{d}u}{k_3\phi_2^2 + 2k_2 u} = \frac{\mathrm{d}v}{k_3\phi_1^2 + 2k_2 v} = \frac{\mathrm{d}\delta}{0}$$

$$= \frac{\mathrm{d}\phi_1}{-\phi_1(k_3 f + k_2)} = \frac{\mathrm{d}\phi_2}{-\phi_2(k_3 f - k_2)} = \frac{\mathrm{d}f}{-k_3 f^2}, \tag{3.5.30}$$

可以得到下面的结果:

$$u = e^{2k_2 t}\left(\tilde{F}_4(\varsigma) - \frac{\tilde{F}_3^2(\varsigma)}{\tilde{F}_1(\varsigma) + k_3 t}\right), \quad v = e^{-2k_2 t}\left(\tilde{F}_5(\varsigma) - \frac{\tilde{F}_2^2(\varsigma)}{\tilde{F}_1(\varsigma) + k_3 t}\right),$$

$$\phi_1 = \frac{e^{-k_2 t}\tilde{F}_2(\varsigma)}{\tilde{F}_1(\varsigma) + k_3 t}, \quad \phi_2 = \frac{e^{k_2 t}\tilde{F}_3(\varsigma)}{\tilde{F}_1(\varsigma) + k_3 t}, \quad f = \frac{1}{\tilde{F}_1(\varsigma) + k_3 t}, \quad \delta = \tilde{C}. \tag{3.5.31}$$

这里 $\varsigma = x - k_1 t$, $\tilde{C}$ 是任意常数.

将表达式 (3.5.31) 代入延拓系统可得

$$\tilde{F}_2 = \tilde{C}_1 e^{\int -\lambda + \frac{\tilde{F}_{1\varsigma\varsigma}}{\tilde{F}_{1\varsigma}} + \frac{k_1}{2\tilde{C}\alpha} - \frac{k_3}{2\tilde{C}\alpha_2 \tilde{F}_{1\varsigma}} \mathrm{d}\varsigma}, \quad \tilde{F}_3 = \frac{\tilde{F}_{1\varsigma}}{\tilde{F}_2},$$

$$\tilde{F}_4 = -\frac{-\tilde{C}\alpha\tilde{F}_{1\varsigma\varsigma} - 4\lambda\tilde{C}\alpha\tilde{F}_{1\varsigma} + k_1\tilde{F}_{1\varsigma} - k_3}{2C\alpha\tilde{F}_2^2}, \tag{3.5.32}$$

$$\tilde{F}_5 = \frac{\tilde{C}\alpha\tilde{F}_2^2 F_{1\varsigma\varsigma} - 4\lambda\tilde{C}\alpha\tilde{F}_2^2\tilde{F}_{1\varsigma} + k_1\tilde{F}_2^2\tilde{F}_{1\varsigma} - k_3\tilde{F}_2^2}{2\tilde{C}\alpha\tilde{F}_{1\varsigma}^2},$$

这里 $\tilde{C}_1$ 是任意常数, $F = F(\varsigma) = F_{1\varsigma}$ 满足下面的方程

$$\tilde{C}^2\alpha^2(\tilde{F}^2\tilde{F}_{\varsigma\varsigma} + 3\tilde{F}_\varsigma^3) - (4\tilde{C}^2\alpha^2\tilde{F}\tilde{F}_{\varsigma\varsigma} + 4\tilde{C}\alpha\lambda k_3\tilde{F} - 2k_1 k_3\tilde{F} + 3k_3^2)\tilde{F}_\varsigma = 0, \tag{3.5.33}$$

方程 (3.5.33) 等价于下面的椭圆方程,

$$\tilde{F}_\varsigma = \frac{\sqrt{-2\tilde{C}^2\alpha^2\tilde{C}_2\tilde{F}^3 + 2\tilde{C}^2\alpha^2\tilde{C}_1\tilde{F}^2 + (4\tilde{C}k_3\alpha\lambda - 2k_1 k_3)\tilde{F} + k_3^2}}{\tilde{C}\alpha}. \tag{3.5.34}$$

为了求解方程 (3.5.34), 我们假设 (3.5.34) 的解具有如下的形式:

$$\tilde{F} = \frac{1}{l_0 + l_1 sn(\varsigma, m)}, \tag{3.5.35}$$

将表达式 (3.5.35) 代入 (3.5.33) 中, 可以得到以下 8 组解:

$$\left\{k_1 = \pm 2\tilde{C}m\alpha + 2\tilde{C}\alpha\lambda, k_3 = \frac{\tilde{C}m\alpha}{l_1}, l_0 = l_1\right\},$$

$$\left\{k_1 = 2\tilde{C}\alpha\lambda \pm 2\tilde{C}\alpha, k_3 = \pm\frac{\tilde{C}\alpha}{l_0}, l_1 = \pm l_0 m\right\},$$

$$\left\{k_1 = \pm 2\tilde{C}m\alpha + 2\tilde{C}\alpha\lambda, k_3 = -\frac{\tilde{C}m\alpha}{l_1}, l_0 = \mp l_1\right\}, \qquad (3.5.36)$$

$$\left\{k_1 = 2\tilde{C}\alpha\lambda \pm 2\tilde{C}\alpha, k_3 = \pm\frac{\tilde{C}\alpha}{l_0}, l_1 = \mp l_0 m\right\},$$

注 3.7　将表达式 (3.5.36),(3.5.35) 及 (3.5.32) 代入 (3.5.31) 中, 则可以得到变系数 AKNS 系统 (3.5.1) 的解析解. 从表达式 (3.5.31) 可知, u, v 表示的是有理函数形式的解. 如果取 $k_2 = 0$, 则解被转化为椭圆函数解.

3.6　广义变系数浅水波方程的非局部对称及精确解

3.6.1　广义变系数浅水波方程的截断 Painlevé 分析

这一小节中, 我们主要研究下面的 (2+1) 维广义的变系数浅水波方程[166]:

$$u_{xt} + 2au_x u_{xy} + au_y u_{xx} + bu_{xy} + \frac{1}{2}\rho a u_{xxxy} = 0, \qquad (3.6.1)$$

这里 (x, y) 代表空间变量, t 代表时间变量, $u(x, y, t)$ 表示的是 Riemann 波的振幅, $a(t), b(t)$ 是关于 t 的实函数, ρ 是一个任意常数. 当函数 $a(t), b(t)$ 取定特殊的值时, 方程 (3.6.1) 退化为一般的非线性偏微分方程. 比如: 当 $a(t) = -2, b(t)=$ 常数, 且 $\neq 0$ 时, 方程 (3.6.1) 就变成了 (2+1) 维推广的浅水波方程; 当 $a(t) = -2$, $b(t) = 0$ 时, 方程 (3.6.1) 就变成了 (2+1)-维破碎的孤立子方程. 在文献 [166] 中, 作者利用双线性 Bell 多项式方法, 给出了方程 (3.6.1) 的双线性形式、Bäcklund 变换、Lax 对及无穷多守恒律. 并利用 Hirota 方法构造了方程 (3.6.1) 的多孤立子解. 在研究方程 (3.6.1) 的非局部对称之前, 我们先来构造它的 Schwarzian 形式.

对于方程 (3.6.1), 通过平衡方程的非线性项和色散项最高次幂的系数, 可以给出如下的 Painlevé 截断展式:

$$u = \frac{u_0}{\phi} + u_1, \qquad (3.6.2)$$

这里 u_0, u_1 和 ϕ 都是关于 x, y 和 t 的任意函数. 将方程 (3.6.2) 代入方程 (3.6.1),

消去 $\frac{1}{\phi}$ 不同次幂的系数, 可以得到

$$u_0 = 2\phi_x, \quad u_1 = -\frac{1}{2}\frac{\phi_{xx}}{\phi_x} - \frac{1}{4}\phi_x \int \frac{\phi_{xx}^2}{\phi_x^2}\mathrm{d}x,$$

这时, 方程 (3.6.1) 有如下形式的解:

$$u = \frac{2\phi_x}{\phi} - \frac{1}{2}\frac{\phi_{xx}}{\phi_x} - \frac{1}{4}\phi_x \int \frac{\phi_{xx}^2}{\phi_x^2}\mathrm{d}x, \tag{3.6.3}$$

且方程 (7.3.1) 成功地转化为它的 Schwarzian 形式, 即

$$C_x + aSK_x + \frac{1}{2}aKS_x + \frac{1}{2}aK_{xxx} + bK_x = 0, \tag{3.6.4}$$

其中 $C = \frac{\phi_t}{\phi_x}, K = \frac{\phi_y}{\phi_x}, S = \frac{\phi_{xxx}}{\phi_x} - \frac{3}{2}\frac{\phi_{xx}^2}{\phi_x^2}$. Schwarzian 方程 (3.6.4) 在 Möbious 变换下是不变的, 即

$$\phi \to \frac{A_1 + A_2\phi}{A_3 + A_4\phi}, \qquad A_1 A_4 \neq A_2 A_3.$$

通过方程 (3.6.1) 的标准截断 Painlevé 展开, 可以得到方程 (3.6.3) 如下的非自 Bäcklund 变换定理: 如果 ϕ 满足方程 (3.6.4), 则 (3.6.3) 恰好就是 (2+1) 维推广的变系数浅水波方程 (3.6.1) 的解.

3.6.2 广义变系数浅水波方程的非局部对称

下面我们来讨论方程 (3.6.1) 的非局部对称. 文献 [166] 给出了方程 (3.6.1) 的 Lax 对如下

$$\psi_{xx} = -\frac{1}{\rho}u_x\psi,$$

$$\psi_t = -\frac{1}{2}\rho a\psi_{xxy} - a\psi_x u_y - \frac{1}{2}a\psi_y u_x - b\psi_y, \tag{3.6.5}$$

利用相容性条件 $\psi_{xxt} = \psi_{txx}$, 可推出方程 (3.6.1).

接下来我们利用 Lax 对 (3.6.5) 来构造广义变系数浅水波方程 (3.6.1) 的非局部对称. 借助 Lie 群的知识, 我们知道 u, a, b 的对称满足下面的线性方程:

$$2\sigma^2 u_x u_{xy} + 2a\sigma_{xy}^1 + 2a\sigma_x^1 u_{xy} + \sigma^2 u_{xx}u_y + a\sigma_{xx}^1 u_y + a\sigma_y^1 u_{xx} + \frac{1}{2}\rho\sigma^2 u_{xxxy}$$

$$+\frac{1}{2}\rho a\sigma_{xxxy}^1 + \sigma_{xt}^1 + \sigma^3 u_{xy} + b\sigma_{xy}^1 = 0, \tag{3.6.6}$$

其中 $\sigma^1, \sigma^2, \sigma^3$ 分别是 u, a 及 b 的对称, 这意味着方程 (3.6.1) 在下面的无穷小变换下是保持不变的:

$$u \to u + \varepsilon\sigma^1,$$
$$a \to a + \varepsilon\sigma^2,$$
$$b \to b + \varepsilon\sigma^3,$$

这里 ε 表示无穷小参数. 假设对称 $\sigma^1, \sigma^2, \sigma^3$ 具有下面的形式:

$$\sigma^1 = \bar{X}u_x + \bar{Y}u_y + \bar{T}u_t - \bar{U},$$
$$\sigma^2 = \bar{T}a_t - \bar{B}_1, \qquad\qquad (3.6.7)$$
$$\sigma^3 = \bar{T}b_t - \bar{B}_2,$$

其中 $\bar{X}, \bar{Y}, \bar{T}, \bar{U}, \bar{B}_1, \bar{B}_2$ 是关于 (x, y, t, u, a, b, ψ) 的函数.

为了求解变量 $\bar{X}, \bar{Y}, \bar{T}, \bar{U}, \bar{B}_1, \bar{B}_2$, 我们将表达式 (3.6.7) 代入 (3.6.6) 中, 消去 $u_{xt}, \psi_{xx}, \psi_t$, 则可以得到一个关于变量 $\bar{X}, \bar{Y}, \bar{T}, \bar{U}, \bar{B}_1, \bar{B}_2$ 的决定方程组, 解这个决定方程组, 可得

$$\bar{X} = \bar{c}_1 x + \bar{F}_3(t), \quad \bar{Y} = \bar{F}_2(y, t), \quad \bar{T} = \bar{F}_1(t),$$
$$\bar{U} = -\bar{c}_1 u + \bar{c}_2 x + \bar{c}_3 \psi^2 + \frac{y}{a}\bar{F}_{3t}(t) + \bar{F}_4(t, a, b),$$
$$\bar{B}_1 = a(2\bar{c}_1 - \bar{F}_{1t}(t) + \bar{F}_{2y}(y, t)), \qquad\qquad (3.6.8)$$
$$\bar{B}_2 = b\bar{F}_{2y}(y, t) + \bar{F}_{2t}(y, t) - b\bar{F}_{1t}(t) - 2\bar{c}_2 a,$$

这里 $\bar{c}_i (i = 1, \cdots, 3)$ 表示的是任意常数, $\bar{F}_j (j = 1, \cdots, 4)$ 表示的是对应变量的任意函数. 将表达式 (3.6.8) 代入对称方程 (3.6.7) 中, 就可以得到广义变系数浅水波方程 (3.6.1) 的非局部对称, 原因是变量 $\bar{U}$ 里面包含了变量 ψ. 因为非局部对称不能直接用来构造方程的精确解, 我们需要将其转化为局部对称. 因此, 我们需要构造一个新的封闭系统, 这个封闭系统的 Lie 点对称包含上面的非局部对称.

3.6.3　广义变系数浅水波方程非局部对称的局部化

为了简单起见, 我们令 $\bar{F}_1(t) = 0, \bar{F}_2(y, t) = 0, \bar{F}_3(t) = 0, \bar{F}_4(t, a, b) = 0, \bar{c}_1 = 0, \bar{c}_2 = 0, \bar{c}_3 = -1$, 接着将表达式 (3.6.8) 代入 (3.6.7) 中, 可以得到

$$\sigma^1 = \psi^2, \quad \sigma^2 = 0, \quad \sigma^3 = 0. \qquad\qquad (3.6.9)$$

为了局部化非局部对称 (3.6.9), 我们需要求解方程 (3.6.5) 所对应的如下的线性化方程组:

$$\sigma_{xx}^4 + \frac{1}{\rho}\psi\sigma_x^1 + \frac{1}{\rho}\sigma^4 u_x = 0,$$
$$\frac{1}{2}\rho\sigma^2\psi_{xxy} + \frac{1}{2}\rho a\sigma_{xxy}^4 + \sigma^2 u_y\psi_x + a\sigma_y^1\psi_x + a\sigma_x^4 u_y \qquad\qquad (3.6.10)$$

$$+\frac{1}{2}au_x\sigma_y^4 + \frac{1}{2}\psi_y\sigma^2 u_x + \frac{1}{2}a\psi_y\sigma_x^1 + b\sigma_y^4 + \psi_y\sigma^3 + \sigma_t^4 = 0,$$

方程组 (3.6.3) 在无穷小变换 $\psi \to \psi + \varepsilon\sigma^4$ 下是保持不变的, 这里 $\sigma^1, \sigma^2, \sigma^3$ 是由表达式 (3.6.9) 给出的. 容易证明方程 (3.6.3) 有下面的特殊解:

$$\sigma^4 = \psi\phi, \tag{3.6.11}$$

这里 ϕ 满足下面的相容性方程:

$$\phi_x = -\frac{\psi^2}{2\rho},$$

$$\phi_t = \frac{au_y\psi^2 - 2\rho a\psi_x\psi_y + 2\rho a\psi\psi_{xy} - 2\rho b\psi\phi_y}{2\rho}. \tag{3.6.12}$$

容易证明辅助变量 ϕ 恰好满足广义变系数浅水波方程的 Schwarzian 形式 (3.6.4).

$$\sigma^5 = \phi^2, \tag{3.6.13}$$

在变换 $\phi \to \phi + \varepsilon\sigma^5$ 下是保持不变的. 到这里, 非局部对称 (3.6.9) 已经成功地被局部化为封闭系统的 Lie 点对称. 对应地, 封闭系统对应的初值问题为

$$\frac{\mathrm{d}\bar{u}(\varepsilon)}{\mathrm{d}\varepsilon} = \psi^2, \qquad \bar{u}(\varepsilon)\,|_{\varepsilon=0} = u,$$

$$\frac{\mathrm{d}\bar{a}(\varepsilon)}{\mathrm{d}\varepsilon} = 0, \qquad \bar{a}(\varepsilon)\,|_{\varepsilon=0} = a,$$

$$\frac{\mathrm{d}\bar{b}(\varepsilon)}{\mathrm{d}\varepsilon} = 0, \qquad \bar{b}(\varepsilon)\,|_{\varepsilon=0} = b, \tag{3.6.14}$$

$$\frac{\mathrm{d}\bar{\psi}(\varepsilon)}{\mathrm{d}\varepsilon} = \psi\phi, \quad \bar{\psi}(\varepsilon)\,|_{\varepsilon=0} = \psi,$$

$$\frac{\mathrm{d}\bar{\phi}(\varepsilon)}{\mathrm{d}\varepsilon} = \phi^2, \quad \bar{\phi}(\varepsilon)\,|_{\varepsilon=0} = \phi,$$

其中 ε 表示群参数. 方程组 (3.6.14) 可以得到关于延拓方程组如下的群定理.

定理 3.4 如果 $\{u, a, b, \psi, \phi\}$ 是延拓方程组 (3.6.1),(3.6.5) 及 (3.6.12) 的解, 则下面的 $\{\bar{u}, \bar{a}, \bar{b}, \bar{\psi}, \bar{\phi}\}$ 也是延拓方程组的解:

$$\bar{u} = \frac{\varepsilon\phi u - \varepsilon\psi^2 + u}{\varepsilon\phi + 1}, \quad \bar{a} = a, \quad \bar{b} = b, \quad \bar{\psi} = \frac{\psi}{\varepsilon\phi + 1}, \quad \bar{\phi} = \frac{\phi}{\varepsilon\phi + 1}, \tag{3.6.15}$$

其中 ε 表示任意的群参数. 通过上面的定理, 我们知道一旦给出方程组 (3.6.1), (3.6.5) 及 (3.6.12) 的一组解, 通过上面的定理, 就可以得到方程组的一组新解. 比如, 我们取方程组 (3.6.1) 如下的一组简单的解:

$$u = 2\rho \tanh(x),$$

则关于 ψ 和 ϕ 的 Lax 对方程有下面形式的解:

$$\psi = \frac{\cosh(2x)\ln(\cosh(2x)+\sinh(2x)) - 2\sinh(2x) - \ln(\cosh(2x)+\sinh(2x))}{\sinh(2x)},$$

$$\phi = \frac{x(x+2)\ln(e^{2x})}{\rho} - \frac{(xe^{2x}+x+2)\ln(e^{2x})^2}{2\rho(e^{2x}+1)} - \frac{2x(x^2+3x+3)}{3\rho},$$

因此, 通过将上面的 u, ψ, ϕ 代入方程 (3.6.15), 就可以得到方程 (3.6.1) 的一组新解.

为了寻找广义变系数浅水波方程 (3.6.1) 更多的相似约化解, 下面我们将经典的 Lie 群方法应用于延拓方程组 (3.6.1),(3.6.5) 和 (3.6.12), 并且假设对称具有下面的形式:

$$\sigma^1 = Xu_x + Yu_y + Tu_t - U,$$
$$\sigma^2 = Ta_t - B_1,$$
$$\sigma^3 = Tb_t - B_2, \tag{3.6.16}$$
$$\sigma^4 = X\psi_x + Y\psi_y + T\psi_t - P_1,$$
$$\sigma^5 = X\phi_x + Y\phi_y + T\phi_t - P_2,$$

这里 $X, Y, T, U, B_1, B_2, P_1, P_2$ 是关于变量 $(x, y, t, u, a, b, \psi, \phi)$ 的函数. 对称 $\sigma^i(i = 1, \cdots, 4)$ 满足线性化方程 (3.6.6),(3.6.3) 及

$$\sigma_x^5 + \frac{1}{\rho}\sigma^4\psi = 0,$$
$$\sigma^3\phi_y + b\sigma_y^5 + \sigma_t^5 + \sigma^4\psi_y\psi_x + a\sigma_x^4\psi_y - \sigma^2\psi\psi_{xy}$$
$$-a\sigma^4\psi_{xy} + a\sigma_y^4\psi_x - \frac{\sigma^2\psi^2 u_y}{2\rho} - \frac{a\psi^2\sigma_y^1}{2\rho} - \frac{a\sigma^4\psi u_y}{\rho} = 0. \tag{3.6.17}$$

将表达式 (3.6.16) 代入 (3.6.6),(3.6.3),(3.6.17) 中去, 并且利用延拓系统消掉 $u_{x,t}, \psi_{xx}, \psi_t, \phi_x, \phi_t$, 则可以得到关于变量 $X, Y, T, U, B_1, B_2, P_1, P_2$ 的决定方程组, 通过计算可得

$$X = c_1 x + F_3(t), \quad Y = F_2(y, t), \quad T = F_1(t),$$
$$U = -c_1 u + c_2 \psi^2 + \frac{y}{a}F_{3t}(t) + F_4(t, a, b),$$
$$B_1 = a(2c_1 - F_{1t}(t) + F_{2y}(y, t)), \tag{3.6.18}$$
$$B_2 = bF_{2y}(y, t) + F_{2t}(y, t) - bF_{1t}(t) - 2c_2 a,$$
$$P_1 = (c_2\phi + c_3)\psi, \quad P_2 = c_2\phi^2 + (c_1 + 2c_3)\phi + c_4,$$

这里 $c_i(i = 1, \cdots, 4)$ 表示的是任意常数, $F_j(j = 1, \cdots, 4)$ 表示的是对应变量的任意函数.

3.7 广义变系数浅水波方程的对称约化和精确解

这一节, 我们将利用 Lie 群方法给出广义变系数浅水波方程 (3.6.1) 的非平凡相似约化, 进而来获得方程 (3.6.1) 对应的群不变解. 不失一般性, 我们令 $c_1 = 0, c_2 = -\alpha, c_3 = 0, c_4 = c_4, F_1(t) = m\beta, F_2(y, t) = n\beta, F_3(t) = \beta$. 通过解如下的特征方程:

$$\frac{\mathrm{d}x}{\beta} = \frac{\mathrm{d}y}{n\beta} = \frac{\mathrm{d}t}{m\beta} = \frac{\mathrm{d}u}{-\alpha\psi^2} = \frac{\mathrm{d}a}{0} = \frac{\mathrm{d}b}{0} = \frac{\mathrm{d}\psi}{-\alpha\psi\phi} = \frac{\mathrm{d}\phi}{c_4 - \alpha\phi^2}, \quad (3.7.1)$$

可以得到

$$a = \tilde{a}, \quad b = \tilde{b}, \quad \phi = \frac{\sqrt{c_4\alpha}\tanh\left(\dfrac{\sqrt{c_4\alpha}(t + \Phi)}{m\beta}\right)}{\alpha},$$

$$\psi = \Psi\sqrt{\tanh^2\left(\frac{\sqrt{c_4\alpha}(t + \Phi)}{m\beta} - 1\right)}, \quad (3.7.2)$$

$$u = \frac{\alpha\Psi^2\tanh\left(\dfrac{\sqrt{c_4\alpha}(t + \Phi)}{m\beta} + \sqrt{c_4\alpha}U\right)}{\sqrt{c_4\alpha}},$$

其中 $\Phi = \Phi(\xi, \eta), \Psi = \Psi(\xi, \eta), U = U(\xi, \eta), \xi = \dfrac{mx - t}{m}, \eta = \dfrac{my - nt}{m}$, 以及 $\tilde{a}, \tilde{b}$ 是任意常数. 将表达式 (3.7.2) 代入延拓方程组, 可以得到

$$\Psi = \pm\frac{\sqrt{2m\beta\rho c_4\Phi_\xi}}{m\beta},$$

$$U = \int \frac{\rho(m^2\beta^2\Phi_{\xi\xi}^2 - 4c_4\alpha\Phi_\xi^4 - 2m^2\beta^2\Phi_\xi\Phi_{\xi\xi\xi})}{4m^2\beta^2\Phi_\xi^2}\mathrm{d}\xi. \quad (3.7.3)$$

下面的任务就是来构造 Φ 的表达式, 我们可以证明 Φ 满足广义变系数浅水波方程 (3.6.1) 的 Schwarzian 形式. 因此将 $\phi = \dfrac{\sqrt{c_4\alpha}\tanh\left(\dfrac{\sqrt{c_4\alpha}(t + \Phi)}{m\beta}\right)}{\alpha}$ 代入 (3.6.4) 中, 可以得到

$$(2\tilde{b}m^2\beta^2 - 2mn\beta^2)\Phi_\xi\Phi_\eta\Phi_{\xi\xi} + 4\rho\tilde{a}\alpha c_4\Phi_\xi^4\Phi_\eta + ((2mn\beta^2 - 2\tilde{b}m^2\beta^2)\Phi_{\xi\eta}$$

$$-\rho\tilde{a}m^2\beta^2\Phi_{\xi\xi\xi\eta})\Phi_\xi^2 + (\rho\tilde{a}m^2\beta^2\Phi_{\xi\eta}\Phi_{\xi\xi\xi} + 3m^2\beta^2(2 + 3\rho\tilde{a}\Phi_{\xi\xi\eta})\Phi_{\xi\xi})\Phi_\xi$$

$$-3\rho\tilde{a}m^2\beta^2\Phi_{\xi\eta}\Phi_{\xi\xi}^2 = 0. \tag{3.7.4}$$

方程 (3.7.4) 仍旧是一个偏微分方程. 为了得到这个方程的解, 我们做下面的行波变换 $\Phi(\xi,\eta) = \Phi(\xi+\mu\eta) = \Phi(\Delta)$, 可以得到

$$\mu m^2\beta^2\rho\tilde{a}\Phi_{\Delta\Delta\Delta\Delta}\Phi_\Delta^2 - 4\rho\tilde{a}\mu\alpha c_4\Phi_\Delta^4\Phi_{\Delta\Delta} - m^2\beta^2(2+4\rho\tilde{a}\mu\Phi_{\Delta\Delta\Delta})\Phi_{\Delta\Delta}\Phi_\Delta$$
$$+ 3\rho\tilde{a}\mu m^2\beta^2\Phi_{\Delta\Delta}^3 = 0, \tag{3.7.5}$$

令 $\Phi_\Delta = G(\Delta)$, 则

$$\mu m^2\beta^2\rho\tilde{a}G_{\Delta\Delta\Delta}G^2 - 4\rho\tilde{a}\mu\alpha c_4 G^4 G_\Delta - m^2\beta^2(2+4\rho\tilde{a}\mu G_{\Delta\Delta})G_\Delta G$$
$$+ 3\rho\tilde{a}\mu m^2\beta^2 G_\Delta^3 = 0.$$

容易证明上面的方程等价于下面的椭圆方程:

$$G_\Delta = \frac{\sqrt{2\rho\tilde{a}\mu(2\rho\tilde{a}\mu\alpha c_4 G^4 - C_1\rho\tilde{a}\mu m^2\beta^2 G^3 + C_2\rho\tilde{a}\mu m^2\beta^2 G^2 + m^2\beta^2 G)}}{\rho\tilde{a}\mu m\beta}. \tag{3.7.6}$$

众所周知, 方程 (3.7.6) 具有椭圆函数形式的解. 因此, 表达式 (3.7.2) 展示了孤立子和丰富的椭圆周期波解之间的相互作用, 这里我们仅取方程 (3.7.6) 如下的一组解:

$$G = a_0 + a_1 sn(\Delta, l), \tag{3.7.7}$$

这里 a_0, a_1 是待定常数.

将表达式 (3.7.7) 代入 (3.7.6) 中, 可以得到下面的四组解:

$$\left\{ a_0 = \frac{1}{\rho\tilde{a}\mu(l^2-1)}, a_1 = \pm a_0, \alpha = \frac{(m\beta\rho\tilde{a}\mu)^2(l^4-2l^2+1)}{4c_4} \right\},$$
$$\left\{ a_0 = -\frac{1}{\rho\tilde{a}\mu(l^2-1)}, a_1 = \pm a_0, \alpha = \frac{(m\beta\rho l\tilde{a}\mu)^2(l^4-2l^2+1)}{4c_4} \right\}, \tag{3.7.8}$$

其中 $\rho, c_4, l, m, \beta, \tilde{a}$ 及 μ 为任意常数.

将表达式 (3.7.7),(3.7.8) 及 $\Phi_\Delta = G(\Delta)$ 代入 (3.7.3) 中去, 我们可以得到 Ψ, U 的表达式. 利用表达式 (3.7.2), 我们可以得到广义变系数浅水波方程 (3.6.1) 的解. 由于表示太复杂, 我们只给出解所对应的图形, 具体的表达式就不在这里列出了. 图 3.6 展示了孤立子与椭圆周期波的相互作用, 包括扭结孤立子和椭圆周期波的相互作用在 $t=0$ 时的情形. 具体的参数选择如下: $\mu = 2, l = 0.5, c_4 = -0.001, \rho = 0.8, \tilde{a} = 0.1, m = 0.2, \beta = 1$.

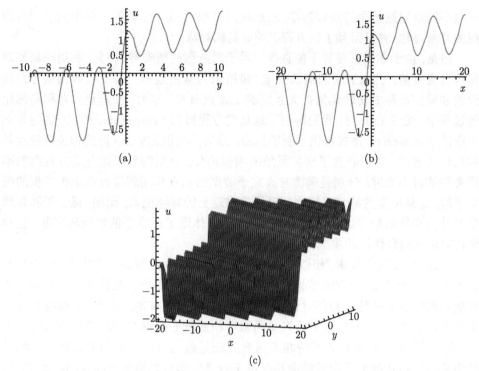

图 3.6   关于 u 的扭结孤立子和椭圆周期波的相互作用解. (a) 当 $x = 0$ 时的二维图形.
(b) 当 $y = 0$ 时的二维图形. (c) u 的三维图

3.8   小   结

本章我们研究了耦合 KdV 方程组的非局部对称, Painlevé 可积性及相互作用解, 变系数耦合 Newell-Whitehead 方程组、变系数 AKNS 系统和广义变系数的浅水波方程的非局部对称和不变解. 首先, 在本章开始先给出了一些基本的概念及利用辅助系统求解偏微分方程非局部对称的基本步骤, 并将该方法先应用到了常系数的耦合 KdV 方程组中去, 得到了该方程的局部对称和非局部对称. 接着将该方法推广到了三类变系数的偏微分方程中去, 得到了变系数耦合 Newell-Whitehead 方程组、变系数 AKNS 系统和变系数推广的浅水波方程的局部对称和非局部对称. 这里我们选的辅助系统是这几类偏微分方程的 Lax 对, 关键的思想是对方程对称的系数所含的变量做新的假设, 之前利用经典 Lie 对称方法求解方程的局部对称时, 对称方程的系数函数里面只含有原方程中的自变量和因变量, 而这时我们加入了 Lax 对中的变量, 对于变系数的方程, 还需要在对称中加入方程的系数函数, 接着利用原方程和辅助系统, 消去一些已有的导数项, 并令余下的一些不同阶导数前面的系数为零, 求解决定方程组, 这时, 我们不仅得到了原方程组的局部对称, 并且得到了该方程组的非局部对称.

但是, 由于非局部对称不能直接应用于求方程的精确解, 因此, 利用非局部对称的自身优势, 引入了新的辅助变量, 将所求的常系数和三类变系数偏微分方程组的非局部对称成功转化为扩大系统的 Lie 点对称. 同时, 在非局部对称局部化的过程中, 通过 Lax 对, 我们得到了这几类方程组的 Schwarzian 形式. 这为寻求方程的 Schwarzian 形式提供了新的思路. 最后, 利用经典 Lie 群的相关理论及对称约化的方法, 我们研究了延拓系统的相似约化, 分别得到了这几类方程组的不同类型的群不变解, 分别是椭圆与孤立子类型的相互作用解及有理函数类型的孤立子解, 这种类型的解可以用来解释很多物理上的有趣现象, 比如, 孤立子和其他复杂波及指数函数等之间的解析相互作用解, 体现了孤立子的扩散和聚散, 这种解可以用来解释怪波的生成机制.

通过对比, 我们发现, 相似的思路方法应用到变系数偏微分方程中, 由于系数函数中含有变量 t, 得到的结果与常系数偏微分方程还是存在着较大的差异. 研究变系数可积系统的非局部对称和精确解是一项十分有趣的工作, 后续我们将会继续考虑以下三个问题: ① 研究变系数可积系统非局部对称局部化的系统化方法; ② 研究常系数可积系统的相关研究方法是否也可以应用到变系数的可积系统中来; ③ 本章我们选用的辅助系统是 Lax 对, 那么如果选用其他辅助系统, 如 Bäcklund 变换、势系统、伪势系统等, 来研究这几类方程的非局部对称, 得到的结果之间会有联系吗?

另外, 关于耦合 KdV 方程, 这里还有一个有趣的问题: 耦合 KdV 方程和 AB-KdV 方程之间有着密切的联系. 如果我们令 $u = A$, $v = B = A^{\hat{P}\hat{T}} = A(-x, -t)$ (这里 $\hat{P}$ 和 $\hat{T}$ 分别是一般的宇称和时间反演算子), 将上面的假设代入耦合 KdV 方程中, 则方程被约化为下面的可积非局部 AB-KdV 方程:

$$A_t - \frac{1}{2}A_{xxx} + \frac{3}{2}B_{xxx} - 3(A-B)A_x + 6AB_x = 0, \quad B = A^{\hat{P}\hat{T}} = A(-x, -t). \tag{3.8.1}$$

因此对于 3.3.4 小节中的情形 1 和情形 2, 当 $Q(z) = 0$ 时, 将得到 $\Psi_1 = \Psi_2$, 则我们可以进一步推出 $u = v$, 接着利用变换 $x = -x$, $t = -t$, 可得到关于 AB-KdV 方程的 PT 对称 (宇称和时间对称).

基于上面的事实, 我们后面可以考虑是否所有的耦合方程都已被约化为对应的非局部 AB 方程. 如果可以, 我们是否可以通过求解对应的局部方程来得到这些非局部方程一些新的类型的解?

通过本章内容的学习, 我们看到在利用辅助函数法得到方程的非局部对称之后, 可以将非局部对称局部化, 进而研究方程的对称约化和群不变解. 具体的步骤可总结如下.

(1) 借助于方程的 Lax 对, 给对称的假设增加新的变量, 这里需要加入 Lax 对中的变量, 接着利用经典 Lie 对称方法求出方程的对称, 通过对任意参数的赋值, 可以得到原方程的局部对称和非局部对称.

(2) 为了将非局部对称局部化, 需要引入新的变量, 得到原方程的延拓系统.

(3) 对于新得到的延拓方程组, 通过线性化得到对称满足的线性微分方程.

(4) 选择对称的简单形式, 求出对称.

(5) 利用对称等于零求解一阶偏微分方程, 得到 Lie 群不变量.

(6) 利用不变量求解原方程或约化方程. 通过上面的步骤, 我们看到对称是构造变换的基础. 因此, 求解非线性发展方程的关键是构造变换, 其实如何构造变换是技巧性非常强的工作, 往往是不同的方程需要不同的变换, 只有变换选择恰当了才能达到求解的目的. 分析利用对称求解方程的过程可以看出, 该方法仍然是在构造函数变换和自变量的变换, 以期达到求解或简化求解方程的目的. 只不过是应用对称使人们知道如何选择变换才能合理地得到欲求方程的一些解. 一般地, 只有简单的对称才能达到求解的目的. 如果选择的对称方程求解比求原方程的解还要麻烦, 这样的求解意义也不大.

第 4 章 几类非线性系统的 Lie 对称分析、自伴随性及其守恒律

19 世纪, Sophus Lie 为了研究微分方程, 提出了 Lie 群理论. 该理论是研究微分方程的有力工具之一, 应用李群可得到方程的不变解或化简方程. 由于 Lie 群理论相对比较抽象, 因此在 20 世纪 70 年代以前, 这一理论没有被广泛应用. 直到 1974 年 Bluman, Cole 写了一本直观易懂的著作 [55], Lie 群理论逐渐广泛地用于研究和求解非线性偏微分方程 (非线性发展方程). 应用 Lie 群求解非线性偏微分方程的基本思想是, 构造群不变量作为函数变换的基础, 使偏微分方程 (减少一个自变量) 得到化简或求解. Lie 对称方法是研究非线性偏微分方程最有效的方法之一, Lie 对称理论为分析偏微分方程提供了有效的工具, 目前已有了广泛的应用, 比如获取方程的精确解、对方程进行分类、约化方程的维数及构造方程的守恒律等等.

关于群不变解的分类问题, 因为总有无穷多不同的对称群可以用来寻找群不变解, 那么哪些群可以给出最根本不同类的不变解呢? 因为完全对称群中的任何一个变换都可以将一个解变成另外一个, 我们只需要寻找那些跟变换无关的群不变解. 这种分类问题可以通过考虑对称群作用到相应 Lie 代数上的伴随表示来解决.

守恒律在数学、物理等领域普遍存在并有着重要的应用, 它可以用来证明解的存在唯一性定理、分析解的相互作用等. 在孤立子理论与可积系统中, 非线性方程拥有无穷多守恒律是体现其可积性的重要特征, 因此, 建立方便有效的求方程守恒律的方法是一项很有意义的工作. 本章首先利用经典 Lie 群方法研究了修正的 Boussinesq 方程组、HBK 方程组的 Lie 对称分析、最优系统. 其次证明了修正的 Boussinesq 方程组、HBK 方程组、MDWW 方程组及 DLW 方程组的非线性自伴随性, 根据方程组的非线性自伴随性及求得的 Lie 点对称, 利用 Ibragimov 定理求得了以上方几类程组的无穷多守恒律.

4.1 经典 Lie 群法

本节首先对经典 Lie 群法作以简单的介绍. 经典 Lie 群法是 Lie 群理论中最基本的方法 [6,50,134]. 考虑下面的 n 维偏微分方程组

$$\Delta_j(x, u, \partial u, \partial^2 u, \cdots, \partial^k u) = 0 \quad (j = 1, 2, \cdots, m), \tag{4.1.1}$$

其中 $x = \{x_1, x_2, \cdots, x_n\}$ 表示的是所有自变量, $u = \{u_1, u_2, \cdots, u_m\}$ 表示的是因变量, $\partial^l u$ 表示 u 对 x 的所有 1 阶偏导数

$$\frac{\partial^l u}{\partial x_{i_1}, \partial x_{i_2}, \cdots, \partial x_{i_l}} \quad (i_l = 1, 2, \cdots, n, l = 1, 2, \cdots, k).$$

定义 4.1 (Lie 点对称) 如果方程组 (4.1.1) 在变换

$$\begin{aligned} x_i &\to x_i + \varepsilon X_i \quad (i = 1, 2, \cdots, n), \\ u_j &\to u_j + \varepsilon U_j \quad (j = 1, 2, \cdots, m) \end{aligned} \tag{4.1.2}$$

下保持形式不变, 则向量场

$$V = \sum_{i=1}^{n} X_i \frac{\partial}{\partial x_i} + \sum_{j=1}^{m} U_i \frac{\partial}{\partial u_i} \tag{4.1.3}$$

称为 (4.1.1) 的 Lie 点对称, 其中 ε 是一个无穷小参数, $X_i = X_i(x, u)$, $U_j = U_j(x, u)$.

命题 4.1 若

$$pr^{(n')} V \Delta_j|_{\Delta_l = 0} = 0 \quad (j, l = 1, 2, \cdots, m), \tag{4.1.4}$$

则向量场 (4.1.3) 是 (4.1.1) 的 Lie 点对称, 其中

$$\begin{aligned} pr^{(n')} V = V &+ \sum_{ij} U_j^{x_i} \frac{\partial}{\partial u_{x_i}} + \sum_{ijk} U_j^{x_i x_k} \frac{\partial}{\partial u_{x_i x_k}} + \cdots \\ &+ \sum_{i_1 \cdots i_k j} U_j^{x_1^{i_1} x_2^{i_2} \cdots x_k^{i_k}} \frac{\partial}{\partial u_{x_1^{i_1} x_2^{i_2} \cdots x_k^{i_k}}} \end{aligned} \tag{4.1.5}$$

是向量场 V 的 n' 阶延拓.

根据命题 4.1 可知, 利用经典 Lie 群法求解问题关键的一步是通过求解方程 (4.1.4) 确定向量场 (4.1.3), 求解 (4.1.4) 之前需要先对其进行化简整理, 提取 u_i 的所有导数的系数, 并令这些系数为零, 从而得到关于 X_i 和 U_j 的决定方程组, 求解决定方程组, 即可得到 X_i 和 U_j 的具体形式, 代入 (4.1.3) 就得到了方程组 (4.1.1) 的 Lie 点对称.

4.2 求守恒律的基本定义及定理

本节中给出守恒律的定义及所需要的一些定义、定理及其相关知识 [81,82].

令 $x = (x^1, \cdots, x^n)$ 表示的是自变量, $u = (u^1, \cdots, u^m), v = (v^1, \cdots, v^m)$ 代表的是两组因变量, 它的导数分别用如下的形式表示: $u_{(1)} = u_i^\alpha, u_{(2)} = u_{ij}^\alpha, \cdots,$

$u_{(s)} = u^\alpha_{i_1\cdots i_s}$, $v_{(1)} = v^\alpha_i, v_{(2)} = v^\alpha_{ij}, \cdots, v_{(s)} = v^\alpha_{i_1\cdots i_s}$, 其中 $u^\alpha_i = \dfrac{\partial u^\alpha}{\partial x_i}, u^\alpha_{ij} = \dfrac{\partial^2 u^\alpha}{\partial x_i \partial x_j}$,

$$D_i = \frac{\partial}{\partial x^i} + u^\alpha_i \frac{\partial}{\partial u^\alpha} + v^\alpha_i \frac{\partial}{\partial v^\alpha} + u^\alpha_{ij} \frac{\partial}{\partial u^\alpha_j} + v^\alpha_{ij} \frac{\partial}{\partial v^\alpha_j} + \cdots$$

表示的是全导数算子.

定义 4.2　考虑 s 阶的偏微分方程组

$$F_\alpha(x, u, u_{(1)}, \cdots, u_{(s)}) = 0, \quad \alpha = 1, \cdots, m, \tag{4.2.1}$$

若存在 n 维解析函数 $C = (C^1, C^2, \cdots, C^n)$, 其中 $C^i = C^i[u], i = 1, 2, \cdots, n$, 有

$$\mathrm{Div}\, C|_{F_\alpha=0, \alpha=1, 2, \cdots, n} = (D_1 C^1 + D_2 C^2 + \cdots + D_n C^n)|_{F_\alpha=0, \alpha=1, 2, \cdots, n} = 0$$

恒成立, 其中 D_i 是全微分算子, 函数 $C = (C^1, C^2, \cdots, C^n)$ 称为守恒量. 特别地, 当自变量为 (t, x) 时, 称 $C^x = C^x[u]$ 为守恒流. 若 $C^t = \dfrac{\partial X}{\partial x}, C^x = -\dfrac{\partial X}{\partial t}, X = X[u]$, 则由此确定的守恒律称为平凡守恒律, 否则称为非平凡守恒律.

定义 4.3[81]　方程组 (4.2.1) 的伴随方程定义为

$$F^*_\alpha(x, u, v, \cdots, u_{(s)}, v_{(s)}) = 0, \quad \alpha = 1, \cdots, m, \tag{4.2.2}$$

其中

$$F^*_\alpha(x, u, v, \cdots, u_{(s)}, v_{(s)}) = \frac{\delta L}{\delta u^\alpha}, \quad \alpha = 1, \cdots, m, \tag{4.2.3}$$

L 表示的是方程组 (4.2.1) 的标准 Lagrangian 量, 具体形式如下:

$$L = \sum_{\beta=1}^m v^\beta F_\beta(x, u, u_{(1)}, \cdots, u_{(s)}), \tag{4.2.4}$$

上式中的 v^β 表示的是新的因变量, $\dfrac{\delta}{\delta u^\alpha}$ 表示的是变分导数, 具体形式如下:

$$\frac{\delta}{\delta u^\alpha} = \frac{\partial}{\partial u^\alpha} + \sum_{s=1}^\infty (-1)^s D_{i_1} \cdots D_{i_s} \frac{\partial}{\partial u^\alpha_{i_1\cdots i_s}}.$$

定义 4.4　如果将 $v^\beta = u$ 代入伴随方程 (4.2.2), 所得新方程等于原方程 (4.2.1), 则称方程组 (4.2.1) 是自伴随的.

定义 4.5　如果下面的等式成立:

$$F^*_\alpha(x, u, v, \cdots, u_{(s)}, v_{(s)})|_{v^\alpha=\phi^\alpha(x,u)} = \lambda^\beta_\alpha F_\beta(x, u, \cdots, u_{(s)}), \quad \alpha = 1, \cdots, m, \tag{4.2.5}$$

则称 (4.2.1) 是非线性自伴随的, 其中 $\phi^\alpha(x, u) \neq 0$, λ_α^β 是待定系数.

在文献 [81] 中, Ibragimov 证明了方程组 (4.2.2) 继承方程组 (4.2.1) 的对称, 换句话说, 如果系统 (4.2.1) 允许点变化群, 其生成子为

$$X = \xi^i(x, u, u_{(1)}, \cdots) \frac{\partial}{\partial x^i} + \eta^\alpha(x, u, u_{(1)}, \cdots) \frac{\partial}{\partial u^\alpha}, \qquad (4.2.6)$$

则伴随系统 (4.2.2) 也允许算子 (4.2.6), 且其推广形式由下面的公式给出

$$Y = \xi^i \frac{\partial}{\partial x^i} + \eta^\alpha \frac{\partial}{\partial u^\alpha} + \eta_*^\alpha \frac{\partial}{\partial v^\alpha}. \qquad (4.2.7)$$

定理 4.1(Lbragimov 定理) 系统 (4.2.1) 的任何一个无穷小对称 (Lie 点对称、Lie-Bäcklund 对称、非局部对称)

$$X = \xi^i(x, u, u_{(1)}, \cdots) \frac{\partial}{\partial x^i} + \eta^\alpha(x, u, u_{(1)}, \cdots) \frac{\partial}{\partial u^\alpha}$$

都给由系统 (4.2.1) 和其伴随系统 (4.2.2) 构成的方程组提供了一个守恒律 $D_i(C^i) = 0$, 守恒向量场的具体表示如下:

$$\begin{aligned}
C^i = {}& \xi^i L + W^\alpha \left[\frac{\partial L}{\partial u_i^\alpha} - D_j \left(\frac{\partial L}{\partial u_{ij}^\alpha} \right) + D_j D_k \left(\frac{\partial L}{\partial u_{ijk}^\alpha} \right) - \cdots \right] \\
& + D_j(W^\alpha) \left[\frac{\partial L}{\partial u_{ij}^\alpha} - D_k \left(\frac{\partial L}{\partial u_{ijk}^\alpha} \right) - \cdots \right] \\
& + D_j D_k(W^\alpha) \left[\frac{\partial L}{\partial u_{ijk}^\alpha} - \cdots \right],
\end{aligned} \qquad (4.2.8)$$

其中 $W^\alpha = \eta^\alpha - \xi^j u_j^\alpha$.

下面我们利用前两节给出的基本理论来讨论几类非线性系统的 Lie 对称、自伴随性及其守恒律.

4.3 修正的 Boussinesq 方程组的自伴随性、Lie 对称分析及其守恒律

修正的 Boussinesq 方程组的表达式如下:

$$\begin{aligned}
F_1 = u_t - 3w_{xx} - 6uw_x - 6wu_x = 0, \\
F_2 = w_t + u_{xx} + 6ww_x - 2uu_x = 0,
\end{aligned} \qquad (4.3.1)$$

文献 [176] 研究了方程组 (4.3.1) 的哈密顿结构、Painlevé 性质、Lax 对及 Bäcklund 变换, 文献 [177] 研究了方程组 (4.3.1) 的 CTE 可解性、非局部留数对称及相互

作用解, 本节主要研究方程组 (4.3.1) 的 Lie 对称分析、最优系统、非线性自伴随及守恒律.

4.3.1   修正的 Boussinesq 方程组的非线性自伴随性

本小节我们来研究修正的 Boussinesq 方程组的非线性自伴随性. 对于方程组 (4.3.1), 根据定义 3.3, 可以得到 (4.3.1) 的标准的 Lagrangian 量

$$L = u_{11}(u_t - 3w_{xx} - 6uw_x - 6wu_x) + w_{11}(w_t + u_{xx} + 6ww_x - 2uu_x), \quad (4.3.2)$$

其中 u_{11}, w_{11} 是新的因变量, 系统 (4.3.1) 的伴随系统由下面的方程组决定:

$$\begin{cases} F_{11}^* = \dfrac{\delta L}{\delta u} = 0, \\[3mm] F_{12}^* = \dfrac{\delta L}{\delta w} = 0, \end{cases} \quad (4.3.3)$$

对于系统 (4.3.1),

$$\begin{aligned} \frac{\delta L}{\delta u} &= \frac{\partial L}{\partial u} - D_x \frac{\partial L}{\partial u_x} - D_t \frac{\partial L}{\partial u_t} + D_{xx} \frac{\partial L}{\partial u_{xx}}, \\ \frac{\delta L}{\delta w} &= \frac{\partial L}{\partial w} - D_x \frac{\partial L}{\partial w_x} - D_t \frac{\partial L}{\partial w_t} + D_{xx} \frac{\partial L}{\partial w_{xx}}, \end{aligned} \quad (4.3.4)$$

将表达式 (4.3.2) 代入 (4.3.4) 中, 可得到 (4.3.1) 的伴随系统的具体表达式如下:

$$\begin{cases} F_{11}^* = u_{11t} - w_{11xx} - 2uw_{11x} - 6wu_{11x} = 0, \\ F_{12}^* = w_{11t} + 3u_{11xx} + 6ww_{11x} - 6uu_{11x} = 0, \end{cases} \quad (4.3.5)$$

对于方程组 (4.3.5), 将 u_{11}, w_{11} 分别用 u, w 替换, 我们发现得到的方程组不是原来的方程组 (4.3.1), 因此根据定义 4.4, 方程组 (4.3.1) 不是自伴随的. 接下来我们讨论方程组 (4.3.1) 的非线性自伴随性, 根据定义 4.5, 如果伴随系统 (4.3.5) 满足下面的条件

$$\begin{cases} F_{11}^*|_{u_{11}=\phi_1(x,t,u,w)} = \alpha_{11}F_1 + \alpha_{12}F_2, \\ F_{12}^*|_{w_{11}=\psi(x,t,u,w)} = \alpha_{21}F_1 + \alpha_{22}F_2, \end{cases} \quad (4.3.6)$$

其中 $\phi_1(x,y,t,u,v) \neq 0$, $\psi_1(x,y,t,u,v) \neq 0$, 则方程组 (4.3.1) 是非线性自伴随的, 上式中的 $\alpha_{i,j}(i,j=1,2)$ 是待定系数. 考虑

$$u_{11} = \phi_1(x,t,u,w), \quad w_{11} = \psi_1(x,t,u,w) \quad (4.3.7)$$

的微分序列, 则方程组 (4.3.6) 可以被分解为如下的关于系数 $\alpha_{i,j}$ 的表达式

$$\alpha_{11} = \phi_{1u}, \quad \alpha_{12} = \phi_{1w}, \quad \alpha_{21} = \psi_{1u}, \quad \alpha_{22} = \psi_{1w},$$

并将上式代入 (4.3.6) 可得到

$$
\begin{aligned}
&\phi_{1x} = \phi_{1t} = \phi_{1w} = \psi_{1x} = \psi_{1t} = \psi_{1u} = 0, \\
&\phi_{1uu} = 0, \quad \psi_{1w} = 3\phi_{1u},
\end{aligned}
\tag{4.3.8}
$$

求解方程组 (4.3.8), 得到

$$
\phi_1 = \frac{1}{3}u, \quad \psi_1 = w,
\tag{4.3.9}
$$

因此, 根据定义 4.5, 方程组 (4.3.1) 是非线性自伴随的.

4.3.2 修正的 Boussinesq 方程组的 Lie 对称分析及最优系统

根据 4.1 节的基本理论, 本小节讨论修正的 Boussinesq 方程组的 Lie 对称分析及最优系统.

首先考虑单参数 Lie 群的无穷小变换

$$
\begin{aligned}
x &\to x + \varepsilon \bar{\xi}^1(x, t, u, w), \\
t &\to t + \varepsilon \bar{\xi}^2(x, t, u, w), \\
u &\to u + \varepsilon \bar{\eta}^1(x, t, u, w), \\
v &\to w + \varepsilon \bar{\eta}^2(x, t, u, w),
\end{aligned}
\tag{4.3.10}
$$

其中 $\varepsilon \ll 1$ 是无穷小参数, 无穷小变换对应的向量场可表示为

$$
\bar{V} = \bar{\xi}^1 \frac{\partial}{\partial x} + \bar{\xi}^2 \frac{\partial}{\partial t} + \bar{\eta}^1 \frac{\partial}{\partial u} + \bar{\eta}^1 \frac{\partial}{\partial w},
\tag{4.3.11}
$$

向量场 (4.3.11) 是 (4.3.1) 的 Lie 对称, 也就是说 (4.3.1) 在下面的变换

$$
u = u + \varepsilon \sigma_1, \quad w = w + \varepsilon \sigma_2
$$

下是保持不变的, 其中

$$
\begin{aligned}
\sigma_1 &= \bar{\xi}^1 \frac{\partial}{\partial u_x} + \bar{\xi}^2 \frac{\partial}{\partial u_t} - \bar{\eta}^1, \\
\sigma_2 &= \bar{\xi}^1 \frac{\partial}{\partial w_x} + \bar{\xi}^2 \frac{\partial}{\partial w_t} - \bar{\eta}^2.
\end{aligned}
\tag{4.3.12}
$$

同时 σ_1, σ_2 满足下面的线性化方程组

$$
\begin{aligned}
&\sigma_{1t} - 3\sigma_{2xx} - 6\sigma_1 w_x - 6u\sigma_{2x} - 6\sigma_2 u_x - 6w\sigma_{1x} = 0, \\
&\sigma_{2t} + \sigma_{1xx} + 6\sigma_2 w_x + 6w\sigma_{2x} - 2\sigma_1 u_x - 2u\sigma_{1x} = 0,
\end{aligned}
\tag{4.3.13}
$$

将 (4.3.12) 代入 (4.3.13), 通过消去因变量及其导数前面的系数, 我们得到了关于 $\bar{\xi}^1, \bar{\xi}^2, \bar{\eta}^1, \bar{\eta}^2$ 的超定方程组, 通过求解得到

$$\bar{\xi}^1 = \frac{1}{2}g_{11}x + g_{13}, \quad \bar{\xi}^2 = g_{11}t + g_{12},$$

$$\bar{\eta}^1 = -\frac{1}{2}g_{11}u, \quad \bar{\eta}^2 = -\frac{1}{2}g_{11}w, \tag{4.3.14}$$

其中 g_{11}, g_{12} 及 g_{13} 是任意常数, Lie 代数的一般表达式为

$$\bar{V} = \bar{V}_1 + \bar{V}_2 + \bar{V}_3, \tag{4.3.15}$$

其中

$$\bar{V}_1 = \frac{1}{2}x\frac{\partial}{\partial x} + t\frac{\partial}{\partial t} - \frac{1}{2}u\frac{\partial}{\partial u} - \frac{1}{2}w\frac{\partial}{\partial w},$$

$$\bar{V}_2 = \frac{\partial}{\partial t}, \tag{4.3.16}$$

$$\bar{V}_3 = \frac{\partial}{\partial x}$$

构成了一个基本向量场, 根据变换 (4.3.10), 我们可以得到由向量场 $\bar{V}_i$ 生成的单参数变换群 G_i $(i = 1, 2, 3)$ 如下:

$$G_1 : (x, t, u, w) \to (xe^{\frac{\varepsilon}{2}}, te^{\varepsilon}, ue^{\frac{-\varepsilon}{2}}, we^{\frac{-\varepsilon}{2}}),$$
$$G_2 : (x, t, u, w) \to (x, t + \varepsilon, u, w),$$
$$G_3 : (x, t, u, w) \to (x + \varepsilon, t, u, w),$$

因为 G_i 是对称群, 因此可推出如果 $u = p(x, t), w = q(x, t)$ 是方程组 (4.3.1) 的解, 则下面的函数

$$(u^{(1)}, w^{(1)}) \to (p(xe^{\frac{-\varepsilon}{2}}, te^{\frac{-\varepsilon}{2}}), q(xe^{\frac{-\varepsilon}{2}}, te^{\frac{-\varepsilon}{2}})),$$
$$(u^{(2)}, w^{(2)}) \to (p(x, t - \varepsilon), q(x, t - \varepsilon)),$$
$$(u^{(3)}, w^{(3)}) \to (p(x - \varepsilon, t), q(x - \varepsilon, t)),$$

也是方程组 (4.3.1) 的解. 向量场 (4.3.16) 的交换子表 (the commutator table for Lie algebra) 如表 4.1 所示, 其中第 i 行、第 j 列的元素表示的是 Lie 括号 $[\bar{V}_i, \bar{V}_j]$.

表 4.1　交换子表

$[\bar{V}_i, \bar{V}_j]$	$\bar{V}_1$	$\bar{V}_2$	$\bar{V}_3$
$\bar{V}_1$	0	$-\bar{V}_2$	$-\frac{1}{2}\bar{V}_3$
$\bar{V}_2$	$\bar{V}_2$	0	0
$\bar{V}_3$	$\frac{1}{2}\bar{V}_3$	0	0

接下来利用表 4.1 和公式

$$Ad(\exp(\varepsilon v_i))v_j = v_j - \varepsilon[v_i, v_j] - \frac{1}{2}\varepsilon^2[v_i, [v_i, v_j]] - \cdots$$

来构造 Lie 代数伴随表 (adjoint representation for Lie algebra)(表 4.2), 其中第 i 行、第 j 列的元素表示的是 $Ad(\exp(\varepsilon v_i))v_j$.

表 4.2 Lie 代数伴随表

Ad	$\bar{V}_1$	$\bar{V}_2$	$\bar{V}_3$
$\bar{V}_1$	$\bar{V}_1$	$e^{\varepsilon}\bar{V}_2$	$e^{\frac{\varepsilon}{2}}\bar{V}_3$
$\bar{V}_2$	$\bar{V}_1 - \varepsilon\bar{V}_2$	$\bar{V}_2$	$\bar{V}_3$
$\bar{V}_3$	$\bar{V}_1 - \frac{\varepsilon}{2}\bar{V}_3$	$\bar{V}_2$	$\bar{V}_3$

根据参考文献 [178], 如果我们能找到 Lie 群中的一个元素 g 满足 $Adg(v_j) = v_i$, 则称 Lie 代数的任意两个子代数是相等的, 其中 Adg 是 g 作用在 v 上的伴随表达式. 对于本小节的情形, 给定一个非零向量场

$$\bar{V} = a_1\bar{V}_1 + a_2\bar{V}_2 + a_3\bar{V}_3,$$

我们的任务是利用 $\bar{V}$ 的伴随作用, 借助于表 4.2, 通过反复计算尽可能消掉更多的 a_i, 在这里我们省略掉详细的计算过程, 直接给出一维子代数的最优系统为: ① $\bar{V}_1$; ② $a\bar{V}_2 + \bar{V}_3$, 其中 $a \in (-1, 0, 1)$.

4.3.3 修正的 Boussinesq 方程组的守恒律

本小节利用前面得到的 Lie 对称 (4.3.16) 及定理 4.1 去求系统 (4.3.1) 的守恒律 $D_t(C^1) + D_x(C^2) = 0$, 其中守恒向量场 $C = (C^1, C^2)$ 的具体表达式是将 (4.3.2) 代入 (4.2.8) 得到的, 具体形式如下:

$$C^1 = \xi^1 L + W^1 u + W^2 w_{11},$$
$$C^2 = \xi^2 L - W^1(6wu_{11} + 2uw_{11} + w_{11x}) + W^2(6ww_{11} - 6uu_{11} + 3u_{11x})$$
$$+ W_x^2 w_{11} - 3W_x^1 u_{11},$$

上式中的 W^1, W^2 是由下面的式子决定的

$$W^1 = \eta^1 - \xi^1 u_t - \xi^2 u_x,$$
$$W^2 = \eta^2 - \xi^1 w_t - \xi^2 w_x,$$

接下来, 我们分三种情况求方程组 (4.3.1) 的守恒律.

情况 1　对于生成子

$$\bar{V}_1 = \frac{1}{2}x\frac{\partial}{\partial x} + t\frac{\partial}{\partial t} - \frac{1}{2}u\frac{\partial}{\partial u} - \frac{1}{2}w\frac{\partial}{\partial w},$$

对应的 Lie 特征函数为

$$W^1 = -\frac{1}{2}u - tu_t - \frac{1}{2}xu_x, \quad W^2 = -\frac{1}{2}w - tw_t - \frac{1}{2}xw_x,$$

由此可得到方程组 (4.3.1) 的守恒向量场为

$$C^1 = tu_{11}(u_t - 3w_{xx} - 6uw_x - 6wu_x) + tw_{11}(w_t + u_{xx} + 6ww_x - 2uu_x)$$
$$- u_{11}\left(\frac{1}{2}u + tu_t + \frac{1}{2}xu_x\right) - w_{11}\left(\frac{1}{2}w + tw_t + \frac{1}{2}xw_x\right),$$

$$C^2 = \frac{1}{2}xu_{11}(u_t - 3w_{xx} - 6uw_x - 6wu_x) + \frac{1}{2}xw_{11}(w_t + u_{xx} + 6ww_x - 2uu_x)$$
$$+ \left(\frac{1}{2}u + tu_t + \frac{1}{2}xu_x\right)(6wu_{11} - 2uw_{11} - w_{11x})$$
$$- 3\left(\frac{1}{2}w + tw_t + \frac{1}{2}xw_x\right)(2ww_{11} - 2uu_{11} + u_{11x})$$
$$- w_{11}\left(\frac{1}{2}u_x + tu_{tx} + \frac{1}{2}u_x + \frac{1}{2}xu_{xx}\right) + 3u_{11}\left(\frac{1}{2}w_x + tw_{tx} + \frac{1}{2}w_x + \frac{1}{2}xw_{xx}\right).$$

情况 2　对于生成子

$$\bar{V}_2 = \frac{\partial}{\partial t},$$

对应的 Lie 特征函数为

$$W^1 = -u_t, \quad W^2 = -w_t,$$

由此可得到方程组 (4.3.1) 的守恒向量场为

$$C^1 = u_{11}(u_t - 3w_{xx} - 6uw_x - 6wu_x) + w_{11}(w_t + u_{xx} + 6ww_x - 2uu_x)$$
$$- u_{11}u_t - w_{11}w_t,$$

$$C^2 = u_t(6wu_{11} + 2uw_{11} + w_{11x}) - 3w_t(2ww_{11} + 2uu_{11} + u_{11x})$$
$$- w_{11}u_{tx} + 3u_{11}w_{tx}.$$

情况 3　对于生成子

$$\bar{V}_3 = \frac{\partial}{\partial x},$$

对应的 Lie 特征函数为

$$W^1 = -u_x, \quad W^2 = -w_x,$$

由此可得到方程组 (4.3.1) 的守恒向量场为

$$C^1 = -u_x u_{11} - w_x w_{11},$$
$$C^2 = u_{11}(u_t - 3w_{xx} - 6uw_x - 6wu_x) + w_{11}(w_t + u_{xx} + 6ww_x - 2uu_x)$$
$$+ u_x(6wu_{11} + 2uw_{11} + w_{11x}) - 3w_x(2ww_{11} + 2uu_{11} + u_{11x})$$
$$- w_{11}u_{xx} + 3u_{11}w_{xx}.$$

注 4.1 上面求出的修正的 Boussinesq 方程组的守恒律都是非平凡的, 守恒向量场 $C^i(i = 1, 2, 3)$ 包含了伴随方程组 (4.3.5) 中的任意函数 u_{11}, w_{11}, 因此, 它们可以给出修正的 Boussinesq 方程组的无限多个守恒律, 同时我们也通过符号计算工具 Maple 验证了以上求出的守恒向量场的确满足守恒律的公式

$$D_t(C^1) + D_x(C^2) = 0.$$

4.4 MDWW 系统的自伴随性、Lie 对称分析及守恒律

4.4.1 MDWW 系统的自伴随性

关于 MDWW 系统, 我们已在 2.4 节给出了具体的介绍, 本小节主要讨论方程组的自伴随性、Lie 对称分析及守恒律. 首先根据定义 3.3, 可求出 MDWW 系统 (2.4.1) 的标准 Lagrangian 量

$$L = u_1^*(u_{yt} + u_{xxy} - 2v_{xx} - u_{xy}^2) + v_1^*(v_t - v_{xx} - 2u_x v - 2uv_x), \tag{4.4.1}$$

其中 u_1^* 和 v_1^* 是新的因变量, 方程组 (2.4.1) 的伴随方程是由下面的表达式确定的

$$\begin{cases} F_1^* = \dfrac{\delta L}{\delta u} = 0, \\ F_2^* = \dfrac{\delta L}{\delta v} = 0, \end{cases} \tag{4.4.2}$$

对于 MDWW 系统 (2.4.1), $\dfrac{\delta L}{\delta u}, \dfrac{\delta L}{\delta v}$ 的具体形式如下:

$$\frac{\delta L}{\delta u} = \frac{\partial L}{\partial u} - D_x \frac{\partial L}{\partial u_x} - D_y \frac{\partial L}{\partial u_y}$$
$$+ D_y D_t \frac{\partial L}{\partial u_{yt}} + D_x D_y \frac{\partial L}{\partial u_{xy}} - D_x D_x D_y \frac{\partial L}{\partial u_{xxy}},$$
$$\frac{\delta L}{\delta v} = \frac{\partial L}{\partial v} - D_x \frac{\partial L}{\partial v_x} - D_t \frac{\partial L}{\partial v_t} + D_x D_x \frac{\partial L}{\partial v_{xx}},$$

D_x, D_y 及 D_t 分别代表的是关于 x, y 及 t 的全导数算子, 将 (4.4.1) 代入 (4.4.2), 可得方程组 (2.4.1) 的具体的伴随方程表达式为

$$\begin{cases} F_1^* = u_{1yt}^* + 2vv_{1x}^* - 2uu_{1xy}^* - u_{1xxy}^* = 0, \\ F_2^* = v_{1t}^* - 2uv_{1x}^* + 2u_{1xx}^* + v_{1xx}^* = 0, \end{cases} \tag{4.4.3}$$

将方程组 (4.4.3) 中的 u_1^* 用 u 替换, v_1^* 用 v 替换后, 得到的方程组不是原来的方程组 (2.4.1), 因此根据定义 4.4, 方程组 (2.4.1) 不是自伴随的. 下面我们证明 MDWW 系统是非线性自伴随的.

定理 4.2　MDWW 系统 (2.4.1) 是非线性自伴随的.

证明　根据定义 4.4, 若将

$$u_1^* = \phi(x, y, t, u, v), \quad v_1^* = \psi(x, y, t, u, v) \tag{4.4.4}$$

代入方程组 (2.4.1) 的伴随方程组 (4.4.3) 后, 有下面的等式成立

$$\begin{aligned} F_1^* &= \lambda_{11} F_1 + \lambda_{12} F_2, \\ F_2^* &= \lambda_{21} F_1 + \lambda_{22} F_2, \end{aligned} \tag{4.4.5}$$

其中 $\lambda_{ij}(i, j = 1, 2)$ 是待定系数, $\phi(x, y, t, u, v)$, $\psi(x, y, t, u, v)$ 不全为 0. 考虑表达式 (4.4.4) 的微分序列, 方程组 (4.4.5) 被分解为如下的一些关于系数 $\lambda_{ij}(i, j = 1, 2)$ 的表达式

$$\lambda_{11} = \phi_u, \quad \lambda_{12} = \phi_{yv},$$
$$\lambda_{21} = \frac{1}{2}(\phi_v + \psi_v),$$
$$\lambda_{22} = -\psi_v,$$

将上式代入 (4.4.5), 可得下面的方程组

$$\phi_u = \phi_v = \psi_u = \psi_v = \psi_x = 0,$$
$$\phi_{yt} - \phi_{xxy} = 0, \quad \phi_{xy} = 0,$$
$$\psi_t + \psi_{xx} + 2\phi_{xx} = 0,$$

求解上面的方程组可得

$$\begin{aligned} \phi &= \frac{1}{2}\dot{g}_1 x^2 + g_2 x + g_3 + g_4, \\ \psi &= -2g_1 + g_4, \end{aligned} \tag{4.4.6}$$

其中 g_1, g_2, g_3 是关于 t 的任意函数, g_4 是关于 y 的任意函数, 函数上面的点表示的是关于其自变量的导数, 故 MDWW 方程组 (2.4.1) 是非线性自伴随的.

4.4.2 MDWW 系统的 Lie 对称分析

本小节中, 我们应用经典 Lie 群方法求出 MDWW 系统 (2.4.1) 的 Lie 对称. 首先假设系统对应的向量场为

$$V = X\frac{\partial}{\partial x} + Y\frac{\partial}{\partial y} + T\frac{\partial}{\partial t} + U\frac{\partial}{\partial u} + V\frac{\partial}{\partial v}, \tag{4.4.7}$$

其中 X, Y, T, U, V 为变量 x, y, t, u, v 的待定函数, 上面的假设等价于方程组 (2.4.1) 在下面的变换下是不变的

$$\begin{aligned}
x &\to x + \varepsilon X(x, y, t, u, v), \\
y &\to y + \varepsilon Y(x, y, t, u, v), \\
t &\to t + \varepsilon T(x, y, t, u, v), \\
u &\to u + \varepsilon U(x, y, t, u, v), \\
v &\to v + \varepsilon V(x, y, t, u, v),
\end{aligned} \tag{4.4.8}$$

上式中的 $\varepsilon \ll 1$ 是无穷小参数, 假设 u, v 的对称 σ_5, σ_6 具有如下的形式:

$$\begin{aligned}
\sigma_5 &= X(x,y,t,u,v)u_x + Y(x,y,t,u,v)u_y + T(x,y,t,u,v)u_t - U(x,y,t,u,v), \\
\sigma_6 &= X(x,y,t,u,v)v_x + Y(x,y,t,u,v)v_y + T(x,y,t,u,v)v_t - V(x,y,t,u,v),
\end{aligned} \tag{4.4.9}$$

且满足如下的线性化方程

$$\begin{aligned}
\sigma_{5ty} + \sigma_{5xxy} - 2\sigma_{6xx} - 2\sigma_{5y}u_x - 2u_y\sigma_{5x} - 2\sigma_5 u_{xy} - 2u\sigma_{1xy} &= 0, \\
\sigma_{6t} - \sigma_{6xx} - 2\sigma_{5x}v - 2u_x\sigma_6 - 2\sigma_5 v_x - 2u\sigma_{6x} &= 0,
\end{aligned} \tag{4.4.10}$$

把 (4.4.9) 代入 (4.4.10) 中, 并利用方程组 (2.4.1) 消掉 u_{yt}, v_t, 得到了关于变量 X, Y, T, U, V 的一系列方程, 求解这些方程可得

$$\begin{aligned}
X &= \frac{1}{2}\dot{f}_2 x + f_3, \\
Y &= f_1, \quad T = f_2, \\
U &= -\frac{1}{2}\dot{f}_2 u + \frac{1}{2}\ddot{f}_2 x + \dot{f}_3, \\
V &= -\frac{1}{2}v(2\dot{f}_1 + \dot{f}_2),
\end{aligned} \tag{4.4.11}$$

其中 f_1 是关于 y 的任意函数, f_2, f_3 是关于 t 的任意函数, 函数上的点代表的是关于其自身变量的导数. 由 (4.4.11) 可知对应的向量场为

$$\hat{V}_1 = f_1 \frac{\partial}{\partial y} - \dot{f}_1 v \frac{\partial}{\partial v},$$

$$\hat{V}_2 = \frac{1}{2} \dot{f}_2 \frac{\partial}{\partial x} + f_2 \frac{\partial}{\partial t} - \frac{1}{2} \left(u \dot{f}_2 + \frac{1}{2} x \ddot{f}_2 \right) \frac{\partial}{\partial u} - \frac{1}{2} \dot{f}_2 v \frac{\partial}{\partial v},$$

$$\hat{V}_3 = f_3 \frac{\partial}{\partial x} + \dot{f}_3 \frac{\partial}{\partial u}.$$

接下来我们利用上面所求的向量场 $\hat{V}_i$ 来构造 MDWW 系统的守恒律.

4.4.3　MDWW 系统的守恒律

根据上一小节求出的 MDWW 系统的 Lie 对称, 本小节主要应用 Ibragimov 定理 (定理 4.1) 来求方程组 (2.4.1) 的守恒律.

首先将方程组 (2.4.1) 的 Lagrangian 量 (4.4.1) 写成对称形式.

$$\begin{aligned}
L &= u_1^* \Big(\frac{1}{2} u_{yt} + \frac{1}{2} u_{ty} - 2u_x u_y - u u_{xy} - u u_{yx} + \frac{1}{3} u_{xxy} + \frac{1}{3} u_{xyx} \\
&\quad + \frac{1}{3} u_{yxx} - 2v_{xx} \Big) + v_1^* (v_t - 2u_x v - 2u v_x - v_{xx}),
\end{aligned} \tag{4.4.12}$$

根据定理 3.1, 对应的向量场可以表示为

$$\hat{V} = \hat{\xi}^1 \frac{\partial}{\partial t} + \hat{\xi}^2 \frac{\partial}{\partial x} + \hat{\xi}^3 \frac{\partial}{\partial y} + \hat{\eta}^1 \frac{\partial}{\partial u} + \hat{\eta}^2 \frac{\partial}{\partial v}, \tag{4.4.13}$$

守恒律由下面的式子确定:

$$D_t(C^1) + D_x(C^2) + D_y(C^3) = 0, \tag{4.4.14}$$

对于方程组 (2.4.1), 守恒向量场 $C = (C^1, C^2, C^3)$ 的表达式如下:

$$\begin{aligned}
C^1 &= \hat{\xi}^1 L + W^2 \frac{\partial L}{\partial v_t} - W^1 D_y \frac{\partial L}{\partial u_{ty}} + W_y^1 \frac{\partial L}{\partial u_{ty}}, \\
C^2 &= \hat{\xi}^2 L + W^1 \left(\frac{\partial L}{\partial u_x} - D_y \frac{\partial L}{\partial u_{xy}} + D_{xy} \frac{\partial L}{\partial u_{xxy}} + D_{yx} \frac{\partial L}{\partial u_{xyx}} \right) \\
&\quad + W^2 \left(\frac{\partial L}{\partial v_x} - D_x \frac{\partial L}{\partial v_{xx}} \right) + W_y^1 \left(\frac{\partial L}{\partial u_{xy}} - D_x \frac{\partial L}{\partial u_{xyx}} \right) \\
&\quad - W_x^1 D_y \frac{\partial L}{\partial u_{xxy}} + W_x^2 \frac{\partial L}{\partial v_{xx}} + W_{xy}^1 \frac{\partial L}{\partial u_{xxy}} + W_{yx}^1 \frac{\partial L}{\partial u_{xyx}}, \\
C^3 &= \hat{\xi}^3 L + W^1 \left(\frac{\partial L}{\partial u_y} - D_x \frac{\partial L}{\partial u_{yx}} + D_{xx} \frac{\partial L}{\partial u_{yxx}} \right) + W_t^1 \frac{\partial L}{\partial u_{yt}} \\
&\quad + W_x^1 \left(\frac{\partial L}{\partial u_{yx}} - D_x \frac{\partial L}{\partial u_{yxx}} \right) + W_{xx}^1 \frac{\partial L}{\partial u_{yxx}}.
\end{aligned} \tag{4.4.15}$$

将 (4.4.12) 代入 (4.4.15), 守恒向量场将变为下面的具体形式

$$C^1 = \xi^1 L + W^2 v_1^* - \frac{1}{2}(W^1 u_{1y}^* - u_1^* W_y^1),$$

$$C^2 = \xi^2 L + W^1 \left(-2u_1^* u_y - 2v_1^* v + u_y u_1^* + uu_{1y}^* + \frac{2}{3}u_{1xy}^*\right)$$

$$+ W^2(-2uv_1^* + 2u_{1x}^* + v_{1x}^*) - W_y^1 \left(uu_1^* + \frac{1}{3}u_{1x}^*\right)$$

$$- \frac{1}{3}W_x^1 u_{1y}^* - W_x^2(2u_1^* + v_1^*) + \frac{2}{3}u_1^* W_{xy}^1,$$

$$C^3 = \xi^3 L + W^1 \left(\frac{1}{3}u_{1xx}^* - 2u_1^* u_x - \frac{1}{2}u_{1t}^* + u_x u_1^* + uu_{1x}^*\right)$$

$$+ \frac{1}{2}W_t^1 u_1^* - W_x^1 \left(uu_1^* + \frac{1}{3}u_{1x}^*\right) + \frac{1}{3}u_1^* W_{xx}^1,$$

其中

$$W^1 = \hat{\eta}^1 - \hat{\xi}^1 u_t - \hat{\xi}^2 u_x - \hat{\xi}^3 u_y,$$

$$W^2 = \hat{\eta}^2 - \hat{\xi}^1 v_t - \hat{\xi}^2 v_x - \hat{\xi}^3 v_y.$$

接下来分几种情况讨论方程组 (2.4.1) 的守恒律.

情况 1 对于向量场

$$\hat{V}_1 = f_1 \frac{\partial}{\partial y} - v f_{1y} \frac{\partial}{\partial v},$$

Lie 特征函数为

$$W^1 = -f_1 u_y,$$

$$W^2 = -v f_{1y} - f_1 v_y,$$

则守恒向量场为

$$C^1 = -(vf_{1y} + f_1 v_y)v_1^* + \frac{1}{2}(f_1 u_y u_{1y}^* - u_1^* f_{1y} u_y - u_1^* f_1 u_{yy}),$$

$$C^2 = f_1 u_y \left(2u_1^* u_y + 2v_1^* v - u_y u_1^* - uu_{1y}^* - \frac{2}{3}u_{1xy}^*\right) - (vf_{1y} + f_1 v_y)(v_{1x}^*$$

$$- 2uv_1^* + 2u_{1x}^*) + (f_{1y}u_y + f_1 u_{yy}) \left(uu_1^* + \frac{1}{3}u_{1x}^*\right) + \frac{1}{3}u_{1y}^* f_1 u_{yx}$$

$$+ (v_x f_{1y} + f_1 v_{yx})(2u_1^* + v_1^*) - \frac{2}{3}u_1^*(f_{1y}u_{xy} + f_1 u_{xyy}),$$

$$C^3 = f_1 u_1^*(u_{yt} - 2u_x u_y - 2uu_{xy} + u_{xxy} - 2v_{xx}) + f_1 v_1^*(v_t - 2u_x v$$

$$- 2uv_x - v_{xx}) - f_1 u_y \left(\frac{1}{3}u_{1xx}^* - 2u_1^* u_x - \frac{1}{2}u_{1t}^* + u_x u_1^* + uu_{1x}^*\right)$$

$$+f_1u_{yx}\left(uu_1^*+\frac{1}{3}u_{1x}^*\right)-\frac{1}{2}u_1^*f_1u_{yt}-\frac{1}{3}u_1^*f_1u_{yxx}.$$

情况 2　对于向量场

$$\hat{V}_2=\frac{1}{2}xf_{2t}\frac{\partial}{\partial x}+f_2\frac{\partial}{\partial t}-\frac{1}{2}\left(uf_{2t}+\frac{1}{4}xf_{2tt}\right)\frac{\partial}{\partial u}-\frac{1}{2}vf_{2t}\frac{\partial}{\partial v},$$

Lie 特征函数为

$$W^1=-\frac{1}{2}\left(uf_{2t}+\frac{1}{2}xf_{2tt}\right)-f_2u_t-\frac{1}{2}xf_{2t}u_x,$$

$$W^2=-\frac{1}{2}vf_{2t}-f_2v_t-\frac{1}{2}xf_{2t}v_x,$$

则守恒向量场为

$$C^1=f_2u_1^*(u_{ty}-2u_xu_y-2uu_{xy}+u_{xxy}-2v_{xx})+f_2v_1^*(v_t-2u_xv-2uv_x-v_{xx})$$

$$-\frac{1}{2}v_1^*\left(vf_{2t}+f_2v_t+\frac{1}{2}xf_{2t}v_x\right)+\left(\frac{1}{4}\left(uf_{2t}+\frac{1}{2}xf_{2tt}\right)+f_2u_t+\frac{1}{2}xf_{2t}u_x\right)u_{1y}^*$$

$$-\frac{1}{2}u_1^*\left(\frac{1}{2}u_yf_{2t}+f_2u_{ty}+\frac{1}{2}xf_{2t}u_{xy}\right),$$

$$C^2=\frac{1}{2}xf_{2t}u_1^*(u_{yt}-2u_xu_y-2uu_{xy}+u_{xxy}-2v_{xx})+\frac{1}{2}xf_{2t}v_1^*(v_t-2u_xv$$

$$-2uv_x-v_{xx})+\left(\frac{1}{2}uf_{2t}+\frac{1}{8}xf_{2tt}+f_2u_t+\frac{1}{2}xf_{2t}u_x\right)\left(2u_1^*u_y+2v_1^*v\right.$$

$$-u_yu_1^*-uu_{1y}^*-\frac{2}{3}u_{1xy}^*\bigg)-\left(\frac{1}{2}vf_{2t}+f_2v_t+\frac{1}{2}xf_{2t}v_x\right)(v_{1x}^*-2uv_1^*+2u_{1x}^*)$$

$$+\left(\frac{1}{2}u_yf_{2t}+f_2u_{ty}+\frac{1}{2}xf_{2t}u_{xy}\right)\left(uu_1^*+\frac{1}{3}u_{1x}^*\right)$$

$$+\frac{1}{3}u_{1y}^*\left(\frac{1}{2}u_xf_{2t}+\frac{1}{4}f_{2tt}+f_2u_{tx}+\frac{1}{2}f_{2t}u_x+\frac{1}{2}xf_{2t}u_{xx}\right)$$

$$+\left(\frac{1}{2}v_xf_{2t}+f_2v_{tx}+\frac{1}{2}f_{2t}v_x+\frac{1}{2}xf_{2t}v_{xx}\right)(2u_1^*+v_1^*)$$

$$-\frac{1}{3}u_1^*(2f_{2t}u_{xy}+2f_2u_{txy}+f_{2t}xu_{xxy}),$$

$$C^3=-\left(\frac{1}{2}uf_{2t}+\frac{1}{4}xf_{2tt}+f_2u_t+\frac{1}{2}xf_{2t}u_x\right)\left(\frac{1}{3}u_{1xx}^*-2u_1^*u_x-\frac{1}{2}u_{1t}^*+u_xu_1^*\right.$$

$$+uu_{1x}^*\bigg)+\left(\frac{1}{2}u_xf_{2t}+\frac{1}{4}f_{2tt}+f_2u_{tx}+\frac{1}{2}f_{2t}u_x+\frac{1}{2}xf_{2t}u_{xx}\right)\left(uu_1^*+\frac{1}{3}u_{1x}^*\right)$$

$$-\frac{1}{2}u_1^*\left(\frac{1}{2}u_tf_{2t}+\frac{1}{2}uf_{2tt}+\frac{1}{4}xf_{2ttt}+f_{2t}u_t+f_2u_{tt}+\frac{1}{2}xf_{2tt}u_x+\frac{1}{2}xf_{2t}u_{xt}\right)$$

$$-\frac{1}{6}u_1^*(3f_{2t}u_{xx} + 2f_2u_{txx} + f_{2t}xu_{xxx}).$$

情况 3 对于向量场

$$\hat{V}_3 = f_3\frac{\partial}{\partial x} + f_{3t}\frac{\partial}{\partial u},$$

Lie 特征函数为

$$W^1 = f_{3t} - f_3u_x,$$
$$W^2 = -f_3v_x,$$

则守恒向量场为

$$C^1 = -f_3v_xv_1^* - \frac{1}{2}[(f_{3t} - f_3u_x)u_{1y}^* + f_3u_{xy}u_1^*],$$

$$C^2 = f_3u_1^*(u_{yt} - 2u_xu_y - 2uu_{xy} + u_{xxy} - 2v_{xx}) + f_3v_1^*(v_t - 2u_xv - 2uv_x - v_{xx})$$

$$+ (f_{3t} - f_3u_x)\left(\frac{2}{3}u_{1xy}^* - 2u_1^*u_y - 2v_1^*v + u_yu_1^* + uu_{1y}^*\right)$$

$$- f_3v_x(2u_{1x}^* - 2uv_1^* + v_{1x}^*) + f_3u_{xy}\left(uu_1^* + \frac{1}{3}u_{1x}^*\right)$$

$$+ \frac{1}{3}f_3u_{xx}u_{1y}^* + f_3v_{xx}(2u_1^* + v_1^*) - \frac{2}{3}f_3u_1^*u_{xxy},$$

$$C^3 = (f_{3t} - f_3u_x)\left(\frac{1}{3}u_{1xx}^* - 2u_1^*u_x - \frac{1}{2}u_{1t}^* + u_xu_1^* + uu_{1x}^*\right)$$

$$+ f_3u_{xx}\left(uu_1^* + \frac{1}{3}u_{1x}^*\right) + \frac{1}{2}u_1^*(f_{3tt} - f_{3t}u_x - f_3u_{xt}) - \frac{1}{3}u_1^*f_3u_{xx}.$$

注 4.2 上面求出的 MDWW 方程组的守恒律都是非平凡的, 守恒向量场 $C^i(i = 1,2,3)$ 包含了伴随方程组 (4.4.3) 中的任意函数 u_1^*, v_1^*, 因此, 它们可以给出修正的 MDWW 方程组的无限多个守恒律, 同时我们也通过符号计算工具 Maple 验证了以上求出的守恒向量场的确满足守恒律的公式 (4.4.14).

4.5 HBK 方程组的 Lie 群分析、自伴随性及守恒律

关于 HBK 方程组, 我们已在 2.3 节做了详细的介绍, 并讨论了该方程组非局部留数对称及相互作用解, 本小节主要讨论方程组 (2.3.1) 的 Lie 对称、最优系统及守恒律.

4.5.1 HBK 方程组的 Lie 群分析

首先考虑方程组 (2.3.1) 的单参数 Lie 群的无穷小变换

$$x \to x + \varepsilon X_1(x, t, u, v),$$
$$y \to x + \varepsilon Y_1(x, t, u, v),$$
$$t \to x + \varepsilon T_1(x, t, u, v), \qquad (4.5.1)$$
$$u \to x + \varepsilon \Phi_1(x, t, u, v),$$
$$v \to x + \varepsilon \Psi_1(x, t, u, v),$$

其中 $\varepsilon \ll 1$ 是无穷小参数. 群变换 (4.5.1) 对应的向量场可表示为

$$V = X_1 \frac{\partial}{\partial x} + T_1 \frac{\partial}{\partial t} + \Phi_1 \frac{\partial}{\partial u} + \Psi_1 \frac{\partial}{\partial v}, \qquad (4.5.2)$$

如果向量场 (4.5.1) 是方程组 (2.3.1) 的对称, 即要求 (2.3.1) 在变换

$$u \to u + \varepsilon \sigma_3, \quad v \to v + \varepsilon \sigma_4$$

下保持不变, σ_3, σ_4 分别代表变量 u, v 所满足方程的对称, 其表达式为

$$\sigma_3 = X_1 \frac{\partial}{\partial u_x} + T_1 \frac{\partial}{\partial u_t} - \Phi_1,$$
$$\sigma_4 = X_1 \frac{\partial}{\partial v_x} + T_1 \frac{\partial}{\partial v_t} - \Psi_1, \qquad (4.5.3)$$

对称 σ_3, σ_4 满足的方程为

$$24\sigma_3 u u_x + 24\sigma_3 v_x + 24u\sigma_{4x} - 24\sigma_{3x} u_x - 12\sigma_3 u_{xx} - 12u\sigma_{3xx}$$
$$+12u^2\sigma_{3x} - 24\sigma_{3x} v + 24u_x\sigma_4 + \sigma_{3t} + 4\sigma_{3xxx} = 0,$$
$$24\sigma_3 v u_x + 24\sigma_4 u u_x + 24uv\sigma_{3x} + 24\sigma_3 u v_x + 12u^2\sigma_{4x} + 24\sigma_4 v_x$$
$$+24v\sigma_{4x} + 12\sigma_{3x} v_x + 12u_x\sigma_{4x} + 12\sigma_3 v_{xx} + 12u\sigma_{4x} + \sigma_{4t} + 4\sigma_{4xxx} = 0,$$
$$(4.5.4)$$

把 (4.5.3) 代入 (4.5.4), 由初始条件消去 u_t, v_t 及它们的高阶导数项, 然后收集 u, v 的各阶导数项的系数, 并令它们等于零, 得到一系列关于 X_1, T_1, Φ_1, Ψ_1 的超定方程组, 借助于 Maple 软件, 可求得

$$X_1 = \frac{1}{3}\bar{c}_1 x + \bar{c}_3,$$

$$T_1 = \bar{c}_1 t + \bar{c}_2,$$

$$\Phi_1 = -\frac{1}{3}\bar{c}_1 u,$$

$$\Psi_1 = -\frac{2}{3}\bar{c}_1 v,$$

其中 $\bar{c}_1, \bar{c}_2, \bar{c}_3$ 是任意常数. 由此我们可以得到方程组 (2.3.1) 允许下面的三维向量场,

$$V_1 = \frac{1}{3}x\frac{\partial}{\partial x} + \frac{\partial}{\partial t} - \frac{1}{3}u\frac{\partial}{\partial u} - \frac{2}{3}v\frac{\partial}{\partial v},$$

$$V_2 = \frac{\partial}{\partial t}, \tag{4.5.5}$$

$$V_3 = \frac{\partial}{\partial x},$$

根据上面的向量场很容易验证它们关于 Lie 括号是封闭的, 下面给出 Lie 代数交换子表 (the commutator table for Lie algebra)(表 4.3), 其中第 i 行、第 j 列的元素表示的是 Lie 括号 $[V_i, V_j]$.

表 4.3　Lie 代数交换子表

$[V_i, V_j]$	V_1	V_2	V_3
V_1	0	0	$-\frac{1}{3}V_3$
V_2	0	0	0
V_3	$\frac{1}{3}V_3$	0	0

接下来, 利用表 4.3 和公式

$$Ad(\exp(\varepsilon v_i))v_j = v_j - \varepsilon[v_i, v_j] - \frac{1}{2}\varepsilon^2[v_i, [v_i, v_j]] - \cdots$$

来构造伴随表示式 (表 4.4), 其中第 i 行、第 j 列的元素表示的是 $Ad(\exp(\varepsilon V_i))V_j$.

表 4.4　Lie 代数伴随表

Ad	V_1	V_2	V_3
V_1	V_1	$e^\varepsilon V_2$	$e^{\frac{\varepsilon}{3}}V_3$
V_2	V_1	V_2	V_3
V_3	$V_1 - \frac{\varepsilon}{3}V_3$	V_2	V_3

根据 Lie 代数伴随表 (表 4.4), 我们可求出方程组 (2.3.1) 的一维子代数的最有系统分别是: ① V_3; ② $aV_1 + bV_2$, 当 $a \in (-1, 1)$ 时, $b \in R$, 当 $a = 0$ 时, $b \in (-1, 0, 1)$.

4.5.2　HBK 方程组的自伴随性

下面我们讨论 HBK 方程组的自伴随性. 根据定义 4.3 可求得方程组 (2.3.1) 的伴随方程为

$$\begin{aligned}
\bar{F}_1^* &= u_{1t} + 4(u_{1xxx} + 3uu_{1xx} + 6uvv_{1x} + 3v_{1x}v_x + 6u_{1x}v \\
&\quad + 6u_1u_x + 3u^2u_{1x} - 6u_1uu_x) = 0, \\
\bar{F}_2^* &= v_{1t} + 4(v_{1xxx} + 6vv_{1x} + 3u^2v_{1x} + 3u_xv_{1x} + 6uu_{1x} - 3uv_{1xx}) = 0,
\end{aligned} \tag{4.5.6}$$

其标准的 Lagrangian 量为

$$L = u_1(u_t + 4u_{xxx} + 12u^2 u_x + 24u_x v + 24uv_x - 12u_x^2 - 12uu_{xx})$$
$$+ v_1(v_t + 4v_{xxx} + 12u_x v_x + 12uv_{xx} + 24uvu_x + 12u^2 v_x + 24vv_x), \quad (4.5.7)$$

其中 $u_1 = u_1(x,t), v_1 = v_1(x,t)$ 为新的因变量.

根据定义 4.2 判断可知, 方程组 (2.3.1) 不是自伴随的. 根据定义 4.5, 如果能找到 $u_1 = \bar{\phi}(x,t,u,v), v_1 = \bar{\psi}(x,t,u,v)$ 满足方程组 (4.2.6), 其中 $\bar{\phi}(x,t,u,v)$, $\bar{\psi}(x,t,u,v)$ 不全为零, 则说明方程组 (2.3.1) 是非线性自伴随的, 换句话说方程组 (2.3.1) 是非线性自伴随的, 如果它满足下面的条件

$$\begin{cases} F_1^* = \beta_{11}\bar{F}_1 + \beta_{12}\bar{F}_2, \\ F_2^* = \beta_{21}\bar{F}_1 + \beta_{22}\bar{F}_2. \end{cases} \quad (4.5.8)$$

将方程组 (2.3.1), (4.5.6) 代入 (4.5.8) 中, 因为 $\bar{\phi}, \bar{\psi}$ 不依赖于导数 u_t, v_t, u_{xx}, $v_{xx}, \cdots$, 方程组 (4.5.8) 关于系数 λ_{ij} 可分解为如下的等式

$$\begin{aligned} \beta_{11} = \bar{\phi}_u, \quad & \beta_{12} = \bar{\phi}_v, \\ \beta_{21} = \bar{\psi}_u, \quad & \beta_{22} = \bar{\psi}_v, \end{aligned} \quad (4.5.9)$$

将 (4.5.9) 代入 (4.5.8) 可得如下的超定方程组

$$\bar{\phi}_x = \bar{\phi}_u = \bar{\psi}_x = \bar{\psi}_v = \bar{\phi}_t = \bar{\psi}_t = 0,$$
$$\bar{\phi}_{vv} = 0, \quad \bar{\phi}_v = \bar{\psi}_u,$$

通过求解以上的方程组可得

$$\bar{\phi} = \bar{d}_2 v + \bar{d}_1, \quad \bar{\psi} = \bar{d}_2 u + \bar{d}_1,$$

其中 $\bar{d}_1, \bar{d}_2$ 是任意常数.

因此, 若将 $\bar{\phi} = \bar{d}_2 v + \bar{d}_1, \psi = \bar{d}_2 u + \bar{d}_1$ 代入方程组 (4.5.8) 中, 即可得到方程组 (2.3.1), 故方程组 (2.3.1) 是非线性自伴随的.

4.5.3　HBK 方程组的守恒律

本小节, 我们将利用 HBK 方程组的自伴随性及 4.5.1 小节求出的 Lie 对称, 根据定理 4.1 构造方程组 (2.3.1) 的守恒律. 首先设向量场的一般表达式为

$$V = \xi^{11}(x,t,u,v)\frac{\partial}{\partial t} + \xi^{12}(x,t,u,v)\frac{\partial}{\partial x} + \eta^{11}(x,t,u,v)\frac{\partial}{\partial u} + \eta^{12}(x,t,u,v)\frac{\partial}{\partial v},$$

根据定理 4.1 可知向量场 V 确定的守恒律为 $D_t(C^1) + D_x(C^2) = 0$, 其中守恒向量 $C = (C^1, C^2)$ 的分量 C^1, C^2 是由 (4.2.8) 确定的, 对于方程组 (2.3.1), 守恒向量场的具体表达式为

$$C^1 = \xi^{11}L + W^1\frac{\partial L}{\partial u_t} + W^2\frac{\partial L}{\partial v_t},$$

$$C^2 = \xi^{12}L + W^1\left(\frac{\partial L}{\partial u_x} - D_x\frac{\partial L}{\partial u_{xx}} + D_{xx}\frac{\partial L}{\partial u_{xxx}}\right)$$

$$+ W^2\left(\frac{\partial L}{\partial v_x} - D_x\frac{\partial L}{\partial v_{xx}} + D_{xx}\frac{\partial L}{\partial v_{xxx}}\right)$$

$$+ W_x^1\left(\frac{\partial L}{\partial u_{xx}} - D_x\frac{\partial L}{\partial u_{xxx}}\right) + W_x^2\left(\frac{\partial L}{\partial v_{xx}} - D_x\frac{\partial L}{\partial v_{xxx}}\right)$$

$$+ W_{xx}^1\frac{\partial L}{\partial u_{xxx}} + W_{xx}^2\frac{\partial L}{\partial v_{xxx}},$$

化简后为

$$C^1 = \xi^{11}L + W^1 u_1 + W^2 v_1,$$
$$C^2 = \xi^{12}L + W^1(12u_1u^2 + 24u_1v - 12u_xu_1 + 12v_1v_x + 24uvv_1 + 12uu_{1x}$$
$$+ 4u_{1xx}) + W^2(24uu_1 + 12u^2v_1 + 24vv_1 - 12uv_{1x} + 4v_{1xx})$$
$$+ W_x^1(-12uu_1 - 4u_{1x}) + W_x^2(12uv_1 - 4v_{1x}) + W_{xx}^1(4u_1) + W_{xx}^2(4v_1),$$
$$(4.5.10)$$

接下来, 根据上一小节求出的 Lie 对称, 分情况讨论方程组 (2.3.1) 的守恒律.

   情况 1 $V_1 = \frac{1}{3}x\frac{\partial}{\partial x} + \frac{\partial}{\partial t} - \frac{1}{3}u\frac{\partial}{\partial u} - \frac{2}{3}v\frac{\partial}{\partial v}$.

   此时对应的 Lie 特征函数为

$$W^1 = -\frac{1}{3}u - u_t - \frac{1}{3}xu_x,$$
$$W^2 = -\frac{2}{3}v - v_t - \frac{1}{3}xv_x,$$
$$(4.5.11)$$

将 (4.5.7), (4.5.11) 代入 (4.5.10) 可求得方程组 (2.3.1) 的守恒向量场为

$$C^1 = 4u_1(u_{xxx} + 3u^2u_x + 6u_xv + 6uv_x - 3u_x^2 - 3uu_{xx}) + 4v_1(v_{xxx} + 3u_xv_x$$
$$+ 3uv_{xx} + 6uvu_x + 3u^2v_x + 6vv_x) - \frac{1}{3}u_1(u + xu_x) - \frac{1}{3}v_1(2v + xv_x),$$

$$C^2 = \frac{1}{3}u_1 u_t + \frac{3}{4}u_1(u_{xx} + u^3 + 6uv - 3uu_x)_x + \frac{1}{3}xv_1 v_t$$

$$+ \frac{3}{4}v_1(v_{xx} + 3uv_x + 3u^2 v + 3v^2)_x - 4\left(u_t + \frac{1}{3}u + \frac{1}{3}xu_x\right)$$

$$\times (3u_1 u^2 + 6u_1 v - 3u_1 u_x + 3v_1 v_x + 6uvu_1 + 3uu_{1x} + u_{1xx})$$

$$- 4\left(v_t + \frac{2}{3}v + \frac{1}{3}xv_x\right)(6uu_1 + 3u^2 v_1 + 6vv_1 - 3uv_{1x} + v_{1xx})$$

$$+ 4\left(u_{tx} + \frac{2}{3}u_x + \frac{1}{3}xu_{xx}\right)(3uu_1 + u_{1x}) - 4\left(v_x + v_{tx} + \frac{1}{3}xv_{xx}\right)$$

$$\times (3uv_1 - v_{1x}) - 4u_1\left(u_{xx} + u_{txx} + \frac{1}{3}xu_{xxx}\right) - 4v_1\left(\frac{4}{3}v_{xx} + v_{txx} + \frac{1}{3}xv_{xxx}\right).$$

情况 2　$V_2 = \dfrac{\partial}{\partial t}$.

此情形对应的 Lie 特征函数为

$$W^1 = -u_t, \quad W^2 = -v_t, \tag{4.5.12}$$

将 (4.5.7), (4.5.12) 代入 (4.5.10) 可求得方程组 (2.3.1) 的守恒向量场为

$$C^1 = 4u_1(u_{xxx} + 3u^2 u_x + 6u_x v + 6uv_x - 3u_x^2 - 3uu_{xx})$$

$$+ 4v_1(v_{xxx} + 3u_x v_x + 3uv_{xx} + 6uvu_x + 3u^2 v_x + 6vv_x),$$

$$C^2 = - 4u_t(3u_1 u^2 + 6u_1 v - 3u_1 u_x + 3v_1 v_x + 6uvu_1 + 3uu_{1x} + u_{1xx})$$

$$- 4v_t(6uu_1 + 3u^2 v_1 + 6vv_1 - 3uv_{1x} + v_{1xx}) + 4u_{tx}(3uu_1 + u_{1x})$$

$$- 4v_{tx}(3uv_1 - v_{1x}) + 4u_{1xx} + 4v_{1xx}.$$

情况 3　$V_3 = \dfrac{\partial}{\partial x}$.

此时我们可求得 Lie 特征函数为

$$W^1 = -u_x, \quad W^2 = -v_x, \tag{4.5.13}$$

将 (4.5.7), (4.5.13) 代入 (4.5.10) 可求得方程组 (2.3.1) 的守恒向量场为

$$C^1 = - u_1 u_x - v_1 v_x,$$

$$C^2 = u_1 u_t + 4u_1(u_{xx} + u^3 + 6uv - 3uu_x)_x + v_1 v_t + 4v_1(v_{xx} + 3uv_x$$

$$+ 3u^2 v + 3v^2)_x - 4u_x(3u_1 u^2 + 6u_1 v - 3u_1 u_x + 3v_1 v_x + 6uvu_1$$

$$+ 3uu_{1x} + u_{1xx}) - 4v_x(6uu_1 + 3u^2 v_1 + 6vv_1 - 3uv_{1x} + v_{1xx})$$

$$+ 4u_{xx}(3uu_1 + u_{1x}) - 4v_{xx}(3uv_1 - v_{1x}) - 4u_1 u_{xxx} - 4v_1 v_{xxx}.$$

注 4.3 明显地, 我们可以看出, 上面求出的 HBK 方程组的守恒向量场 C^i ($i = 1, 2, 3$) 包含了伴随方程组 (4.5.6) 中的任意函数 u_1, v_1, 因此, 它们可以给出 HBK 方程组的无限多个守恒律, 且上面求出的守恒律均为非平凡的, 同时我们也通过符号计算工具 Maple 验证了以上求出的守恒向量场的确满足守恒律的公式

$$D_t C^1 + D_x C^2 = 0.$$

4.6 DLW 方程组的 Lie 点对称分析及守恒律

关于 DLW 方程组我们在 2.1 节已经给出了具体的介绍, 并求出了它的非局部留数对称及相互作用解, 这一节我们主要讨论方程组 (3.4.1) 的 Lie 点对称及守恒律.

4.6.1 DLW 方程组的 Lie 点对称分析

首先我们利用经典 Lie 群的方法来求方程组 (3.4.1) 的 Lie 点对称. 考虑单参数 Lie 群变换

$$
\begin{aligned}
x &\to x + \varepsilon \bar{X}(x, y, t, u, v), \\
y &\to x + \varepsilon \bar{Y}(x, y, t, u, v), \\
t &\to x + \varepsilon \bar{T}(x, y, t, u, v), \\
u &\to x + \varepsilon \bar{U}(x, y, t, u, v), \\
v &\to x + \varepsilon \bar{V}(x, y, t, u, v),
\end{aligned}
\tag{4.6.1}
$$

上式中的 $\varepsilon \ll 1$ 是无穷小参数, 群变换 (4.6.1) 对应的向量场可表示为

$$V = \bar{X} \frac{\partial}{\partial x} + \bar{Y} \frac{\partial}{\partial y} + \bar{T} \frac{\partial}{\partial t} + \bar{U} \frac{\partial}{\partial u} + \bar{V} \frac{\partial}{\partial v}, \tag{4.6.2}$$

如果向量场 (4.6.1) 是方程组 (3.4.1) 的对称, 即要求 (3.4.1) 在变换

$$u \to u + \varepsilon \sigma^1, \quad v \to v + \varepsilon \sigma^2$$

下保持不变, σ^1, σ^2 分别代表变量 u, v 所满足方程的对称, 其表达式为

$$
\begin{aligned}
\sigma^1 &= \bar{X} \frac{\partial}{\partial u_x} + \bar{Y} \frac{\partial}{\partial u_y} + \bar{T} \frac{\partial}{\partial u_t} - \bar{U}, \\
\sigma^2 &= \bar{X} \frac{\partial}{\partial v_x} + \bar{Y} \frac{\partial}{\partial v_y} + \bar{T} \frac{\partial}{\partial v_t} - \bar{V},
\end{aligned}
\tag{4.6.3}
$$

它们满足方程组 (3.4.1) 的对称方程

$$\sigma^1_{ty} + \sigma^2_{xx} + \sigma^1_x u_y + u_x \sigma^1_y + \sigma^1 u_{xy} + u\sigma^1_{xy} = 0,$$
$$\sigma^2_t + \sigma^1_x v + u_x \sigma^2 + \sigma^1 v_x + u\sigma^2_x + \sigma^1_x + \sigma^1_{xxy} = 0,$$

(4.6.4)

将 (4.6.3) 代入 (4.6.4), 由初始条件消去 u_{ty}, v_t 及它们的高阶导数项, 然后收集 u, v 及其各阶导数项的系数, 并令其等于 0, 得到关于函数 $\bar{X}, \bar{Y}, \bar{T}, \bar{U}, \bar{V}$ 的超定方程组, 借助于 Maple 计算软件, 可解出

$$\bar{X} = \frac{1}{2}\dot{f}_1 x + f_3, \quad \bar{Y} = f_2, \quad \bar{T} = f_1,$$
$$\bar{U} = -\frac{1}{2}u\dot{f}_1 + \frac{1}{2}x\ddot{f}_1 + \dot{f}_3, \quad \bar{V} = -\frac{1}{2}(\dot{f}_1 + 2\dot{f}_2)(v+1),$$

(4.6.5)

其中 f_2 是关于 y 的任意函数, f_1, f_3 是关于 t 的任意函数, 函数上的点代表的是其关于自变量的导数, 任意函数的出现产生了无穷维的 Lie 代数, 它的一般形式可以表示为

$$V = V_1(f_1) + V_2(f_2) + V_3(f_3),$$

其中

$$V_1 = -\frac{1}{2}xf_{1t}\frac{\partial}{\partial x} + f_1\frac{\partial}{\partial t} - \frac{1}{2}(uf_{1t} + xf_{1tt})\frac{\partial}{\partial u} + \frac{1}{2}f_{1t}(v+1)\frac{\partial}{\partial v},$$
$$V_2 = f_2\frac{\partial}{\partial y} + f_{2y}(v+1)\frac{\partial}{\partial v},$$
$$V_3 = f_3\frac{\partial}{\partial x} + f_{3t}\frac{\partial}{\partial u}$$

构成了一个基本的向量场.

下面我们利用所求的向量场 V_i 来构造 (2+1) 维色散长波方程组的守恒律.

4.6.2　DLW 方程组的守恒律

本小节, 我们利用定理 4.1 来构造方程组 (3.4.1) 的守恒律. 根据定义 4.3, 我们首先引入方程组 (3.4.1) 的对称形式的 Lagrangian 量

$$L = u^*_{11}\left(\frac{1}{2}u_{yt} + \frac{1}{2}u_{ty} + v_{xx} + u_x u_y + u\left(\frac{1}{2}u_{xy} + \frac{1}{2}u_{yx}\right)\right)$$
$$+ v^*_{11}\left(v_t + u_x v + uv_x + u_x + \frac{1}{3}u_{xxy} + \frac{1}{3}u_{xyx} + \frac{1}{3}u_{yxx}\right),$$

(4.6.6)

上式中的 u^*_{11}, v^*_{11} 是新的因变量, 同时根据定义 4.2, 可得到方程组 (3.4.1) 的伴随方程

$$u^*_{11yt} + uu^*_{11xy} - vv^*_{11x} - v^*_{11x} - v^*_{11xxy} = 0,$$
$$v^*_{11t} + uv^*_{11x} - u^*_{11xx} = 0,$$

(4.6.7)

根据定理 4.1, 对于一般的向量场

$$V = \xi^1 \frac{\partial}{\partial t} + \xi^2 \frac{\partial}{\partial x} + \xi^3 \frac{\partial}{\partial y} + \eta^1 \frac{\partial}{\partial u} + \eta^2 \frac{\partial}{\partial v}, \tag{4.6.8}$$

可以得到如下形式的守恒律

$$D_t(C^1) + D_x(C^2) + D_y(C^3) = 0, \tag{4.6.9}$$

对于 DLW 的守恒向量 $C = (C^1, C^2, C^3)$, (4.2.8) 将具有如下的具体形式

$$C^1 = \xi^1 L + W^2 \frac{\partial L}{\partial v_t} - W^1 D_y \frac{\partial L}{\partial u_{ty}} + W_y^1 \frac{\partial L}{\partial u_{ty}},$$

$$C^2 = \xi^2 L + W^1 \left(\frac{\partial L}{\partial u_x} - D_y \frac{\partial L}{\partial u_{xy}} + D_{xy} \frac{\partial L}{\partial u_{xxy}} + D_{yx} \frac{\partial L}{\partial u_{xyx}} \right)$$

$$+ W^2 \left(\frac{\partial L}{\partial v_x} - D_x \frac{\partial L}{\partial v_{xx}} \right) + W_y^1 \left(\frac{\partial L}{\partial u_{xy}} - D_x \frac{\partial L}{\partial u_{xyx}} \right)$$

$$- W_x^1 D_y \frac{\partial L}{\partial u_{xxy}} + W_x^2 \frac{\partial L}{\partial v_{xx}} + W_{xy}^1 \frac{\partial L}{\partial u_{xxy}} + W_{yx}^1 \frac{\partial L}{\partial u_{xyx}}, \tag{4.6.10}$$

$$C^3 = \xi^3 L + W^1 \left(\frac{\partial L}{\partial u_y} - D_x \frac{\partial L}{\partial u_{yx}} - D_t \frac{\partial L}{\partial u_{yt}} + D_{xx} \frac{\partial L}{\partial u_{yxx}} \right)$$

$$+ W_t^1 \frac{\partial L}{\partial u_{yt}} + W_x^1 \left(\frac{\partial L}{\partial u_{yx}} - D_x \frac{\partial L}{\partial u_{yxx}} \right) + W_{xx}^1 \frac{\partial L}{\partial u_{yxx}}.$$

将 (4.6.6) 代入 (4.6.10), 可得到

$$C^1 = \xi^1 L + W^2 v_{11}^* - \frac{1}{2}(W^1 u_{11y}^* - W_y^1 u_{11}^*),$$

$$C^2 = \xi^2 L + W^1 \left(\frac{1}{2} u_{11}^* u_y + v_{11}^* v - \frac{1}{2} u u_{11y}^* + \frac{2}{3} v_{11xy}^* \right) + W^2 (v_{11}^* u - u_{11x}^*)$$

$$+ W_y^1 \left(\frac{1}{2} u u_{11}^* - \frac{1}{3} v_{11x}^* \right) - \frac{1}{3} W_x^1 v_{11y}^* + W_x^2 u_{11}^* + \frac{2}{3} W_{xy}^1 v_{11}^*,$$

$$C^3 = \xi^3 L + W^1 \left(\frac{1}{2} u_{11}^* u_x - \frac{1}{2} u_{11t}^* - \frac{1}{2} u_{11x}^* u + \frac{1}{3} v_{11xx}^* \right)$$

$$+ W_x^1 \left(\frac{1}{2} u u_{11}^* - \frac{1}{3} v_{11x}^* \right) + \frac{1}{3} W_{xx}^1 v_{11}^* + \frac{1}{2} W_t^1 u_{11}^*,$$

其中

$$W^1 = \eta^1 - \xi^1 u_t - \xi^2 u_x - \xi^3 u_y,$$

$$W^2 = \eta^2 - \xi^1 v_t - \xi^2 v_x - \xi^3 v_y.$$

下面我们将分情况讨论方程组 (3.4.1) 的守恒律.

情况 1　对于向量场

$$X_1 = -\frac{1}{2}xf_{1t}\frac{\partial}{\partial x} + f_1\frac{\partial}{\partial t} - \frac{1}{2}(uf_{1t} + xf_{1tt})\frac{\partial}{\partial u} + \frac{1}{2}f_{1t}(v+1)\frac{\partial}{\partial v},$$

我们可求得 Lie 特征函数如下:

$$W^1 = -\frac{1}{2}(uf_{1t} + xf_{1tt}) + \frac{1}{2}xf_{1t}u_t - f_1u_x,$$

$$W^2 = \frac{1}{2}f_{1t}(v+1) + \frac{1}{2}xf_{1t}v_t - f_1v_x,$$

由此我们可求得方程组 (3.4.1) 的守恒向量场为

$$\begin{aligned}
C^1 = &-\frac{1}{2}xf_{1t}[u_{11}^*(u_{yt} + v_{xx} + u_xu_y + uu_{xy}) + v_{11}^*(v_t + u_xv + uv_x + u_x + u_{xxy})]\\
&+ \left[\frac{1}{2}f_{1t}(v+1) + \frac{1}{2}xf_{1t}v_t - f_1v_x\right]v_{11}^* + \frac{1}{4}(uf_{1t} + xf_{1tt} - xf_{1t}u_t)u_{11y}^*\\
&+ \frac{1}{2}f_1u_xu_{11y}^* + \frac{1}{2}u_{11}^*\left(\frac{1}{2}xf_{1t}u_{ty} - f_1u_{xy} - \frac{1}{2}u_yf_{1t}\right).
\end{aligned}$$

$$\begin{aligned}
C^2 = &f_1[u_{11}^*(u_{yt} + v_{xx} + u_xu_y + uu_{xy}) + v_{11}^*(v_t + u_xv + uv_x + u_x + u_{xxy})]\\
&- \left[\frac{1}{2}(uf_{1t} + xf_{1tt}) - \frac{1}{2}xf_{1t}u_t + f_1u_x\right]\left(\frac{1}{2}u_{11}^*u_y + v_{11}^*v - \frac{1}{2}uu_{11y}^* + \frac{2}{3}v_{11xy}^*\right)\\
&+ \left[\frac{1}{2}f_{1t}(v+1) + \frac{1}{2}xf_{1t}v_t - f_1v_x\right](v_{11}^*u - u_{11x}^*)\\
&+ \left(\frac{1}{2}xf_{1t}u_{ty} - f_1u_{xy} - \frac{1}{2}f_{1t}u_y\right)\left(\frac{1}{2}uu_{11}^* - \frac{1}{3}v_{11x}^*\right)\\
&- \frac{1}{3}\left[\frac{1}{2}f_{1t}u_t + \frac{1}{2}xf_{1t}u_{tx} - f_1u_{xx} - \frac{1}{2}(u_xf_{1t} + f_{1tt})\right]v_{11y}^*\\
&+ \left(\frac{1}{2}f_{1t}v_x + \frac{1}{2}f_{1t}v_t + \frac{1}{2}xf_{1t}v_{tx} - f_1v_{xx}\right)u_{11}^*\\
&+ \frac{2}{3}\left(\frac{1}{2}f_{1t}u_{ty} + \frac{1}{2}xf_{1t}u_{txy} - f_1u_{xxy} - \frac{1}{2}u_{xy}f_{1t}\right)v_{11}^*,
\end{aligned}$$

$$\begin{aligned}
C^3 = &\left[\frac{1}{2}xf_{1t}u_t - \frac{1}{2}(uf_{1t} + xf_{1tt}) - f_1u_x\right]\left(\frac{1}{2}u_{11}^*u_x - \frac{1}{2}u_{11t}^* - \frac{1}{2}uu_{11x}^* + \frac{1}{3}v_{11xx}^*\right)\\
&+ \left[\frac{1}{2}f_{1t}u_t + \frac{1}{2}xf_{1t}u_{tx} - f_1u_{xx} - \frac{1}{2}(u_xf_{1t} + f_{1tt})\right]\left(\frac{1}{2}uu_{11}^* - \frac{1}{3}v_{11x}^*\right)\\
&+ \frac{1}{3}\left(f_{1t}u_{tx} + \frac{1}{2}xf_{1t}u_{txx} - f_1u_{xxx} - \frac{1}{2}f_{1t}u_{xx}\right)v_{11}^*\\
&+ \frac{1}{2}\left[\frac{1}{2}x(f_{1tt}u_t + f_{1t}u_{tt}) - f_{1t}u_x - f_1u_{xt} - \frac{1}{2}(f_{1t}u_t + f_{1tt}u + xf_{1ttt})\right]u_{11}^*.
\end{aligned}$$

情况 2 对于向量场

$$V_2 = f_2\frac{\partial}{\partial y} + f_{2y}(v+1)\frac{\partial}{\partial v},$$

Lie 特征函数如下:

$$W^1 = -f_2 u_y, \quad W^2 = -f_{2y}(v+1) - f_2 v_y,$$

方程组 (3.4.1) 的守恒向量场具体表达式为

$$C^1 = -[f_{2y}(v+1) + f_2 v_y]v_{11}^* + \frac{1}{2}f_2 u_y u_{11y}^* - \frac{1}{2}(f_{2y}u_y + f_2 u_{yy})u_{11}^*,$$

$$C^2 = -f_2 u_y\left(\frac{1}{2}u_{11}^* u_y + v_{11}^* v - \frac{1}{2}uu_{11y}^* + \frac{2}{3}v_{11xy}^*\right)$$

$$\quad -[f_{2y}(v+1) + f_2 v_y](v_{11}^* u - u_{11x}^*) - (f_{2y}u_y + f_2 u_{yy})\left(\frac{1}{2}uu_{11}^* - \frac{1}{3}v_{11x}^*\right)$$

$$\quad +\frac{1}{3}f_2 u_{xy}v_{11y}^* - (f_{2y}v_x + f_2 v_{xy})u_{11}^* - \frac{2}{3}(f_{2y}u_{xy} + f_2 u_{xyy})v_{11}^*,$$

$$C^3 = f_2[u_{11}^*(u_{yt} + v_{xx} + u_x u_y + uu_{xy}) + v_{11}^*(v_t + u_x v + uv_x + u_x + u_{xxy})]$$

$$\quad -f_2 u_y\left(\frac{1}{2}u_{11}^* u_x - \frac{1}{2}u_{11t}^* - \frac{1}{2}uu_{11x}^* + \frac{1}{3}v_{11xx}^*\right) - f_2 u_{xy}\left(\frac{1}{2}uu_{11}^* - \frac{1}{3}v_{11x}^*\right)$$

$$\quad -\frac{1}{3}f_2 u_{xxy}v_{11}^* - \frac{1}{2}f_2 u_{yt}u_{11}^*.$$

情况 3 对于向量场

$$V_3 = f_3\frac{\partial}{\partial x} + f_{3t}\frac{\partial}{\partial u},$$

Lie 特征函数为

$$W^1 = f_{3t} - f_3 u_x, \quad W^2 = -f_3 v_x,$$

同样地, 我们可求得方程组 (3.4.1) 的守恒向量场为

$$C^1 = -f_3 v_x v_{11}^* - \frac{1}{2}[(f_{3t} - f_3 u_x)u_{11y}^* + f_3 u_{xy}u_{11}^*],$$

$$C^2 = f_3[u_{11}^*(u_{yt} + v_{xx} + u_x u_y + uu_{xy}) + v_{11}^*(v_t + u_x v + uv_x + u_x + u_{xxy})]$$

$$\quad +(f_{3t} - f_3 u_x)\left(\frac{1}{2}u_{11}^* u_y + v_{11}^* v - \frac{1}{2}uu_{11y}^* + \frac{1}{3}v_{11xy}^*\right) - f_3 v_x(v_{11}^* u - u_{11x}^*)$$

$$\quad -f_3 u_{xy}\left(\frac{1}{2}uu_{11}^* - \frac{1}{3}v_{11x}^*\right) + \frac{1}{3}f_3 u_{xx}v_{11y}^* - f_3 v_{xx}u_{11}^* - \frac{2}{3}f_3 v_{11}^* u_{xxy},$$

$$C^3 = (f_{3t} - f_3 u_x)\left[\frac{1}{2}(u_{11}^* u_x - u_{11t}^* - uu_{11x}^*) + \frac{1}{3}v_{11xx}^*\right] - f_3 u_{xx}\left(\frac{1}{2}uu_{11}^* - \frac{1}{3}v_{11x}^*\right)$$

$$\quad -\frac{1}{3}f_3 u_{xxx}v_{11}^* + \frac{1}{2}(f_{3tt} - f_{3t}u_x - f_3 u_{xt})u_{11}^*.$$

4.7 小　　结

本章我们讨论了修正的 Boussinesq 方程组、(2+1) 维修正的色散长波系统 (MDWW)、HBK 方程组、(2+1) 维色散长波系统 (DLW) 的非线性自伴随性、Lie 对称分析, 借助于方程组的非线性自伴随性, 利用 Ibragimov 定理求出了几类方程组的守恒律, 同时我们也通过符号计算工具 Maple 验证了守恒律的正确性. 明显地, 我们可以看出, 上面的守恒向量场 $C^i (i = 1, 2, 3)$ 包含每一个方程组对应的伴随方程组中的任意函数, 因此, 它们给出了方程组的无限多个守恒律. 守恒律是物理规律的数学表达式, 著名的 Noether 定理提出了对称性和守恒律之前存在着对应关系, 她指出作用量的每一种对称性都对应着一个守恒定律, 如空间平移不变性对应动量守恒定律, 时间平移不变性对应能量守恒定律. 反之, 对于每一个守恒定律, 必对应有一种对称性. 因此, 对于一个孤立子系统而言, 寻找其无穷多守恒律, 对于证明此系统可积具有重要意义, 同时在数学上, 基本的守恒向量场可以用来估计解的光滑性以及用来定义弱解的范数.

第 5 章　反应扩散方程组的条件 Lie-Bäcklund 对称和不变子空间

Lie-Bäcklund 对称作为经典 Lie 对称的一个推广是由 Noether 中提出的, Olver 和 Ibragimov 分别在文献 [5] 和 [179] 中对该方法进行了详细的讨论. 条件对称作为经典 Lie 对称的另一个推广是由 Fushchych 提出的[180], Bluman 和 Cole 首次在 [181] 中把条件对称称为非经典对称. Fokas 和 Liu 在 [53] 中, Zhdanov 在 [54] 中分别将 Lie-Bäcklund 对称和条件对称结合在一起, 是对条件对称的一个自然推广, 两者的结合为研究非线性反应扩散方程的分类, 构造群不变解或泛函变量分离解提供了一个新的有效的方法[182,183], 并且它对分离变量法[184] 和不变子空间方法[185] 给出了对称群的说明[189]. 计算条件 Lie-Bäcklund 对称本质上和计算条件对称是一样的, 关键是先给定条件 Lie-Bäcklund 对称的形式, 本章将利用具有如下特征形式

$$
\begin{aligned}
\eta_1 &= [f_1(U)]_{n_1 x} + a_1[f_1(U)]_{(n_1-1)x} + \cdots + a_{n_1}[f_1(U)], \\
\eta_2 &= [f_2(V)]_{n_2 x} + b_1[f_2(V)]_{(n_2-1)x} + \cdots + b_{n_2}[f_2(V)]
\end{aligned}
\tag{5.0.1}
$$

的条件 Lie-Bäcklund 对称, 研究反应扩散方程组

$$
\begin{aligned}
U_t &= [P(U,V)U_x]_x + G(U,V)V_x + R(U,V), \\
V_t &= [Q(U,V)V_x]_x + H(U,V)U_x + S(U,V)
\end{aligned}
\tag{5.0.2}
$$

的分类问题, 并寻找其相应的对称约化, 求出方程的变量分离解, 上式中 $[f_i(\cdot)]_{jx} = \partial^j f_i(\cdot)/\partial x^j$, 方程组 (5.0.1) 包含了许多著名的描述物理、化学及生物现象的二阶模型.

5.1　主要的定义及定理

本节首先给出本章所涉及的主要定义及定理.

假设子空间

$$
W_{n_i}^i = \mathfrak{L}\{f_1^i(x), \cdots, f_{n_i}^i(x)\}
$$

是由线性常微分方程组

$$L^i[y_i] = y_i^{(n)} + a_1^i(x)y_i^{(n_i-1)} + \cdots + a_n^i(x)y_i = 0$$

的解空间定义的, 其中 $y^{(j)} = \dfrac{\mathrm{d}^j y}{\mathrm{d}x^j}$, $j = 1, \cdots, n$.

定义 5.1　如果向量微分算子 F 满足下面的条件

$$F: W_{n_1}^1 \times \cdots \times W_{n_m}^m \to W_{n_1}^1 \times \cdots \times W_{n_m}^m,$$

即

$$F^i: W_{n_1}^1 \times \cdots \times W_{n_m}^m \to W_{n_i}^i, \quad i = 1, \cdots, m,$$

则称向量微分算子 F 允许不变子空间 $W_{n_1}^1 \times \cdots \times W_{n_m}^m$, 或称线性子空间 $W_{n_1}^1 \times \cdots \times W_{n_m}^m$ 在微分算子 F 下不变.

命题 5.1　向量微分算子 F 允许不变子空间 W 的不变条件为

$$L^i[F^i[u]]|_{[H_1]\bigcap\cdots\bigcap[H_m]} = 0, \tag{5.1.1}$$

其中 $[H_i]$ 表示 $L^i[u^i] = 0$ 及其关于 x 的微分序列, 由不变条件 (5.1.1) 知道不变子空间 (IS) 与条件 Lie-Bäcklund 对称有关 [186,187].

设

$$V = \sum_{k=0}^m D_x^k \eta^i \frac{\partial}{\partial u_k^i} \tag{5.1.2}$$

表示一演化向量场,

$$u_t^i = F^i(x, t, u^1, u_1^1, \cdots, u_{k_1}^1, \cdots, u^m, u_1^m, u_{k_m}^m) \quad (i = 1, 2, \cdots, m) \tag{5.1.3}$$

表示一非线性演化方程组, 其中

$$D_x = \frac{\partial}{\partial x} + \sum_{i=1}^m u_{k+1}\frac{\partial}{\partial u_k}, \quad D_x^{j+1} = D_x(D_x^j), \quad D_x^0 = 1, \quad u_k = \frac{\partial^k u}{\partial x^k}.$$

定义 5.2　演化向量场 (5.1.2) 称作方程组 (5.1.3) 的条件 Lie-Bäcklund 对称当且仅当

$$V(u_t^i - F^i)\,|_{M \cap L_x} = 0, \tag{5.1.4}$$

其中 M 表示方程组 (5.1.3) 关于 x, t 的所有微分序列, L_x 表示 $\eta^i = 0$ 关于 x 的所有微分序列, 实际上 (5.1.4) 可以被约化为

$$V(u_t^i - F^i)\,|_{M \cap L_x} = \left[D_t \eta^{(i)} - \sum_{l=1}^{m} \sum_{j=1}^{k_1} F_{u_j^{(l)}}^{(i)} \right]\Bigg|_{M \cap L_x} = D_t \eta^{(i)}|_{M \cap L_x} = 0. \tag{5.1.5}$$

由文献 [188] 知, 若方程组 (5.1.3) 允许具有特征 η^i 的条件 Lie-Bäcklund 对称当且仅当 (5.1.5) 成立, 经过直接计算可知 (5.1.5) 就是不变条件 (5.1.1). 因此, 条件 Lie-Bäcklund 对称为微分约束法提供了对称的说明.

若向量微分算子 F 允许不变子空间 $W_{n_1}^1 \times \cdots \times W_{n_m}^m$, 则我们可以构造方程组 (5.1.3) 的广义分离变量解

$$u^i(x,t) = \sum_{1 \leqslant j \leqslant n_i} c_j^i(t) f_j^i(x),$$

其中 $c_j^i(t)$ $(i = 1, \cdots, m)$ 满足有限维动力系统.

若方程组 (5.0.2) 允许特征为 (5.0.1) 的条件 Lie-Bäcklund 对称, 则方程组

$$\begin{aligned}
u_t &= A_1(u,v)u_{xx} + B_1(u,v)u_x^2 + C_1(u,v)u_x v_x + P_1(u,v)v_x + E_1(u,v), \\
v_t &= A_2(u,v)v_{xx} + B_2(u,v)v_x^2 + C_2(u,v)u_x v_x + P_2(u,v)u_x + E_2(u,v),
\end{aligned} \tag{5.1.6}$$

允许条件 Lie-Bäcklund 对称

$$\begin{aligned}
\eta_1 &= [u]_{n_1 x} + a_1[u]_{(n_1-1)x} + \cdots + a_{n_1}[u], \\
\eta_2 &= [v]_{n_2 x} + b_1[v]_{(n_2-1)x} + \cdots + b_{n_2}[v],
\end{aligned} \tag{5.1.7}$$

其中

$$A_1(u,v) = P(g_1(u), g_2(v)),$$

$$B_1(u,v) = \frac{g_1'(u)^2 A_{1u}' + A_1(u,v)g_1''(u)}{g_1'(u)},$$

$$C_1(u,v) = P_{g_2(v)}' g_2'(v),$$

$$P_1(u,v) = \frac{G(g_1(u), g_2(v))g_2'(v)}{g_1'(u)},$$

$$E_1(u,v) = \frac{R(g_1(u), g_2(v))}{g_1'(u)},$$

$$A_2(u,v) = Q(g_1(u), g_2(v)),$$

$$B_2(u,v) = \frac{g_2'(v)^2 A_{2v}' + A_2(u,v)g_2''(v)}{g_2'(v)},$$

$$C_2(u,v) = Q_{g_1(u)}' g_1'(u),$$

$$E_2(u,v) = \frac{S(g_1(u), g_2(v))}{g_2''(v)},$$

$$P_2(u,v) = \frac{H(g_1(u), g_2(v))g_1'(u)}{g_2'(v)},$$

且 $U = g_1(u)$ 和 $V = g_2(v)$ 分别表示的是 $u = f_1(U)$ 和 $v = f_2(V)$ 的反函数.

5.2 方程组 (5.1.6) 允许的条件 Lie-Bäcklund 对称和不变子空间

本节假设方程组允许的不变子空间由两个二维子空间构成, 即 $W_{2\times 2} = W_2^1 \times W_2^2$. 研究方程组 (5.0.2) 允许的条件 Lie-Bäcklund 对称 (5.0.1) 等价于研究方程组 (5.1.6) 允许的条件 Lie-Bäcklund 对称 (5.1.7), 由不变条件 (5.1.1) 经过直接计算, 可得方程 (5.1.6) 允许具有特征 (5.1.7) 的条件 Lie-Bäcklund 对称的充分条件是

$$\begin{aligned}
D_t\eta^{(1)}|_{M\cap L_x} &= h_1 u_x^4 + (h_2 + h_3 v_x)u_x^3 + (h_4 v_x^2 + h_5 v_x + h_6)u_x^2 + (h_7 v_x^2 \\
&\quad + h_8 v_x + h_9 v_x^3 + h_{10})u_x + h_{11}v_x^2 + h_{12}v_x + h_{13}v_x^3 + h_{14} = 0,
\end{aligned}$$

$$\begin{aligned}
D_t\eta^{(2)}|_{M\cap L_x} &= g_1 v_x^4 + (g_2 + g_3 u_x)v_x^3 + (g_4 u_x^2 + g_5 u_x + g_6)v_x^2 \\
&\quad + (g_7 u_x^2 + g_8 u_x^3 + g_9 u_x + g_{10})v_x \\
&\quad + g_{11}u_x^2 + g_{12}u_x + g_{13}u_x^3 + g_{14} = 0,
\end{aligned}$$

其中 h_i, g_i 满足下面的方程组

$$h_1 = B_{1uu} = 0,$$

$$h_2 = -4a_1 B_{1u} - A_{1uu}a_1 = 0,$$

$$h_3 = C_{1uu} + 2B_{1uv} = 0,$$

$$h_4 = 2C_{1uv} + B_{1vv} = 0,$$

$$h_5 = -B_{1v}b_1 + a_1C_{1u} + B_{1v} - 4B_{1v}a_1 - 2C_{1u}b_1$$
$$- 2A_{1uv}a_1 - 3C_{1u}a_1 + P_{1uu} = 0,$$

$$h_6 = a_1(-A_{1u}a_1 - 2B_1a_1) - 5B_{1u}a_2u - A_{1uu}a_2u - a_2B_1$$
$$+ E_1uu - 2C_{1u}b_2v - B_{1v}b_2v + 4B_1a_1^2 + 3A_{1u}a_1^2 - 2A_{1u}a_2 = 0,$$

$$h_7 = 2P_{1uv} - a_1C_{1v} - 3C_{1v}b_1 - A_{1vv}a_1 = 0,$$

$$h_8 = A_{1v}a_1b_1 + a_1(-C_1a_1 - A_{1v}a_1 + P_{1u} - C_1b_1) - 3C_{1u}a_2u$$
$$+ C_1a_1^2 + C_1b_1^2 - 4B_{1v}a_2u - 2P_{1u}b_1 + 2A_{1v}a_1^2 - P_{1u}a_1 + 2E_{1uv}$$
$$+ 2C_1a_1b_1 - 3C_{1v}b_2v - C_1b_2 - 2A_{1uv}a_2u - 2A_{1v}a_2 = 0,$$

$$h_9 = C_{1vv} = 0,$$

$$h_{10} = a_2A_1a_1 + A_{1v}a_1b_2v + a_1(A_1a_1^2 - C_1b_2v + E_{1u} - A_{1u}a_2u$$
$$- A_1a_2 - 2B_1(u,v)a_2u) + C_1b_1b_2v + 2C_1a_1b_2v + 6B_1a_1a_2u$$
$$+ 4A_{1u}a_1a_2u - A_1a_1^3 - 2P_1b_2v - E_{1u}a_1 = 0,$$

$$h_{11} = E_{1vv} - 2C_{1v}a_2u + a_1P_{1v} - 3P_{1v}b_1 - A_{1vv}a_2u = 0,$$

$$h_{12} = a_1(-P_1b_1 - A_{1v}a_2u - C_1a_2u + E_{1v}) + C_1a_1a_2u + 2C_1a_2ub_1$$
$$+ a_2P_1 - E_{1v}b_1 - P_{1u}a_2u + P_1b_1^2 + A_{1v}a_2ub_1$$
$$- 3P_{1v}b_2v - P_1b_2 + 2A_{1v}a_1a_2u = 0,$$

$$h_{13} = P_{1vv} = 0,$$

$$h_{14} = P_1b_1b_2v - E_{1v}b_2v + a_1(A_1a_1a_2u - P_1b_2v) - A_1a_1^2a_2u$$
$$+ A_{1u}a_2^2u^2 + a_2(-A_1a_2u + E_1) + A_1a_2^2u + 2B_1a_2^2u^2$$
$$- E_{1u}a_2u + 2C_1a_2ub_2v + A_{1v}a_2ub_2v = 0,$$

$$g_1 = B_{2vv} = 0,$$

$$g_2 = -4b_1B_{2v} - A_{2vv}b_1 = 0,$$

$$g_3 = C_{2vv} + 2B_{2uv} = 0,$$

$$g_4 = 2C_{2uv} + B_{2uu} = 0,$$

$$g_5 = -3C_{2v}b_1 - 2C_{2v}a_1 - 2A_{2uv}b_1 + b_1(C_{2v} + B_{2u})$$
$$- 4B_{2u}b_1 - B_{2u}a_1 + P_{2vv} = 0,$$

$$g_6 = -2A_{2v}b_2 - 2C_{2v}a_2u - b_2B_2 + b_1(-2B_2b_1 - A_{2v}b_1) - B_{2u}a_2u$$
$$+ 3A_{2v}b_1^2 - A_{2vv}b_2v - 5B_{2v}b_2v + 4B_2b_1^2 + E_{2vv} = 0,$$

$$g_7 = -b_1C_{2u} - A_{2uu}b_1 - 3C_{2u}a_1 + 2P_{2uv} = 0,$$

$$g_8 = C_{2uu} = 0,$$

$$g_9 = A_{2u}a_1b_1 + 2E_{2uv} - C_2a_2 - P_{2v}b_1 - 3C_{2u}a_2u - 2A_{2u}b_2 - 3C_{2v}b_2v$$
$$- 2A_{2uv}b_2v + C_2a_1^2 + b_1(A_{2u}b_1 - C_2b_1 - C_2a_1 + P_{2v}) + C_2b_1^2$$
$$- 2P_{2v}a_1 + 2C_2a_1b_1 + 2A_{2u}b_1^2 - 4B_{2u}b_2v = 0,$$

$$g_{10} = A_{2u}a_2ub_1 + 2C_2a_2ub_1 - 2P_{2v}a_2u + b_2A_2b_1 - E_{2v}b_1 - A_2b_1^3$$
$$+ 4A_{2v}b_1b_2v + C_2a_1a_2u + b_1(A_2b_1^2 - A_2b_2 - C_2a_2u + E_{2v}$$
$$- A_{2v}b_2v - 2B_2b_2v) + 6B_2b_1b_2v = 0,$$

$$g_{11} = -3P_{2v}a_1 - A_{2uu}b_2v + E_{2uu} - 2C_{2u}b_2v + b_1P_{2u} = 0,$$

$$g_{12} = P_2a_1^2 + C_2b_1b_2v + 2C_2a_1b_2v + b_1(-P_2a_1 - C_2b_2v + E_{2u}$$
$$- A_{2u}b_2v) - P_{2v}b_2v + b_2P_2 - P_2a_2 + A_{2u}a_1b_2v - E_{2u}a_1$$
$$- 3P_{2u}a_2u + 2A_{2u}b_1b_2v = 0,$$

$$g_{13} = P_{2uu} = 0,$$

$$g_{14} = A_{2v}b_2^2v^2 + A_2b_2^2v - E_{2u}a_2u + b_1(A_2b_1b_2v - P_2a_2u)$$
$$+ 2B_2b_2^2v^2 + 2C_2a_2ub_2v - E_{2v}b_2v - A_2b_1^2b_2v + P_2a_1a_2u$$
$$+ b_2(-A_2b_2v + E_2) + A_{2u}a_2ub_2v = 0,$$

借助符号计算软件 Maple 解上面的方程组, 可以得到下面的分类结果 (表 5.1).

表 5.1 方程组 (5.1.6) 允许的条件 Lie-Bäcklund 对称 (5.1.7) 和不变子空间 W_n

序号	方程组	CLBS	IS
1	$u_t = A_1(u,v)u_{xx} + \left(\frac{\lambda_1}{2}uv^2 + f_1 uv + f_3 u + \frac{\lambda_2}{2}v^2 + f_2 v + m_4\right)u_x v_x$ $+ (p_1 v + p_2 u + m_4)u_x v_x + (p_1 v + p_2 u + p_3)v_x + e_1 u + e_2 v + e_3$	$\eta_1 = u_{xx}$	$W\{1,x\}$
	$v_t = A_2(u,v)v_{xx} + \left(\left(-v^2\lambda_3 u - \frac{\lambda_4}{2}uv + k_2 v + k_3\right)v_x + s_1 u + s_2 v\right)$ $+ \left(\frac{\lambda_3}{2}vu^2\right)u_x + s_3 k_1 u - q_1 v^2 + q_1 vu + q_3 v^2 + \frac{\lambda_4}{2}u^2$ $+ q_2 u + q_4 v_x^2 + t_1 u + t_2 v$	$\eta_2 = v_{xx}$	$W\{1,x\}$
2	$u_t = a_2 f_1 u^3 + f_1 u u_x^2 + e_1 vu + A_1(u,v)a_2 u + p_1 uv_x + m_1 u_x v_x$ $+ t_3 + e_2 u + A_1(u,v)u_{xx}$	$\eta_1 = u_{xx} + a_2 u$	$W\{\sin(\sqrt{a_2}x), \cos(\sqrt{a_2}x)\}$
	$v_t = A_2(u,v)v_{xx} + (q_1 u + q_2 v + q_3)v_x^2 + \frac{1}{2}q_1 a_2 uv^2 + e_1 v + e_2$	$\eta_2 = v_{xx}$	$W\{1,x\}$
3	$u_t = A_1(u,v)u_{xx} + (f_1 u + f_2 v + f_3)u_x^2 + \frac{1}{2}f_2 b_2 vu^2 + e_1 u + e_2$	$\eta_1 = u_{xx}$	$W\{1,x\}$
	$v_t = A_2(u,v)v_{xx} + ((-\lambda_6 uv^2 - q_1 v^2 + k_1 u + k_2 v + k_3)v_x + s_1 v)u_x$ $+ \frac{\lambda_6}{2}u^2 u^3 + b_2 q_1 uv + b_2 q_2 v^3 + e_1 v$	$\eta_2 = v_{xx} + b_2 v$	$W\{\sin(\sqrt{b_2}x), \cos(\sqrt{b_2}x)\}$
4	$u_t = A_1(u,v)u_{xx} + f_1 u u_x^2 + e_1 vu + a_2 A_1(u,v)u$ $+ a_2 f_1 u^3 + e_1 u + e_2$	$\eta_1 = u_{xx} + a_2 u$	$W\{\sin(\sqrt{a_2}x), \cos(\sqrt{a_2}x)\}$
	$v_t = A_2 A_2(u,v)vb_2 q_1 uv^3 + (s_1 u + s_2 v + s_3)u_x + (q_1 uv + q_2 v)v_x^2$ $+ b_2 A_2(u,v)vb_2 q_1 uv^3 + b_2 q_2 v^3 + q_3 v$	$\eta_2 = v_{xx} + b_2 v$	$W\{\sin(\sqrt{b_2}x), \cos(\sqrt{b_2}x)\}$
5	$u_t = A_1(u,v)u_{xx} + f_1 u u_x^2 + a_2 A_1(u,v)u + a_2 f_1 u^3$	$\eta_1 = u_{xx} + a_2 u$	$W\{\sin(\sqrt{a_2}x), \cos(\sqrt{a_2}x)\}$
	$v_t = \left(\frac{\lambda_7}{2}u^2 v^2 + t_5\right)v_{xx} - \lambda_7 u^2 vv_x^2 + \frac{\lambda_7}{2}v^2 uu_x v_x + \frac{\lambda_7}{8}b_2 u^2 v^3 + t_8 v$	$\eta_2 = v_{xx} + b_1 v_x + b_2 v$	$W\{e^{\frac{-b_1+\sqrt{\Delta_1}}{2}x}, e^{\frac{-b_1-\sqrt{\Delta_1}}{2}x}\}$
6	$u_t = A_1(u,v)u_{xx} + (f_1 u + f_2 v + f_3)u_x^2 + \left(p_1 v + \frac{1}{2}b_1 f_2 u^2 + p_3\right)v_x$	$\eta_1 = u_{xx}$	$W\{1,x\}$

序号	方程组	CLBS	IS
7	$u_t = (-2f_1u^2v - 2f_3u^2 + r_1u + r_2)u_{xx} + \left(\frac{\lambda}{2}v^2 + f_2v + f_4\right)u_x^2 + \left(\frac{-\lambda_9}{2}vu + m_1v - u^3\lambda_8v - f_1u^2 + m_2u + m_4\right)u_xv_x + (p_1v + p_2u + p_3)v_x - \frac{1}{2}a_1p_1v^2 + \frac{3}{2}b_1p_1v^2 + a_1^2f_3u^3 - a_1^2f_4u^2 - a_1^2r_1u^2 + e_1u + e_2$ $v_t = r_1v_{xx} + t_1v$ $v_t = r_1v_{xx} + (s_1v + k_1v_x + s_2)u_x + \frac{3}{2}b_1p_1v^2 + b_1p_2vu + e_1v + e_2u + e_3$	$\eta_2 = v_{xx} + b_1v_x$ $\eta_1 = u_{xx}$	$W\{\sin(\sqrt{b_1}x),\cos(\sqrt{b_1}x)\}$ $W\{1, x\}$
8	$u_t = (-2r_1u^2 + r_2u + r_3)u_{xx} + \left(r_1u - \frac{2}{3}f_1v + f_3\right)u_x^2 + (f_1u + m_1)u_xv_x + (p_1u + p_2)v_x + E_1(u,v)$ $v_t = A_2(u,v)v_{xx} + \left(k_1v + \frac{\lambda_{10}v^2}{6a_1}\right)v_x + \left(q_1v + \frac{a_1^2q_2v^2 + 2t_2}{2a_1} + a_1k_1v^2 + s_1v\right)u_x + \left(q_1v + q_2u + q_3 + \frac{\lambda_{10}uv}{6a_1}\right)v_x^2 + a_1^2q_2uv^2 + a_1s_1uv + \frac{3a_1^2k_1uv^2}{2} + t_1v + t_2u + t_3$	$\eta_2 = v_{xx} + b_1v_x + b_2v$ $\eta_1 = u_{xx} + a_1u_x$	$W\left\{e^{\frac{-b_1+\sqrt{\Delta_1}}{2}x}, e^{\frac{-b_1-\sqrt{\Delta_1}}{2}x}\right\}$ $W\{1, e^{-a_1x}\}$
9	$u_t = r_1u_{xx} + m_1u_xv_x + p_1vv_x$ $v_t = A_2(u,v)v_{xx} + (q_1v + q_2)v_x^2 + t_1v + t_2$	$\eta_2 = v_{xx}$ $\eta_1 = u_{xx} + a_1u_x + a_2u$	$W\{1, x\}$ $W\left\{e^{\frac{-a_1+\sqrt{\Delta_2}}{2}x}, e^{\frac{-a_1-\sqrt{\Delta_2}}{2}x}\right\}$
10	$u_t = \left(-2u^2f_1 - \frac{1}{2}m_1uv^2 + r_1u - \frac{1}{2}m_2v^2 + r_2\right)u_{xx} + (f_1u - r_1v^2 + f_2v + f_3)u_x^2 + (m_1uv + m_2v)v_xu_x + u^3a_1^2f_1 + \frac{1}{2}u^2va_1^2f_2 + \frac{1}{2}f_2b_2vu^2 - a_1^2f_3bu^2 - a_1^2r_1u^2 + e_1u + e_1$	$\eta_2 = v_{xx}$ $\eta_1 = u_{xx} + a_1u_x$	$W\{1, x\}$ $W\{1, e^{-a_1x}\}$

续表

序号	方程组	CLBS	IS
11	$v_t = A_2(u,v)v_{xx} + s_1vu_x + b_2A_2(u,v)v + a_1s_1vu$ $u_t = (r_1v + r_2)u_{xx} + \left(\frac{\lambda_{11}}{8}a_2v^2 - \frac{\lambda_{11}}{2}a_1^2v + \frac{\lambda_{12}}{2}a_2v + \frac{\lambda_{12}}{4}b_2v\right.$ $\left. + a_1^2f_1 - a_2f_1\right)u^3 + \left(-a_1^2f_2v + \frac{1}{2}a_2f_2v + \frac{1}{2}b_2f_2v\right.$ $\left. - a_1^2f_3 + \frac{1}{2}a_2f_3\right)u^2 + \left(\frac{-3}{10}a_1^2r_1v + e_1\right)u - r_1u_xv_x$	$\eta_2 = v_{xx} + b_2v$ $\eta_1 = u_{xx} + a_1u_x + a_2u$	$W\{1, e^{-b_2x}\}$ $W\{e^{\frac{-a_1+\sqrt{\Delta_2}}{2}x}, e^{\frac{-a_1-\sqrt{\Delta_2}}{2}x}\}$
13	$v_t = \left(-6b_2a_1q_1v^3 + n_1v + q_1vv_x^2 + \frac{E_2(u,v)}{b_2v}\right)v_{xx} + q_1vv_x^2 + E_2(u,v)$ $u_t = \left(\frac{\lambda_{14}}{2}v^2 + r_1v + r_2\right)u + \left(\frac{-\lambda_{13}}{2}v + f_1\right)u - v^2m_1 + f_2v + f_3\Big)u_x^2$ $+ \left(\frac{\lambda_{13}}{2}u^2 + (m_1v + m_3)u - v^2m_1 + m_2v + m_4\right)v_xu_x$ $+ \left(b_1\lambda_{13}u^3 + \left(\frac{1}{4}a_1m_1 + \frac{\lambda_{14}}{4}a_1 - \frac{9}{4}b_1m_1 + \frac{3\lambda_{14}}{4}b_1\right)v + 2b_1f_2\right.$ $+ b_1r_1 + 2b_1m_3\Big)u^2 + \left(\left(\frac{1}{2}a_1m_2 + \frac{\lambda_{15}}{2}a_1 + \frac{3}{2}b_1m_2\right)v + p_2\right)u$ $+ p_1v + p_3\Big)v_x + \left(b_1^2f_1 + \frac{3\lambda_{14}}{4}b_1u^3 + \left(\left(\frac{9}{8}b_1^2m_1 - \frac{1}{8}a_1^2m_1\right)\right.\right.$ $\left. - \frac{\lambda_{14}}{8}a_1^2 + \frac{3\lambda_{14}}{8}b_1a_1\right)v^2 - (b_1^2f_2 + b_1^2r_1)v - b_1^2r_2 - b_1^2f_3\Big)u^2$ $+ \left(\frac{-3\lambda_{15}}{2}b_1^2 - \frac{1}{4}a_1^2m_2 - \frac{\lambda_{15}}{4}a_1^2 - \frac{3}{4}b_1^2m_2 + \frac{3\lambda_{15}}{2}b_1a_1\right)v^2$ $+ (-b_1^2r_3 - b_1^2m_4) + b_1p_2)v + e_2u$ $v_t = \left(\left(\frac{\lambda_{18}}{2} + \frac{\lambda_{17}}{2}v\right)u^2 + (\lambda_{16}v^2 + n_1v + n_3)u - 2v^2 + n_4 + n_2v\right)v_{xx}$ $- \frac{1}{2}a_1p_1e_2u + \left(\frac{-1}{2}a_1p_1 + \frac{3}{2}b_1p_1\right)v^2 + e_1v + e_3$	$\eta_2 = v_{xx} + b_2v$ $\eta_1 = u_{xx} + a_1u_x$ $\eta_2 = v_{xx} + a_1v_x$	$W\{\sin(\sqrt{b_2}x), \cos(\sqrt{b_2}x)\}$ $W\{1, e^{-a_1x}\}$ $W\{1, e^{-a_1x}\}$

续表

序号	方程组	CLBS	IS
	$+ (((k_1v+k_2)u + k_4 + \frac{\lambda_{16}}{2}v^2 + k_3v)v_x + (-2b_1k_1v^2 + b_1\lambda_{17}v^2$ $+ 2b_1k_2v + s_1 + \frac{\lambda_{18}}{2}vb_1)u + s_3v + \lambda_{16}b_1v^3$ $+ b_1n_1v^2 + 2b_1k_3v^2 + 2b_1q_2 + s_3)v^2u_x$ $+ (-k_1u^2 + (\frac{-\lambda_{16}}{2}v + q_2)u + v + q_3)v_x^2 + (\frac{-7\lambda_{18}}{4}b_1^2v$ $- \frac{7\lambda_{17}}{8}b_1^2v^2 - 4b_1^2k_2v - \frac{1}{2}b_1^2k_1v^2 + \frac{3}{2}b_1s_1 - \frac{1}{2}a_1s_1 + \frac{3}{2}a_1b_1k_1v^2$ $+ 3a_1b_1k_2v + \frac{3\lambda_{17}}{8}v^2a_1b_1 + \frac{3\lambda_{18}}{4}a_1b_1v)u^2 + (\frac{-\lambda_{16}}{2}b_1^2v^3 + b_1s_3v$ $- b_1^2k_4v - b_1^2q_2v^2 - b_1^2n_3v - b_1^2n_1v^2 + t_1)u + t_3 - b_1^2s_3v$ $- b_1^2n_2v^2 + t_2v + b_1^3v^3$		
14	$u_t = (-2f_1u^2 - 2m_1uv + r_2u)u_{xx} + (f_1u+f_3)u_x^2 + m_1uu_xv_x$ $+ (b_1^2f_1u + 2b_1^2m_1v + b_2m_1v - b_1^2f_3 - b_1^2r_2)u^2 + e_1u + e_2$ $v_t = (\frac{-4}{3}n_1v + n_2u + n_3)v_{xx} + n_1v_x^2 - (\frac{1}{3}b_1^2k_1u^2 - \frac{1}{3}b_1^2n_4u$ $+ \frac{2}{3}b_1^2n_1 + \frac{5}{6}b_2k_1u^2 - \frac{7}{6}b_2n_4u - \frac{7}{3}n_1b_2)v^2 + t_1v$	$\eta_1 = u_{xx} + a_1u_x$ $\eta_2 = v_{xx} + a_1v_x + a_1u_x - 2a_1^2v$	$W\{1, e^{-a_1x}\}$ $W\{e^{a_1x}, e^{-2a_1x}\}$
15	$u_t = ((\frac{-4}{3}f_2v - \frac{4}{3}f_3)u + r_1)u_{xx} + (f_2v+f_3)u_x^2 + (\frac{-2}{3}f_2u$ $+ m_4)u_xv_x + (\frac{1}{3}b_1f_2u^2(+p_1)v_x + \frac{-\lambda_{19}}{3}a_2v^2 - \frac{\lambda_{20}}{6}a_2v$ $+ \frac{1}{3}a_2f_1)u^3 + (\frac{-2}{3}a_2m_1v^2 + \frac{2}{3}a_2f_2v + \frac{2}{3}a_2f_3)u^2 + e_1u$ $v_t = (-2q_1v^2 - (\frac{7}{4}k_3u + m_9)v - 2k_2u^2 - \frac{7}{4}k_4u + n_4)v_{xx}$	$\eta_1 = u_{xx} + a_1u_x + \frac{2}{9}a_1^2u$ $\eta_2 = v_{xx} + a_1v_x$	$W\{e^{-\frac{2a_1x}{3}}, e^{-\frac{a_1x}{3}}\}$ $W\{1, \exp(-a_1x)\}$

续表

序号	方程组	CLBS	IS
	$+ (q_1v + q_2u + q_3)v_x^2 + (k_2u + k_3v + k_4)u_xv_x$ $+ \left(a_1^2q_1v - a_1^2q_2u + \dfrac{7}{4}a_1^2k_3u + a_2k_3u + \dfrac{1}{2}a_2q_2u \right.$ $\left. - a_1^2q_3 - a_1^2m_9\right)v^2 + t_1v + t_2$		

其中 $\lambda_i, a_i, b_i, m_i, r_i, f_i, k_i, t_i, e_i, n_i, q_i, s_i, p_i$ 均代表任意常数.

5.3 方程组 (5.1.6) 的广义变量分离解

变换 $U = g_1(u), V = g_2(v)$ 不仅将方程组 (5.0.2) 允许的条件 Lie-Bäcklund 对称 (5.0.1) 变换为方程组 (5.1.6) 允许的条件 Lie-Bäcklund 对称 (5.1.7), 而且经过变换

$$g_1(u) = \int \frac{\exp\left(\int \dfrac{B_1(u,v)}{A_1(u,v)}du\right)}{\displaystyle\int \frac{\exp\left(\int \dfrac{B_1(u,v)}{A_1(u,v)}du\right)A_{1u}}{A_1(u,v)} + c_1} du + c_2,$$

$$g_2(v) = \int \frac{\exp\left(\int \dfrac{B_2(u,v)}{A_2(u,v)}du\right)}{\displaystyle\int \frac{\exp\left(\int \dfrac{B_2(u,v)}{A_2(u,v)}du\right)A_{2v}}{A_2(u,v)} + c_3} du + c_4,$$

还可以将方程定义在不变子空间 $W_2^i = \mathfrak{L}\{f_1^i(x),\ f_2^i(x)\}$ 上的广义分离变量解

$$u(x,t) = C_1^1(t)f_1^1(x) + C_2^1(t)f_2^1(x),$$

$$v(x,t) = C_1^2(t)f_1^2(x) + C_2^2(t)f_2^2(x)$$

变换为方程组 (5.0.2) 的广义泛函分离变量解 $g_i(u^i) = C_1^i(t)f_1^i(x) + C_2^i(t)f_2^i(x)$. 这两个解中的未知函数 $C_i(t)$ 满足有限维动力系统, 该动力系统是将广义分离变量解 $u(x,t), v(x,t)$ 代入方程组 (5.1.6) 后取 $f_i^i(x)$ 左右两边的系数相等而得, 下面通过几个具体的例子解释这个过程.

例 5.1 方程组

$$u_t = A_1(u,v)u_{xx} + \left(\frac{\lambda_1}{2}uv^2 + f_1uv + f_3u + \frac{\lambda_2}{2}v^2 + f_2v + m_4\right)u_xv_x$$

$$+ (p_1v + p_2u + p_3)v_x + e_1u + e_2v + e_3,$$

$$v_t = A_2(u,v)v_{xx} + \left(\left(-v^2\lambda_3u - \frac{\lambda_4}{2}uv + k_2v + k_3\right)v_x + s_1u + s_2v + s_3\right)u_x + k_1u$$

$$- q_1v^2 + \left(\frac{\lambda_3}{2}vu^2 + q_1vu + q_3v + \frac{\lambda_4}{2}u^2 + q_2u + q_4\right)v_x^2 + t_1u + t_2v + t_3,$$

允许条件 Lie-Bäcklund 对称

$$\eta_1 = u_{xx}, \qquad \eta_2 = v_{xx},$$

通过解 $\eta_1 = 0, \eta_2 = 0$ 可得到方程组定义在不变子空间 $W_2^1\{x, 1\}$, $W_2^2\{x, 1\}$ 上的广义分离变量解

$$u(x, t) = C_1(t)x + C_2(t),$$

$$v(x, t) = C_3(t)x + C_4(t),$$

其中 $C_1(t), C_2(t), C_3(t), C_4(t)$ 满足下面的四维动力系统

$$\begin{aligned}
C_1'(t) =\ & C_1(t)^3 f_3 + C_3(t)^2 p_1 + C_1(t)e_1 + C_3(t)e_2 - C_1(t)C_3(t)^2 C_2(t)^2 \lambda_1 \\
& - C_1(t)^2 C_3(t)C_2(t)f_{11} + \frac{1}{2}C_1(t)^2 C_3(t)C_4(t)\lambda_2 - \frac{1}{2}C_1(t)C_3(t)^2 C_2(t)\lambda_2 \\
& + \frac{1}{2}C_1(t)^3 C_4(t)^2 \lambda_1 + C_1(t)^3 C_4(t)f_{11} + C_1(t)^2 C_3(t)f_2 + C_1(t)C_3(t)^2 m_1 \\
& + C_1(t)^2 C_3(t)m_2 + C_3(t)C_1(t)p_2 - C_1(t)^2 C_3(t)C_4(t)C_2(t)\lambda_1,
\end{aligned}$$

$$\begin{aligned}
C_2'(t) =\ & e_3 + C_1(t)^2 C_2(t)f_3 + \frac{1}{2}C_1(t)^2 C_4(t)^2 \lambda_2 + C_1(t)^2 C_4(t)f_2 \\
& + C_1(t)C_3(t)m_4 + C_3(t)C_4(t)p_1 + C_3(t)C_2(t)p_2 \\
& + C_1(t)^2 f_4 + C_3(t)p_3 + C_2(t)e_1 + C_4(t)e_2 - C_1(t)C_3(t)C_4(t)C_2(t)^2 \lambda_1 \\
& - \frac{1}{2}C_1(t)C_3(t)C_4(t)C_2(t)\lambda_2 + \frac{1}{2}C_1(t)^2 C_4(t)^2 C_2(t)\lambda_1 \\
& + C_1(t)^2 C_4(t)C_2(t)f_{11} + C_1(t)C_3(t)C_4(t)m_1 \\
& - C_1(t)C_3(t)C_2(t)^2 f_{11} + C_1(t)C_3(t)C_2(t)m_2,
\end{aligned}$$

$$\begin{aligned}
C_3'(t) =\ & C_3(t)^3 q_3 + C_1(t)t_1 + C_3(t)t_2 + C_1(t)^2 s_1 - C_1(t)C_3(t)^2 C_4(t)q_1 \\
& - C_3(t)C_1(t)^2 C_4(t)^2 \lambda_3 - \frac{1}{2}C_3(t)C_1(t)^2 C_4(t)\lambda_4 + \frac{1}{2}C_1(t)C_2(t)C_3(t)^2 \lambda_4 \\
& - C_1(t)C_2(t)C_3(t)^2 C_4(t)\lambda_3 + C_3(t)C_1(t)^2 k_1 + C_1(t)C_3(t)^2 k_2 \\
& + C_1(t)C_3(t)s_2 + \frac{1}{2}C_3(t)^3 C_2(t)^2 \lambda_3 + C_3(t)^3 C_2(t)q_1 + C_3(t)^2 C_1(t)q_2,
\end{aligned}$$

$$\begin{aligned}
C_4'(t) =\ & t_3 + C_3(t)^2 C_4(t)q_3 + \frac{1}{2}C_3(t)^2 C_2(t)^2 \lambda_4 + C_3(t)^2 C_2(t)q_2 + C_1(t)C_3(t)k_3 \\
& + C_1(t)C_2(t)s_1 + C_1(t)C_4(t)s_2 + C_1(t)s_3 + C_3(t)^2 q_4 + C_2(t)t_1
\end{aligned}$$

$$+ C_4(t)t_2 - \frac{1}{2}C_1(t)C_3(t)C_2(t)C_4(t)\lambda_4 - C_1(t)C_3(t)C_2(t)C_4(t)^2\lambda_3$$

$$+ C_1(t)C_3(t)C_2(t)k_1 - C_1(t)C_3(t)C_4(t)^2q_1 + C_1(t)C_3(t)C_4(t)k_2$$

$$+ \frac{1}{2}C_3(t)^2C_2(t)^2C_4(t)\lambda_3 + C_3(t)^2C_2(t)C_4(t)q_1.$$

例 5.2　方程组

$$u_t = a_2 f_1 u^3 + f_1 u u_x^2 + e_1 vu + A_1(u,v)a_2 u + p_1 uv_x + m_1 u_x v_x$$
$$\qquad + e_2 u + A_1(u,v)u_{xx},$$

$$v_t = A_2(u,v)v_{xx} + (q_1 u + q_2 v + q_3)v_x^2 + \frac{1}{2}q_1 a_2 uv^2 + e_1 v + e_2,$$

允许的二阶条件 Lie-Bäcklund 对称是

$$\eta_1 = u_{xx} + a_2 u, \qquad \eta_2 = v_{xx}.$$

此方程在不变子空间 $W_2^1\{\sin(\sqrt{a_2}x), \cos(\sqrt{a_2}x)\}$, $W_2^2\{x, 1\}$ 上有广义分离变量解

$$u(x,t) = C_1(t)\sin(\sqrt{a_2}x) + C_2(t)\cos(\sqrt{a_2}x),$$
$$v(x,t) = C_3(t)x + C_4(t),$$

其中 $C_1(t), C_2(t), C_3(t), C_4(t)$ 满足下面的四维动力系统

$$C_1'(t) = a_2 C_1(t)C_2(t)^2 f_1 + a_2 C_1(t)^3 f_1 - C_3(t)\sqrt{a_2}C_2(t)m_1$$
$$\qquad + C_3(t)C_1(t)e_1 x + C_3(t)C_1(t)p_1 + C_4(t)C_1(t)e_1 + C_1(t)e_2,$$

$$C_2'(t) = a_2 C_2(t)^3 f_1 + a_2 f_1 C_2(t)C_1(t)^2 + C_3(t)C_2(t)e_1 x + C_3(t)\sqrt{a_2}C_1(t)m_1$$
$$\qquad + C_3(t)C_2(t)p_1 + C_4(t)C_2(t)e_1 + e_2 C_2(t),$$

$$C_3'(t) = C_2(t)C_3(t)C_4(t)\cos(\sqrt{a_2}x)a_2 q_1 + C_1(t)C_3(t)C_4(t)\sin(\sqrt{a_2}x)a_2 q_1$$
$$\qquad + C_3(t)^3 q_2 + C_3(t)e_1,$$

$$C_4'(t) = C_2(t)C_3(t)^2\cos(\sqrt{a_2}x)q_1 + C_1(t)C_3(t)^2\sin(\sqrt{a_2}x)q_1 + C_3(t)^2C_4(t)q_2$$
$$\qquad + C_3(t)^2 q_3 + \frac{1}{2}C_2(t)C_4(t)^2\cos(\sqrt{a_2}x)a_2 q_1$$
$$\qquad + \frac{1}{2}C_1(t)C_4(t)^2\sin(\sqrt{a_2}x)a_2 q_1 + C_4(t)e_1 + e_2.$$

例 5.3　方程组

$$u_t = (-2f_1 u^2 - 2m_1 uv + r_2 u)u_{xx} + (f_1 u + f_3)u_x^2 + m_1 uu_x v_x$$

$$+(b_1^2 f_1 u + 2b_1^2 m_1 v + b_2 m_1 v - b_1^2 f_3 - b_1^2 r_2)u^2 + e_1 u + e_2,$$

$$v_t = \left(-\frac{4}{3}n_1 v + n_2 u + n_3\right) v_{xx} + n_1 v_x^2 - \left(\frac{1}{3}b_1^2 k_1 u^2 + \frac{1}{3}b_1^2 n_4 u\right.$$

$$\left.+\frac{2}{3}b_1^2 n_1 + \frac{5}{6}b_2 k_1 u^2 - \frac{5}{6}b_2 n_4 u - \frac{7}{3}n_1 b_2\right) v^2 + t_1 v,$$

允许的二阶条件 Lie-Bäcklund 对称是

$$\eta_1 = u_{xx} + a_1 u_x, \quad \eta_2 = v_{xx} + a_1 v_x - 2a_1^2 v,$$

此方程在不变子空间 $W_2^1\{1, e^{-a_1 x}\}, W_2^2\{e^{a_1 x}, e^{-2a_1 x}\}$ 上有广义分离变量解

$$u(x,t) = C_1(t) + C_2(t)e^{-a_1 x},$$
$$v(x,t) = C_3(t)e^{a_1 x} + C_4(t)e^{-2a_1 x},$$

其中 $C_1(t), C_2(t), C_3(t), C_4(t)$ 满足下面的四维动力系统

$$C_1'(t) = C_1(t)^3 b_1^2 f_1 - C_1(t)^2 b_1^2 f_3 - C_1(t)^2 b_1^2 r_2 + C_1(t)e_1 + e_2,$$

$$C_2'(t) = -2C_1(t)^2 C_2(t)a_1^2 f_1 + 3C_1^2(t)C_2(t)b_1^2 f_1 C_1(t)C_2(t)a_1^2 r_2$$
$$\qquad -2C_1(t)C_2(t)b_1^2 f_3 - 2C_1(t)C_2(t)b_1^2 r_2 + C_2(t)e_1,$$

$$C_3'(t) = C_1(t)C_3(t)a_1^2 n_2 + C_3(t)a_1^2 n_3 + C_3(t)t_1,$$

$$C_4'(t) = 4C_1(t)C_4(t)a_1^2 n_2 + 4C_4(t)a_1^2 n_3 + C_4(t)t_1.$$

5.4 小   结

本章用条件 Lie-Bäcklund 对称方法对非线性反应扩散方程组进行了分类, 研究方程组的非线性条件 Lie-Bäcklund 对称 (5.0.1) 等价于研究该方程组由变换 $U = g_1(u), V = g_2(v)$ 而得的新方程的线性条件 Lie-Bäcklund 对称 (5.1.7), 由 $\eta_i = 0$ 和相应方程的相容性, 构造了分类所得的方程组定义在多项式类型、三角函数类型、指数类型的不变子空间上的广义分离变量解, 这些结果可以由变换 $u = f_1(U)$ 和 $v = f_2(V)$ 转化为非线性扩散方程 (5.0.2) 允许的非线性条件 Lie-Bäcklund 对称 η 及其广义泛函分离变量解, 这些解可用来刻画方程的长时间行为等性态.

第 6 章 带弱源项的非线性反应扩散方程的扰动不变子空间及近似广义泛函变量分离解

6.1 引　　言

一般来说, 貌似精确的非线性方程来源于对真实系统的近似抽象, 但是在科学和工程领域经常会出现的一些依赖于小参数的非线性偏微分方程, 我们通常称之为扰动方程, 其实从某种意义上讲, 这些扰动方程比相应的非扰动方程更接近于客观实际, 为了研究扰动方程的性质, 需要我们去寻找它的近似解, 扰动分析为我们研究扰动方程提供了有用的工具. 在过去的几十年, 利用 Lie 对称和扰动理论相结合的方法去研究扰动的偏微分方程引起了广泛的关注, 并由此产生了两类近似的方法. 第一类是由 Baikov 等人提出的扰动对称群的无穷小算子而不是因变量的近似 Lie 点对称方法 [83-86]. 第二类是由 Fushchich 和 Shtelen 提出的近似对称方法, 该方法借助于一个无穷小参数将因变量展开 (这里的无穷小参数可能是来自物理上的一些具体问题或者是人为引入的) [87]. 在文献 [88], [89] 中, 作者对以上的两类方法做了比较. 在近似 Lie 点对称的基础上, Mahomed 和屈长征提出了近似条件对称, 并将其应用到了一类热方程和波方程 [86]. Kara 等引入了扰动偏微分方程的近似势对称方法, 并将其应用到了波方程和扩散方程 [85]. 张顺利等人提出了近似广义条件对称的概念, 并将这种方法进行了推广, 研究了一些特定类型的扰动的非线性演化方程的完全分类和近似求解 [90-94]. 楼森岳、焦小玉等人将扰动方法和直接方法相结合, 提出了近似直接方法. 为了有效地研究、分析、求解扰动非线性方程, 本章将张顺利、屈长征及楼森岳教授提出的对称与分离变量的理论和方法扰动化, 对基于广义条件对称的泛函分离变量法的进一步推广, 将广义条件对称和不变子空间方法推广到扰动的情形, 研究非线性扰动方程的分类和近似广义泛函变量分离解. 主要对以下两个方面展开研究: 一方面, 对于扰动非线性方程, 为了得到和考察新的类别、获得更多新解, 拟对基于广义条件对称的泛函分离变量法推广到扰动情形; 另一方面, 结合不变子空间的概念提出扰动不变子空间的相关理论, 并将该方法与近似广义条件对称相结合, 研究一些具有实际背景的非线性扰动方程. 作者在之前已经将广义条件对称与不变子空间方法相结合, 研究了广义非线性扩散方程及非线性反应扩散方程组的分类及广义变量分离解, 本章将在之前研究的基础上, 进一步将广义条件对称与不变子空间方法进行推广, 将其应用到扰动方程的情形, 给出一些典型的扰动方程允许的新的近似广义条件对称, 求出这些方程新的近似广义变量分离解.

非线性反应扩散方程

$$u_t = (D(u)u_x)_x + P(u)u_x + Q(u) \tag{6.1.1}$$

及它的各种特殊形式已经被进行了广泛的应用, 利用对称相关的方法获得了丰富的结果, 主要包括 Lie 经典方法 [5,178]、条件对称或非经典对称 [181]、广义条件对称 (GCS) 或条件 Lie-Bäcklund 对称 (CLBS) [53,54,182]、不变子空间方法等.

本章内容中, 我们主要是通过近似广义变量分离法及扰动的不变子空间法研究下面的带有弱源项的非线性反应扩散方程

$$u_t = (D(u)u_x)_x + P(u)u_x + \varepsilon Q(u) \tag{6.1.2}$$

的近似广义泛函变量分离解

$$f(u;\varepsilon) = C_1(t;\varepsilon)f_1(x;\varepsilon) + C_2(t;\varepsilon)f_2(x;\varepsilon) + \cdots + C_n(t;\varepsilon)f_n(x;\varepsilon). \tag{6.1.3}$$

首先我们引入具有下面这种特征形式的近似广义条件对称

$$\sigma^u = a_0 f(u)_{nx} + a_{n-1}(x)f(u)_{(n-1)x} + \cdots + a_n(x)f(u)$$
$$+ \varepsilon(b_0 f(u)_{nx} + b_{n-1}(x)f(u)_{(n-1)x} + \cdots + b_n(x)f(u)) \tag{6.1.4}$$

来研究方程 (6.1.2) 的近似广义泛函分离变量解, 其中 $f(u)_{ix} = \partial^i f(u)/\partial x^i$, 这个新的特征也可以用来研究其他的非线性扰动方程, 通过变量代换 $v = f(u)$, 如果方程 (6.1.2) 允许近似广义条件对称 (6.1.4), 则方程

$$v_t = A(v)v_{xx} + B(v)v_x^2 + C(v)v_x + \varepsilon E(v) \tag{6.1.5}$$

允许如下的线性近似广义条件对称

$$\sigma^v = a_0 v_{nx} + a_{n-1}(x)v_{(n-1)x} + \cdots + a_n(x)v$$
$$+ \varepsilon(b_0 v_{nx} + b_{n-1}(x)v_{(n-1)x} + \cdots + b_n(x)v), \tag{6.1.6}$$

同时方程 (6.1.5) 允许的近似广义分离变量解为

$$v(x,t;\varepsilon) = C_1(t;\varepsilon)f_1(x;\varepsilon) + C_2(t;\varepsilon)f_2(x;\varepsilon) + \cdots + C_n(t;\varepsilon)f_n(x;\varepsilon), \tag{6.1.7}$$

实际上方程 (6.1.2) 和方程 (6.1.5) 是通过 $v = f(u)$ 及下面的关系式联系起来的

$$A(v) = D[g(v)],$$

$$B(v) = \frac{A(v)g''(v)}{g'(v)} + g'(v)A'(v), \tag{6.1.8}$$

$$C(v) = P(g(v)), \quad E(v) = \frac{Q[g(v)]}{g'(v)},$$

其中 $'$ 代表的是函数关于 v 的导数, $u = g(v)$ 表示的是 $v = f(u)$ 的反函数. 根据以上的分析可知, 研究方程 (6.1.2) 的近似广义条件对称 (6.1.4) 等价于研究方程 (6.1.5) 的近似广义条件对称 (6.1.6), 本章将主要研究方程 (6.1.5) 在允许近似广义条件对称 (6.1.6) 下的分类及求解问题, 具体安排如下: 6.2 节给出扰动的不变子空间、近似广义条件对称、近似广义泛函分离变量解的新的基本理论. 6.3 节研究了允许近似广义条件对称 (6.1.6) 的方程 (6.1.5) 的分类. 6.4 节通过一些例子给出了构造近似广义变量分离解的具体过程. 6.5 节是本章的总结.

6.2   扰动的不变子空间及近似广义泛函变量分离解的相关理论

本节给出扰动的不变子空间及近似广义泛函变量分离解的相关理论.

考虑一个 k 阶的扰动非线性演化方程

$$v_t = F(x, t, v; \varepsilon), \tag{6.2.1}$$

其中 ε 是一个非常小的参数.

定义 6.1 n 阶扰动的线性常微分方程

$$\begin{aligned}
\sigma \equiv {} & a_0(x)v_{nx} + a_{n-1}(x)v_{(n-1)x} + \cdots + a_n(x)v \\
& + \varepsilon(b_0(x)v_{nx} + b_{n-1}(x)v_{(n-1)x} + \cdots + b_n(x)v) = O(\varepsilon^2),
\end{aligned} \tag{6.2.2}$$

的解空间被定义为扰动的子空间, 具有如下的形式

$$W_n = \mathfrak{L}\{f_1(x; \varepsilon), f_2(x; \varepsilon), \cdots, f_n(x; \varepsilon)\} \equiv \left\{ \sum_{1 \leqslant i \leqslant n} \varphi_i(t; \varepsilon) f_i(x; \varepsilon) \mid \varphi_i(t; \varepsilon) \in \mathbb{R}^1 \right\},$$

其中 $v_{ix} = \partial^i v / \partial x^i$.

定义 6.2 扰动的子空间 W_n 关于算子 F 是不变的当且仅当 $F[W_n] \subseteq W_n$, 则我们称 W_n 是扰动的不变子空间, 即下面的式子成立

$$F\left[\sum_{i=1}^{n} C_i(t;\varepsilon) f_i(x;\varepsilon)\right] = \sum_{i=1}^{n} \tilde{F}_i(C_1(t;\varepsilon), \cdots, C_i(t;\varepsilon)) f_i(x;\varepsilon).$$

我们知道如果扰动的不变子空间 W_n 关于算子 F 不变, 则方程 (6.2.1) 有如下的近似广义变量分离解:

$$v(x,t;\varepsilon) = C_1(t;\varepsilon) f_1(x;\varepsilon) + C_2(t;\varepsilon) f_2(x;\varepsilon) + \cdots + C_n(t;\varepsilon) f_n(x;\varepsilon).$$

特别地, 如果方程 (6.1.5) 有近似广义变量分离解 (6.1.7), 则方程 (6.1.2) 有近似广义泛函变量分离解 (6.1.3), 其中系数 $C_i(t;\varepsilon)$ 满足 n 维的动力系统

$$C_i'(t;\varepsilon) = \psi_i(C_1(t;\varepsilon), C_2(t;\varepsilon), \cdots, C_n(t;\varepsilon)), \quad i = 1, 2, \cdots, n.$$

命题 6.1 扰动子空间 W_n 关于算子 F 的不变条件取如下的形式:

$$a_0(x)(F[v;\varepsilon])_{nx} + a_1(x)(F[v;\varepsilon])_{(n-1)x} + \cdots + a_n(x)(F[v;\varepsilon])$$
$$+\varepsilon(b_0(x)(F[v;\varepsilon])_{nx} + b_1(x)(F[v;\varepsilon])_{(n-1)x} + \cdots$$
$$+b_n(x)(F[v;\varepsilon]))|_{\sigma=O(\varepsilon^2)} = O(\varepsilon^2). \tag{6.2.3}$$

定义 6.3 演化向量场

$$V = \sigma(t,x,v;\varepsilon)\frac{\partial}{\partial v} \tag{6.2.4}$$

被称为方程 (6.2.1) 的近似广义条件对称当且仅当

$$V^{(k)}(v_t - F(x,t,v;\varepsilon))|_{[F]\bigcap[W]} = O(\varepsilon^2)$$

成立, 其中 $V^{(k)}$ 表示的是向量场 V 的 k 阶延拓, F 及 σ 均为 t, x 及 $v, v_x, v_{xx}, \cdots,$ v_{kx} 的可微函数, $[F]$ 表示方程 (6.2.1) 的解流形, $[W]$ 代表的是 $\sigma = O(\varepsilon^2)$ 关于 x 的微分序列的集合, 即 $D_x^j \sigma = O(\varepsilon^2)$, $j = 0, 1, 2, \cdots$.

定理 6.1 如果方程 (6.2.1) 允许近似广义条件对称

$$\sigma = a_0(x)v_{nx} + a_{n-1}(x)v_{(n-1)x} + \cdots + a_n(x)v$$
$$+\varepsilon(b_0(x)v_{nx} + b_{n-1}(x)v_{(n-1)x} + \cdots + b_n(x)v), \tag{6.2.5}$$

则它具有如下形式的近似广义变量分离解

$$v(x,t;\varepsilon) = C_1(t;\varepsilon) f_1(x;\varepsilon) + C_2(t;\varepsilon) f_2(x;\varepsilon) + \cdots + C_n(t;\varepsilon) f_n(x;\varepsilon).$$

命题 6.2 如果存在一个函数 $S(x, t, v, \sigma)$ 满足

$$\frac{\partial \sigma}{\partial t} + [F, \sigma] = S(x, t, v, \sigma) + O(\varepsilon^2), \quad S(x, t, v, O(\varepsilon^2)) = O(\varepsilon^2), \tag{6.2.6}$$

则称方程 (6.2.1) 允许近似广义条件对称 (6.2.4), 其中 $[F, \sigma] = \sigma'F - F'\sigma$, $'$ 代表 Fréchet 导数, S 是关于 $x, t, v, v_x, \cdots$, 以及 $\sigma, D_x\sigma, D_x^2\sigma, \cdots$ 的解析函数.

根据方程 (6.2.6) 可推出, 如果下面的式子

$$D_t\sigma|_{[F] \bigcap [W]} = O(\varepsilon^2) \tag{6.2.7}$$

成立, 则方程 (6.2.1) 允许近似广义条件对称 (6.2.4), 其中 $[F]$ 表示方程 (6.2.1) 的解流形, $[W]$ 代表的是 $\sigma = O(\varepsilon^2)$ 关于 x 的微分序列的集合, 通过直接的计算, 我们发现方程 (6.2.7) 正好就是不变条件 (6.2.3), 因此, 近似广义条件对称可以被看作是扰动不变子空间的对称说明.

6.3 允许近似广义条件对称 (6.3.1) 的方程 (6.1.5) 的分类

在本节中, 我们仅选取近似广义条件对称 (6.2.5) 中的 $n = 2$ 的情形进行讨论. 当 $n = 2$ 时, (6.2.5) 变为

$$\sigma = a_0 v_{xx} + a_1(x)v_x + a_2(x)v + \varepsilon(b_0 v_{xx} + b_1(x)v_x + b_2(x)v), \tag{6.3.1}$$

则方程 (6.1.5) 的近似广义变量分离解 (6.1.7) 变为

$$v(x, t; \varepsilon) = C_1(t; \varepsilon)f_1(x; \varepsilon) + C_2(t; \varepsilon)f_2(x; \varepsilon), \tag{6.3.2}$$

接下来根据变量分离法, 我们分两种情况: $a_0 \neq 0$ 及 $a_0 = 0, b_0 \neq 0$ 来讨论方程 (6.1.5) 允许近似广义条件对称 (6.3.1) 的完全分类, 具体的计算方法参考文献 [90]—[92].

情形 1 当 $a_0 \neq 0$ 时, 取 $a_0 = 1$.

根据定义 6.1 及定理 6.3, 通过直接计算可得到, 方程 (6.1.5) 允许近似广义条件对称 (6.3.1) 被转化为

$$\begin{aligned}
D_t\sigma|_{[F] \bigcap [W]} &= (\Gamma_0 v_x^4 + \Gamma_1 v_x^3 + \Gamma_2 v_x^2 + \Gamma_3 v_x + \Gamma_4)\varepsilon \\
&\quad + (\Delta_0 v_x^4 + \Delta_1 v_x^3 + \Delta_2 v_x^2 + \Delta_3 v_x + \Delta_4) = O(\varepsilon^2), \tag{6.3.3}
\end{aligned}$$

其中

$$\Gamma_0 \equiv b_0 B'' = O(\varepsilon),$$

$$\Gamma_1 \equiv -4b_1(x)B' - b_1(x)A'' + b_0C'' = O(\varepsilon),$$

$$\Gamma_2 \equiv -5vb_2(x)B' - vb_2(x)A'' - 2a_1(x)^2Bb_0 - 2a_1(x)^2A'b_0$$
$$+ 4a_1(x)b_1(x)B + 4a_1(x)b_1(x)A' - 2b_1(x)C' - b_2(x)B$$
$$- 2b_2(x)A' + E'' - 2Bb_1'(x) - 2A'b_1'(x) = O(\varepsilon),$$

$$\Gamma_3 \equiv -4a_1(x)a_2(x)vBb_0 - 3a_1(x)a_2(x)vA'b_0 + 4a_1(x)vb_2(x)B$$
$$+ 3a_1(x)vb_2(x)A' + 4a_2(x)vb_1(x)B + 3a_2(x)vb_1(x)A' - 3vb_2(x)C'$$
$$- 2vBb_2'(x) - 2vA'b_2'(x) - 2a_1(x)Aa_1'(x)b_0 + 2a_1(x)Ab_1'(x)$$
$$+ 2b_1(x)Aa_1'(x) - Cb_1'(x) - Ab_1''(x) - 2Ab_2'(x) = O(\varepsilon),$$

$$\Gamma_4 \equiv -2a_2(x)^2v^2Bb_0 - a_2(x)^2v^2A'b_0 + 4a_2(x)v^2b_2(x)B + 2a_2(x)v^2b_2(x)A' \quad (6.3.4)$$
$$- a_2(x)vE' - 2a_2(x)vAa_1'(x)b_0 + 2a_2vAb_1'(x) + 2vb_2Aa_1'(x)$$
$$- vCb_2'(x) - vAb_2''(x) + a_2E = O(\varepsilon),$$

$$\Delta_0 \equiv B'' = O(\varepsilon^2),$$

$$\Delta_1 \equiv -4a_1(x)B' - a_1(x)A'' + C'' = O(\varepsilon^2),$$

$$\Delta_2 \equiv -5a_2(x)vB' - a_2(x)vA'' + 2a_1(x)^2B + 2a_1(x)^2A' - 2a_1(x)C'$$
$$- a_2(x)B - 2a_2A' - 2Ba_1'(x) - 2A'a_1'(x) = O(\varepsilon^2),$$

$$\Delta_3 \equiv 4a_1(x)a_2(x)vB + 3a_1(x)a_2(x)vA' - 3a_2(x)vC' - 2vBa_2'(x)$$
$$- 2vA'a_2'(x) + 2a_1(x)Aa_1'(x) - Ca_1'(x) - Aa_1''(x) - 2Aa_2'(x) = O(\varepsilon^2),$$

$$\Delta_4 \equiv 2a_2(x)^2v^2B + a_2(x)^2v^2A' + 2a_2vAa_1'(x) - vCa_2'(x) - vAa_2''(x) = O(\varepsilon^2).$$

其中 $'$ 代表关于各自变量的导数, $A \equiv A(v), B \equiv B(v), C \equiv C(v), E \equiv E(v)$ 是关于 v 的函数, 通过方程组 (6.3.4) 求解未知函数 A, B, C, E 及 $a_1(x), a_2(x), b_0, b_1(x),$ $b_2(x)$, 可以给出下面的分类定理.

定理 6.2 当 $a_0 = 1$ 时, 扰动方程

$$v_t = A(v)v_{xx} + B(v)v_x^2 + C(v)v_x + \varepsilon E(v)$$

允许近似广义条件对称 (6.3.1), 当且仅当它等于下面的 10 种形式的方程, 参数 ε 扰动至 1 阶.

(1) $v_t = (-2c_1v^2 + c_2v + c_3)v_{xx} + (c_1v + c_4)v_x^2 + b_0^{-1}[(c_5b_0 + b_1c_2)v$
$\qquad + c_6b_0 + b_1c_3]v_x + \varepsilon b_0^{-1}[(b_1c_5b_0 + b_1^2c_2)v^2 + c_7b_0v + c_8b_0],$
$\quad \sigma = v_{xx} + \varepsilon(b_0v_{xx} + b_1v_x);$

(2) $v_t = (-2c_1v^2 + c_2v + c_3)v_{xx} + (c_1v + c_4)v_x^2 - (c_5c_3c_2^{-1} - c_6)v_x$

$$+\varepsilon\left[-b_2c_1v^3+\left(b_2c_2+\frac{1}{2}b_2c_4\right)v^2+c_7v+c_8\right],$$

$$\sigma=v_{xx}+\varepsilon\left(-b_1c_2c_5{}^{-1}v_{xx}+b_1v_x+b_2v\right);$$

(3) $v_t=(-2c_1v^2+c_2v+c_3)v_{xx}+(c_1v+c_4)v_x^2+c_2{}^{-1}(-3c_2a_1c_1v^2$

$$+(c_2^2a_1+c_2a_1c_4-3c_3a_1c_1)v+a_1c_2c_3+a_1c_3c_4-c_6c_3+c_5c_2)v_x$$

$$+\varepsilon c_2{}^{-1}[3b_0a_1^2c_1^2v^4+(b_0a_1^2c_1c_2+2b_0a_1^2c_1c_4+b_0a_1c_1c_6)v^3$$

$$-b_0a_1(a_1c_4c_2+a_1c_4^2-c_2c_6-c_4c_6)v^2+c_7c_2v+c_2c_8],$$

$$\sigma=v_{xx}+a_1v_x+\varepsilon\left[b_0v_{xx}-b_0c_2{}^{-1}(-3a_1c_1v+a_1c_4+a_1c_2-c_6)v_x\right];$$

(4) $v_t=A(v)v_{xx}+(c_1v+c_2)v_x^2+(c_3v+c_4)v_x+\varepsilon(c_5v+c_6),$

$$\sigma=v_{xx}+\varepsilon b_0v_{xx};$$

(5) $v_t=A(v)v_{xx}+(c_1v+c_2)v_x^2+c_3v_x$

$$+\varepsilon\left[b_2c_1v^3+\frac{1}{2}b_2c_2v^2+(b_2A(v)+c_5)v+c_6\right],$$

$$\sigma=v_{xx}+\varepsilon(b_0v_{xx}+b_2v);$$

(6) $v_t=\left(a_1{}^{-1}C(v)-c_1v+c_2\right)v_{xx}+c_1v_x^2+C(v)v_x+\varepsilon(c_3v+c_4),$

$$\sigma=v_{xx}+a_1v_x+\varepsilon(b_0v_{xx}+a_1b_0v_x);$$

(7) $v_t=\left(a_1{}^{-1}C(v)+c_1\right)v_{xx}+C(v)v_x+\varepsilon a_1{}^{-1}[(b_2C(v)+c_2a_1)v+c_3a_1],$

$$\sigma=v_{xx}+a_1v_x+\varepsilon(b_0v_{xx}+a_1b_0v_x+b_2v);$$

(8) $v_t=c_1v_{xx}+c_2v_x+\varepsilon c_3v,$

$$\sigma=v_{xx}+a_1v_x+a_2v+\varepsilon(b_0v_{xx}+a_1b_0v_x+b_2v);$$

(9) $v_t=(-2c_1v+c_2)v_{xx}+c_1v_x^2+\left(-\frac{2}{3}a_1c_1v+c_3\right)v_x+\varepsilon c_4v,$

$$\sigma=v_{xx}+a_1v_x+\frac{2}{9}a_1^2v+\varepsilon\left(b_0v_{xx}+a_1b_0v_x+\frac{2}{9}b_0a_1^2v\right);$$

(10) $v_t=(-c_1v^2+c_2)v_{xx}+c_1vv_x^2+c_3v_x+\varepsilon c_4v,$

$$\sigma=v_{xx}+a_2v+\varepsilon(b_0v_{xx}+b_2v).$$

其中 $b_i,c_i,i=1,2,\cdots$ 是任意常数, $A(v)$ 及 $C(v)$ 是任意函数.

情形 2 当 $a_0=0,b_0\neq 0$ 时, 取 $b_0=1$.

在这种情形下, 具体的算法和情形 1 类似, 决定方程的形式如下:

$$D_t\sigma|_{[F]\bigcap[W]}=(\Omega_1v_x^2+\Omega_2v_x+\Omega_3)\varepsilon^{-1}+(\Sigma_1v_x^3+\Sigma_2v_x^2+\Sigma_3v_x+\Sigma_4v)$$

$$+(\Pi_1 v_x^4 + \Pi_2 v_x^3 + \Pi_3 v_x^2 + \Pi_4 v_x + \Pi_5 v)\varepsilon = O(\varepsilon^2),$$

其中

$$\Omega_1 \equiv 2a_1(x)^2 B + 2a_1(x)^2 A' = O(\varepsilon^3),$$

$$\Omega_2 \equiv 4a_1(x)a_2(x)vB + 3a_1(x)a_2(x)vA' + 2a_1(x)a_1'(x)A = O(\varepsilon^3),$$

$$\Omega_3 \equiv 2a_2(x)^2 v^2 B + a_2(x)^2 v^2 A' + 2a_2(x)a_1'(x)vA = O(\varepsilon^3),$$

$$\Sigma_1 \equiv -4a_1(x)B' - a_1(x)A'' = O(\varepsilon^2),$$

$$\Sigma_2 \equiv -a_2(x)vA'' + 4a_1(x)b_1(x)B - 5a_2(x)vB' + 4a_1(x)b_1(x)A'$$
$$\quad -2a_2(x)A' - 2a_1'(x)B - a_2(x)B - 2a_1'(x)A' - 2a_1(x)C' = O(\varepsilon^2),$$

$$\Sigma_3 \equiv -2a_2'(x)A - 2a_2'(x)A' - a_1''(x)A + 3a_2(x)b_1(x)vA' + 2a_1'(x)b_1(x)A$$
$$\quad -3a_2(x)vC' - 2a_2'(x)vB + 3a_1(x)b_2(x)vA' + 4a_1(x)b_2(x)vB$$
$$\quad +4a_2(x)b_1(x)vB + 2a_1(x)b_1'(x)A - a_1'(x)C = O(\varepsilon^2),$$

$$\Sigma_4 \equiv 2a_2(x)b_2(x)v^2 A' - a_2''(x)vA + 2a_1'(x)b_2(x)vA$$
$$\quad +2a_2(x)b_1'(x)vA - a_2'(x)vC + 4a_2(x)b_2(x)v^2 B = O(\varepsilon^2),$$

$$\Pi_1 \equiv B'' = O(\varepsilon),$$

$$\Pi_2 \equiv -4b_1(x)B' - b_1(x)A'' + C'' = O(\varepsilon), \tag{6.3.5}$$

$$\Pi_3 \equiv -5b_2(x)vB' - b_2(x)vA'' + 2b_1(x)^2 B + 2b_1(x)^2 A' - 2b_1(x)C'$$
$$\quad -b_2(x)B - 2b_2(x)A' - 2(B + A')b_1'(x) = O(\varepsilon),$$

$$\Pi_4 \equiv 4b_1(x)b_2(x)vB + 3b_1(x)b_2(x)vA' - 3b_2(x)vC' - b_1''(x)A$$
$$\quad +(2b_1(x)A - C)b_1'(x) - 2(vB + vA' + A)b_2'(x) = O(\varepsilon),$$

$$\Pi_5 \equiv 2b_2^2(x)v^2 B + b_2^2(x)v^2 A' + 2b_2(x)b_1'(x)vA - a_2(x)vE'$$
$$\quad -b_2''(x)vA - b_2'(x)vC + a_2(x)E = O(\varepsilon),$$

函数 A, B, C, E 上的 $'$ 表示的是它们关于函数 v 的导数, 通过求解方程组 (6.3.5), 可给出下面的分类定理.

定理 6.3　当 $a_0 = 0, b_0 = 1$ 时, 扰动方程

$$v_t = A(v)v_{xx} + B(v)v_x^2 + C(v)v_x + \varepsilon E(v)$$

允许近似广义条件对称 (6.3.1) 当且仅当它等价于下面 6 种形式的方程,

$$(1)\ v_t = (c_1 v + c_2)v_{xx} + c_3 v_x^2 + c_4 v_x + \varepsilon E(v),$$
$$\sigma = a_1 v_x + \varepsilon(v_{xx} + b_1 v_x);$$

(2) $v_t = c_1 v_{xx} + c_2 v_x^2 + c_3 v_x + \varepsilon E(v)$,

　　　$\sigma = a_1 v_x + \varepsilon(v_{xx} + b_1 v_x + b_2 v)$;

(3) $v_t = (-c_1 v^2 + c_2)v_{xx} + c_1 v v_x^2 + c_3 v_x + \varepsilon c_4 v$,

　　　$\sigma = a_2 v + \varepsilon(v_{xx} + b_2 v)$;

(4) $v_t = \left(\dfrac{1}{2}c_0 v^2 + c_1 v + c_2\right)v_{xx} + c_3 v_x^2 + c_4 v + c_5 v_x + \varepsilon E(v)$,

　　$\sigma = \varepsilon v_{xx}$;

(5) $v_t = (2c_1 v^2 + c_2 v + c_3)v_{xx} + (c_1 v + c_4)v_x^2 + (c_5 v + c_6)v_x + \varepsilon E(v)$,

　　　$\sigma = \varepsilon v_{xx}$;

(6) $v_t = (-c_1 v^2 + c_2)v_{xx} + c_1 v v_x^2 + c_3 v_x + \varepsilon E(v)$,

　　　$\sigma = \varepsilon(v_{xx} + b_2 v)$,

其中 $a_i, b_i, c_0, c_i, i = 1, 2, \cdots$ 是任意常数, $E(v)$ 是关于 v 的任意函数.

　　给定了方程 (6.1.5) 的近似广义变量分离解 (6.1.7), 则方程 (6.1.2) 的近似广义泛函变量分离解

$$f(u) = C_1(t;\varepsilon)f_1(x;\varepsilon) + C_2(t;\varepsilon)f_2(x;\varepsilon) + \cdots + C_n(t;\varepsilon)f_n(x;\varepsilon),$$

可以通过变换 (6.1.8) 和下面的关系式得到

$$u = g(v) = \int^v \frac{\exp\left(\displaystyle\int^v B(v)(A(v))^{-1}\mathrm{d}v\right)}{\displaystyle\int^v A'(v)(A(v))^{-1}\exp\left(\int^v B(v)(A(v))^{-1}\mathrm{d}v\right)\mathrm{d}v + c_1}\mathrm{d}v + c_2.$$

$$(6.3.6)$$

6.4　方程 (6.1.5) 的近似广义变量分离解

　　在本节中, 我们将利用近似广义条件对称去求解上一节确定的方程 (6.1.5) 的具体形式的近似广义变量分离解. 近似广义变量分离解是定义在扰动的不变子空间上的, 扰动的不变子空间是作为如下的常微分方程

$$a_0 v_{xx} + a_1(x)v_x + a_2(x)v + \varepsilon(b_0 v_{xx} + b_1(x)v_x + b_2(x)v) = O(\varepsilon^2)$$

的解空间, 系数 $C_i(t;\varepsilon)$ 将通过一些有限维的动力系统决定.

　　例 6.1　方程

$$v_t = c_1 v_{xx} + c_2 v_x + \varepsilon c_3 v \tag{6.4.1}$$

允许近似广义条件对称

$$\sigma = v_{xx} + a_1 v_x + a_2 v + \varepsilon(b_0 v_{xx} + a_1 b_0 v_x + b_2 v),$$

通过求解方程 $\sigma = O(\varepsilon^2)$ 将得到依赖于扰动的不变子空间

$$W_1 = \{W_{11}, W_{12}\},$$

$$W_{11} = \exp \frac{(-\varepsilon a_1 b_0 - a_1 + \sqrt{a_1^2 b_0^2 \varepsilon^2 + 2a_1^2 b_0 \varepsilon - 4b_0 b_2 \varepsilon^2 - 4a_2 b_0 \varepsilon + a_1^2 - 4b_2 \varepsilon - 4a_2})x}{2(b_0 \varepsilon + 1)},$$

$$W_{12} = \exp \frac{-(\varepsilon a_1 b_0 + \sqrt{a_1^2 b_0^2 \varepsilon^2 + 2a_1^2 b_0 \varepsilon - 4b_0 b_2 \varepsilon^2 - 4a_2 b_0 \varepsilon + a_1^2 - 4b_2 \varepsilon - 4a_2} + a_1)x}{2(b_0 \varepsilon + 1)},$$

对应的近似广义变量分离解

$$v = \alpha(t; \varepsilon)W_{11} + \beta(t; \varepsilon)W_{12}.$$

将上面的表达式代入方程 (6.4.1), 根据方程两边对应项的系数相等可解出 $\alpha(t; \varepsilon)$, $\beta(t; \varepsilon)$ 满足的动力系统

$$\begin{aligned}
\alpha'(t; \varepsilon) = \frac{-\alpha}{2(b_0 \varepsilon + 1)} (&-a_1^2 b_0 c_1 \varepsilon + a_1 b_0 c_2 \varepsilon - 2b_0 c_3 \varepsilon^2 \\
&+ a_1 c_1 K_1 - a_1^2 c_1 + 2b_2 c_1 \varepsilon - c_2 K_1 \\
&+ a_1 c_2 + 2a_2 c_1 - 2c_3 \varepsilon), \\
\beta'(t; \varepsilon) = \frac{\beta}{2(b_0 \varepsilon + 1)} (&a_1^2 b_0 c_1 \varepsilon - a_1 b_0 c_2 \varepsilon + 2b_0 c_3 \varepsilon^2 \\
&+ a_1 c_1 K_1 + a_1^2 c_1 - 2b_2 c_1 \varepsilon - c_2 K_1 \\
&- a_1 c_2 - 2a_2 c_1 + 2c_3 \varepsilon),
\end{aligned}$$

其中

$$K_1 = \sqrt{a_1^2 b_0^2 \varepsilon^2 + 2a_1^2 b_0 \varepsilon - 4b_0 b_2 \varepsilon^2 - 4a_2 b_0 \varepsilon + a_1^2 - 4b_2 \varepsilon - 4a_2},$$

通过变换 (6.3.6) 及关系式 (6.1.8) 可解出方程

$$u_t = (c_1 u_x)_x + \varepsilon c_3(u - c_2)$$

的近似广义泛函变量分离解

$$u = \frac{e}{c_1} \left(\alpha(t; \varepsilon) \exp \left(\frac{1}{2} \left(-\varepsilon a_1 b_0 - a_1 \right. \right. \right.$$

$$+\sqrt{a_1^2 b_0^2 \varepsilon^2 + 2a_1^2 b_0 \varepsilon - 4b_0 b_2 \varepsilon^2 - 4a_2 b_0 \varepsilon + a_1^2 - 4b_2 \varepsilon - 4a_2}\,\bigg) x/(b_0 \varepsilon + 1)\bigg)$$

$$+\beta(t;\varepsilon) \exp\left(\frac{-1}{2}\bigg(\varepsilon a_1 b_0\right.$$

$$+\sqrt{a_1^2 b_0^2 \varepsilon^2 + 2a_1^2 b_0 \varepsilon - 4b_0 b_2 \varepsilon^2 - 4a_2 b_0 \varepsilon + a_1^2 - 4b_2 \varepsilon - 4a_2} + a_1\bigg) x/(b_0 \varepsilon + 1)\bigg)\bigg) + c_2.$$

例 6.2 方程

$$v_t = (-c_1 v^2 + c_2)v_{xx} + c_1 v v_x^2 + c_3 v_x + \varepsilon c_4 v \tag{6.4.2}$$

允许近似广义条件对称

$$\sigma = a_2 v + \varepsilon(v_{xx} + b_2 v),$$

通过求解方程 $\sigma = O(\varepsilon^2)$ 将得到依赖于扰动的不变子空间

$$W_2 = \left\{ \sin\left(\sqrt{(b_2 + a_2/\varepsilon)x}\right), \cos\left(\sqrt{(b_2 + a_2/\varepsilon)x}\right) \right\}$$

对应的近似广义变量分离解

$$v = \alpha(t;\varepsilon) \sin\left(\sqrt{(b_2 + a_2/\varepsilon)x}\right) + \beta(t;\varepsilon) \cos\left(\sqrt{(b_2 + a_2/\varepsilon)x}\right),$$

其中 $\alpha(t;\varepsilon), \beta(t;\varepsilon)$ 满足动力系统

$$\alpha'(t;\varepsilon) = \frac{1}{\varepsilon^{3/2}}(\alpha^3 \varepsilon^{3/2} b_2 c_1 + \alpha\beta^2 \varepsilon^{3/2} b_2 c_1 - \alpha\varepsilon^{3/2} b_2 c_2 + \alpha^3 \sqrt{\varepsilon} a_2 c_1$$

$$+\alpha\beta^2 \sqrt{\varepsilon} a_2 c_1 - \alpha\sqrt{\varepsilon} a_2 c_2 - \beta\sqrt{b_2 \varepsilon + a_2}\varepsilon c_3),$$

$$\beta'(t;\varepsilon) = \frac{1}{\varepsilon^{3/2}}(\alpha^2 \beta \varepsilon^{3/2} b_2 c_1 + \beta^3 \varepsilon^{3/2} b_2 c_1 - \beta\varepsilon^{3/2} b_2 c_2 + \alpha^2 \beta\sqrt{\varepsilon} a_2 c_1$$

$$+\beta^3 \sqrt{\varepsilon} a_2 c_1 - \beta\sqrt{\varepsilon} a_2 c_2 + \alpha(t)\sqrt{b_2 \varepsilon + a_2}c_3 \varepsilon),$$

通过变换 (6.3.6) 及关系式 (6.1.8) 可解出方程

$$u_t = \frac{1}{4}\left(\left(-e^{\frac{4(u-c_3)}{c_4}} + 2c_2 e^{\frac{2(u-c_3)}{c_4}} - c_2^2\right)e^{-\frac{2(u-c_3)}{c_4}}u_x\right)_x$$

$$+c_3 u_x + \varepsilon \frac{\left(e^{\frac{2(u-c_3)}{c_4}} + c_2\right)c_4 e^{\frac{c_3-u}{c_4}}}{\sqrt{\dfrac{(c_6 - e^{\frac{2u}{c_4}})^2}{c_7 e^{\frac{2u}{c_4}}}}}$$

的近似广义泛函变量分离解

$$u = c_3 + \ln \left(\alpha(t;\varepsilon) \sin \frac{\sqrt{(b_2\varepsilon + a_2)x}}{\sqrt{\varepsilon}} + \beta(t;\varepsilon) \cos \frac{\sqrt{(b_2\varepsilon + a_2)x}}{\sqrt{\varepsilon}} \right) c_5$$

$$+ c_4 \sqrt{c_1 \left(\alpha(t;\varepsilon) \sin \frac{\sqrt{(b_2\varepsilon + a_2)x}}{\sqrt{\varepsilon}} + \beta(t;\varepsilon) \cos \frac{\sqrt{(b_2\varepsilon + a_2)x}}{\sqrt{\varepsilon}} \right)^2 - c_2}.$$

注 6.1　本节的例题中所含的 $a_2, b_2, c_i (i = 1, 2, \cdots, 7)$ 均为任意常数.

6.5　小　　结

本章我们将扰动的不变子空间方法与近似广义条件对称方法相结合, 研究了带有弱源项的非线性反应扩散方程 (6.1.2), 通过变量代换 $f(u) = v$ 将其转化为研究方程 (6.1.5) 的近似广义条件对称 (6.1.7), 给出了允许近似广义条件对称 (6.3.1) 的方程 (6.1.5) 的完全分类. 利用近似广义条件对称和所考虑方程的相容性, 构造了方程 (6.1.5) 的近似广义变量分离解, 这些解依赖于扰动的不变子空间, 即扰动的常微分方程 $\sigma^v = O(\varepsilon^2)(\varepsilon$ 扰动至一阶) 的解空间. 最后通过具体的例题, 我们选取了具有代表性的两类子空间——指数类型及三角函数类型的子空间, 构造了方程 (6.1.5) 的近似广义变量分离解, 并进一步得到了方程 (6.1.2) 允许的相应对称下的近似广义泛函变量分离解.

一般情况下, 这些分类方程不能通过其他的对称约化方法得到. 在今后的研究中我们将进一步考虑数学物理上其他类型的非线性扰动方程, 研究它们的解和分类情况, 并给出解在实际问题中的应用.

第 7 章 几类非局部方程的可积性、
Darboux 变换及精确解

7.1 引   言

可积方程作为非线性系统的一个主要研究对象, 一直以来受到了广大科学工作者的关注, 多年来逆散射方法 [190-192]、Darboux 变换方法 [193-195]、双线性方法 [196-199] 等强有力的工具已被用来研究可积的局部方程.

近来, 非局部方程称为非线性科学领域的一个新的研究热点, 涉及量子理论、非线性光学等 [200-205]. 关于非局部方程可积性的研究, 不仅可以丰富可积系统的相关理论, 而且可以用来解释发生在多地系统中的一些复杂现象. 比如: 利用非局部模型可以建立起发生在两个不同空间 (x, t) 和 $(-x, t)$ 的现象, 并利用量子纠缠的相关理论来解释这种非局部模型背后所隐藏的物理现象 [207-209]. 在众多的非局部模型中, 最重要的一个方程就是由 Ablowitz 和 Musslimani 提出的非局部非线性 Schrödinger 方程 [211].

$$iq_t(x,t) + q_{xx}(x,t) \pm 2q(x,t)q^*(-x,t)q(x,t) = 0, \qquad (7.1.1)$$

这里 $q^*(-x,t)$ 代表的是 $q(-x,t)$ 的复共轭, 可以看到方程 (7.1.1) 中的空间变量既含有变量 x, 又含有 $-x$, 因此称该方程为空间反演的非局部 Nonlinear Schrödinger (NLS) 方程. 方程 (7.1.1) 是非局部的是因为 q 不仅是关于 (x, t) 的函数, 也是关于变量 $(-x, t)$ 的函数, 它属于空间翻转的非局部情形. 作者证明了方程 (7.1.1) 具有 Lax 对、无穷多守恒律及 PT-对称性 (即空间 Parity 和时间 Time 的对称) 等可积性质. 作为 AKNS 系统的一个特殊约化, 非局部 NLS 方程是可积非局部方程族中的第一个方程, 提出之后受到了众多学者的关注, 很快触发了可积系统新的研究热点. 研究者们一方面对方程 (7.1.1) 进一步推广, 得到了时间反演的 NLS 方程及空间-时间同时反演的 NLS 方程; 另一方面, 利用 AKNS 系统的对称约化得到了非局部 sine-Gordon 方程、非局部 modified Korteweg-de-Vries (mKdV) 方程、非局部复 mKdV 方程、非局部 Davey-Stewartson (DS) 方程及非局部离散 NLS 方程等 (这里的非局部包括空间反转、时间反演或者空间-时间同时反演的形式), 并利用反散射方法、Darboux 变换法、双线性方法研究了这些方程的可积性、

精确解及守恒律 [234-241]. 文献 [242] 发现了非局部可积方程和局部可积方程之间的重要联系, 为非局部可积方程的求解提供了新的研究方法.

本章内容受 Ablowitz 和 Musslimani 教授推导 NLS 方程的启发, 提出了三类非局部方程, 包括常系数和变系数的非局部方程, 并利用 Darboux 变换方法研究了这三类方程的精确解.

7.2 非局部 Hirota 方程的可积性、Darboux 变换及精确解

本节, 我们受非局部 Schrödinger 方程 (7.1.1) 推导过程的启发, 利用对称约化的方法提出了下面的空间反转和时间反演的非局部 Hirota 方程:

$$iu_t(x,t) + \alpha(u_{xx}(x,t) + 2u^2(x,t)u(-x,-t)) + i\beta(u_{xxx}(x,t)$$
$$+ 6u(x,t)u(-x,-t)u_x(x,t)) = 0, \tag{7.2.1}$$

并构造了非局部 Hirota 方程 (7.2.1) 的 Darboux 变换. 最后, 利用 Darboux 变换给出了方程 (7.2.1) 的几类及精确解.

7.2.1 可积非局部 Hirota 方程的推导

著名的 Hirota 方程表达式如下 [223]:

$$iu_t + \alpha(u_{xx} - 2|u|^2 u) + i\beta(u_{xxx} - 6|u|^2 u_x) = 0, \tag{7.2.2}$$

这里 α, β 是实常数. 当 $\alpha = 1$, $\beta = 0$ 时, 方程 (7.2.2) 就可以转化为一般的非线性 Schrödinger 方程了.

根据 Ablowitz 提出的构造非局部方程的思想方法, 我们需要先给出一个耦合的方程组, 下面考虑耦合的 Hirota 方程组:

$$iu_t + \alpha(u_{xx} - 2u^2 v) + i\beta(u_{xxx} - 6uvu_x) = 0,$$
$$iv_t - \alpha(v_{xx} - 2v^2 u) + i\beta(v_{xxx} - 6uvv_x) = 0, \tag{7.2.3}$$

当 $u = -v^*$ 时, 方程组 (7.2.3) 就被约化为了方程 (7.2.2), 其中, v^* 代表 v 的复共轭.

文献 [224] 中给出了方程组 (7.2.3) 的线性谱问题 (即 Lax 对) 如下:

$$\psi_x = U\psi = \begin{pmatrix} -i\lambda & u \\ v & i\lambda \end{pmatrix}\psi, \tag{7.2.4}$$

$$\psi_t = V\psi = \begin{pmatrix} A & B \\ C & -A \end{pmatrix}\psi, \tag{7.2.5}$$

其中

$$A = -4\beta i\lambda^3 - 2\alpha i\lambda^2 - 2\beta iuv\lambda - \alpha iuv + \beta(vu_x - uv_x),$$

$$B = 4\beta u\lambda^2 + (2\beta iu_x + 2\alpha u)\lambda + \alpha iu_x - \beta(u_{xx} - 2u^2 v),$$

$$C = 4\beta v\lambda^2 - (2\beta iv_x - 2\alpha v)\lambda - \alpha iv_x - \beta(v_{xx} - 2v^2 u),$$

$$\psi = \begin{pmatrix} \psi_1 \\ \psi_2 \end{pmatrix}. \tag{7.2.6}$$

利用下面的相容性条件

$$U_t - V_x + [U, V] = 0,$$

方程 (7.2.4) 和 (7.2.5) 被转化为方程组 (7.2.3). 通过观察, 我们发现方程组 (7.2.3) 的两个方程非常相似, 利用下面的对称约化:

$$v(x, t) = -u(-x, -t), \tag{7.2.7}$$

并将表达式 (7.2.7) 代入方程组 (7.2.3) 中, 可以得到如下的非局部 Hirota 方程:

$$iu_t(x, t) + \alpha(u_{xx}(x, t) + 2u^2(x, t)u(-x, -t)) + i\beta(u_{xxx}(x, t)$$

$$+ 6u(x, t)u(-x, -t)u_x(x, t)) = 0,$$

借助于表达式 (7.2.7), 利用方程 (7.2.3), 就可以得到非局部 Hirota 方程 (7.2.1) 的 Lax 对, 这就预示着非局部方程 (7.2.1) 是 Lax 可积的. 接下来, 我们利用 Lax 对来构造方程 (7.2.1) 的 Darboux 变换.

7.2.2　非局部 Hirota 方程的 Darboux 变换

Darboux 变换是构造局部方程精确解的一种重要方法 [220]. 当然, 这种方法也开始被用来构造非局部方程的精确解 [221, 225–227]. 这一小节我们重点来构造非局部方程 (7.2.1) 的 Darboux 变换.

1. 1 阶 Darboux 变换

Darboux 变换的基本思想就是构造一个变换, 这个变换能保证方程的谱问题也就是 Lax 对在形式上保持不变. 基于这样的思想, 我们先来考虑下面的规范变换:

$$\psi^{[1]} = D^{[1]}\psi, \tag{7.2.8}$$

这里要求 $\psi^{[1]}$ 满足下面的方程:

$$
\begin{aligned}
\psi_x^{[1]} &= U^{[1]}\psi^{[1]}, \\
\psi_t^{[1]} &= V^{[1]}\psi^{[1]}.
\end{aligned}
\tag{7.2.9}
$$

考虑变换 (7.2.8) 和条件 (7.2.9), 谱问题 (7.2.4) 和 (7.2.5) 可以被转化为下面新的形式:

$$
\begin{aligned}
\psi_x^{[1]} &= (D_x^{[1]} + D^{[1]}U)(D^{[1]})^{[-1]}\psi^{[1]} = U^{[1]}\psi^{[1]}, \\
\psi_t^{[1]} &= (D_t^{[1]} + D^{[1]}V)(D^{[1]})^{[-1]}\psi^{[1]} = V^{[1]}\psi^{[1]}.
\end{aligned}
\tag{7.2.10}
$$

通过表达式 (7.2.10) 可知, 规范变换的关键是要构造矩阵 $D^{[1]}$ 使得 $U^{[1]}$ 和 U, $V^{[1]}$ 和 V 在形式上保持一致, 除了新旧势函数不同之外.

为了得到规范变换的具体形式, 我们首先需要做如下的假设:

$$
D^{[1]} = \lambda I + C^{[1]},
\tag{7.2.11}
$$

其中 $C^{[1]} = (c_{ij}^{[1]}(x,t))_{2\times 2}$, I 是一个 2 阶的单位矩阵.

下面的工作是先来构造矩阵 $C^{[1]}$, 通过将表达式 (7.2.11) 代入 (7.2.10) 中, 比较 λ^m 同次幂前面的系数, 可以得到新旧势函数满足下面的关系式:

$$
\begin{aligned}
u^{[1]} &= u + 2ic_{1,2}^{[1]}, \\
v^{[1]} &= v - 2ic_{2,1}^{[1]}.
\end{aligned}
\tag{7.2.12}
$$

利用对称约化 (7.2.7), 我们可以得到下面的约束条件:

$$
c_{1,2}^{[1]}(-x,-t) = c_{2,1}^{[1]}(x,t).
\tag{7.2.13}
$$

接着, 我们需要确定矩阵 $D^{[1]}$ 的具体形式. 令

$$
\begin{aligned}
f^{[1]}(\lambda_j) &= (f_1^{[1]}(\lambda_j), f_2^{[1]}(\lambda_j))^{\mathrm{T}} \equiv (f_1^{[1]}, f_2^{[1]})^{\mathrm{T}}, \\
g^{[1]}(\lambda_j) &= (g_1^{[1]}(\lambda_j), g_2^{[1]}(\lambda_j))^{\mathrm{T}} \equiv (g_1^{[1]}, g_2^{[1]})^{\mathrm{T}}
\end{aligned}
$$

是当 $\lambda = \lambda_j$ $(j = 1, 2)$ 时, Lax 对的特征函数. 通过规范变换 (7.2.8), 我们得到了下面的方程组

$$
\begin{aligned}
(\lambda_j + c_{11}^{[1]})f_1^{[1]} + c_{12}^{[1]}f_2^{[1]} + \mu_j((\lambda_j + c_{11}^{[1]})g_1^{[1]} + c_{12}^{[1]}g_2^{[1]}) &= 0, \\
c_{21}^{[1]}f_1^{[1]} + (\lambda_j + c_{22}^{[1]})f_2^{[1]} + \mu_j(c_{21}^{[1]}g_1^{[1]} + (\lambda_j + c_{22}^{[1]})g_2^{[1]}) &= 0,
\end{aligned}
\tag{7.2.14}
$$

这里 μ_j $(j = 1,\ 2)$ 是常数. 方程组 (7.2.14) 可以被转化为下面的线性代数方程组:

$$\begin{aligned} \lambda_j + c_{11}^{[1]} + \sigma_j c_{12}^{[1]} &= 0, \\ c_{21}^{[1]} + \sigma_j(\lambda_j + c_{22}^{[1]}) &= 0, \end{aligned} \tag{7.2.15}$$

其中

$$\sigma_j = \frac{f_2^{[1]} + \mu_j g_2^{[1]}}{f_1^{[1]} + \mu_j g_1^{[1]}} \quad (j = 1, 2). \tag{7.2.16}$$

选择合适的常数 λ_j, μ_j 可以保证方程组 (7.2.15) 的系数行列式不为零, 这时, $c_{ij}^{[1]}$ 可以被唯一确定. 通过方程 (7.2.11), 我们可以得到矩阵 $D^{[1]}$ 的表达式如下:

$$D^{[1]} = \begin{pmatrix} \lambda & 0 \\ 0 & \lambda \end{pmatrix} + \frac{1}{\sigma_2 - \sigma_1} \begin{pmatrix} \lambda_2\sigma_1 - \lambda_1\sigma_2 & \lambda_1 - \lambda_2 \\ \sigma_1\sigma_2(\lambda_2 - \lambda_1) & \lambda_1\sigma_1 - \lambda_2\sigma_2 \end{pmatrix}, \tag{7.2.17}$$

这里 σ_1, σ_2 满足下面的等式:

$$\begin{aligned} \sigma_{jt} &= (\beta(u_{xx} - 2iu_x\lambda_j - 2u^2v - 4u\lambda_j^2) - \alpha(iu_x + 2u\lambda))\sigma_j^2 \\ &\quad + (2\beta(2iuv\lambda + 4i\lambda^3 + uv_x) + 2i\alpha(uv + 2\lambda^2))\sigma_j \\ &\quad + \beta(2uv^2 - 2iv_x\lambda + 4v\lambda^2 - v_{xx}) + \alpha(2v\lambda - iv_x), \\ \sigma_{jx} &= v + 2i\lambda_j\sigma_j - u\sigma_j^2, \quad j = 1,\ 2, \end{aligned}$$

且满足 $v(x,t) = -u(-x,-t)$.

接着, 我们证明 $U^{[1]}$ 和 U, $V^{[1]}$ 和 V 具有相同的形式.

因为

$$(D^{[1]})^{-1} = \frac{(D^{[1]})^*}{\det D^{[1]}}, \quad (D_x^{[1]} + D^{[1]}U)(D^{[1]})^* = \begin{pmatrix} p_{11}(\lambda) & p_{12}(\lambda) \\ p_{21}(\lambda) & p_{22}(\lambda), \end{pmatrix},$$

接下来, 通过一些复杂的计算, 我们知道 $p_{ij}(\lambda)$ $(i,\ j = 1,\ 2)$ 是关于 λ 的多项式, 且最高次幂是二次或者三次. 利用方程组 (7.2.16), 可以证明谱参数 λ_j $(j = 1,\ 2)$ 是 $p_{ij}(\lambda)$ $(i,\ j = 1,\ 2)$ 的根. 因为 λ_j $(j = 1,\ 2)$ 也是 $\det D^{[1]}$ 的根, 那么可以得到下面的等式:

$$(D_x^{[1]} + D^{[1]}U)(D^{[1]})^* = (\det D^{[1]})R(\lambda), \tag{7.2.18}$$

其中

$$R(\lambda) = \begin{pmatrix} R_{11}^{(1)}\lambda + R_{11}^{(0)} & R_{12}^{(0)} \\ R_{21}^{(0)} & R_{22}^{(1)}\lambda + R_{22}^{(0)} \end{pmatrix}, \tag{7.2.19}$$

这里 $R_{11}^{(1)}$, $R_{22}^{(1)}$, $R_{ij}^{(0)}$ $(i, j = 1, 2)$ 不依赖于 λ. 利用 $(D^{[1]})^{-1} = \dfrac{(D^{[1]})^*}{\det D^{[1]}}$, 可知方程 (7.2.18) 有下面的形式:

$$D_x^{[1]} + D^{[1]}U = R(\lambda)D^{[1]}. \tag{7.2.20}$$

通过比较方程 (7.2.20) 两边 λ 同次幂的系数可以得到下面的方程组:

$$
\begin{aligned}
\lambda^2 : & -R_{11}^{(1)} - i = 0, \\
& i - R_{22}^{(1)} = 0, \\
\lambda^1 : & -ic_{11}^{[1]} - R_{11}^{(1)}c_{11}^{[1]} - R_{11}^{(0)} = 0, \\
& ic_{12}^{[1]} - R_{22}^{(1)}c_{12}^{[1]} + u - R_{12}^{(0)} = 0, \\
& -ic_{21}^{[1]} - R_{11}^{(1)}c_{21}^{[1]} + v(x,t) - R_{21}^{(0)} = 0, \\
& -ic_{22}^{[1]} - R_{22}^{(1)}c_{22}^{[1]} - R_{22}^{(0)} = 0, \\
\lambda^0 : & c_{11,x}^{[1]} - c_{11}^{[1]}R_{11}^{(0)} + c_{12}^{[1]}v - c_{12}^{[1]}R_{21}^{(0)} = 0, \\
& c_{12,x}^{[1]} - c_{11}^{[1]}R_{12}^{(0)} + c_{11}^{[1]}u - c_{12}^{[1]}R_{22}^{(0)} = 0, \\
& c_{21,x}^{[1]} - c_{21}^{[1]}R_{11}^{(0)} + c_{22}^{[1]}v - c_{22}^{[1]}R_{21}^{(0)} = 0, \\
& c_{22,x}^{[1]} - c_{21}^{[1]}R_{12}^{(0)} + c_{21}^{[1]}u - c_{22}^{[1]}R_{22}^{(0)} = 0.
\end{aligned}
\tag{7.2.21}
$$

借助于方程组 (7.2.12), 求解决定方程组 (7.2.21), 可以得到

$$
\begin{aligned}
& R_{11}^{(1)} = -i, \quad R_{11}^{(0)} = 0, \quad R_{22}^{(1)} = i, \quad R_{22}^{(0)} = 0, \\
& R_{12}^{(0)} = u(x,t) + 2ic_{12}^{[1]} = u^{[1]}(x,t), \quad R_{21}^{(0)} = v(x,t) - 2ic_{21}^{[1]} = v^{[1]}(x,t).
\end{aligned}
\tag{7.2.22}
$$

也就是说

$$R(\lambda) = \begin{pmatrix} -i\lambda & u^{[1]} \\ v^{[1]} & i\lambda \end{pmatrix} = U^{[1]}. \tag{7.2.23}$$

类似地, 我们也可以证明除了新旧势函数的差异之外, $V^{[1]}$ 和 V 具有相同的形式,

$$V^{[1]} = \begin{pmatrix} A_1 & B_1 \\ C_1 & -A_1 \end{pmatrix}\phi,$$

其中

$$A_1 = -4\beta i\lambda^3 - 2\alpha i\lambda^2 - 2\beta iu^{[1]}v^{[1]}\lambda - \alpha iu^{[1]}v^{[1]} + \beta(v^{[1]}u_x^{[1]} - u^{[1]}v_x^{[1]}),$$

$$B_1 = 4\beta u^{[1]}\lambda^2 + (2\beta iu_x^{[1]} + 2\alpha u^{[1]})\lambda + \alpha iu_x^{[1]} - \beta(u_{xx}^{[1]} - 2(u^{[1]})^2 v^{[1]}),$$

$$C_1 = 4\beta v^{[1]}\lambda^2 - (2\beta iv_x^{[1]} - 2\alpha v^{[1]})\lambda - \alpha iv_x^{[1]} - \beta(v_{xx}^{[1]} - 2(v^{[1]})^2 u^{[1]}),$$

这里 u 和 $u^{[1]}$, v 和 $v^{[1]}$ 的关系是由方程组 (7.2.12) 确定的.

2. 2 阶 Darboux 变换

本小节, 我们来讨论非局部 Hirota 方程 (7.2.1) 的 2 阶 Darboux 变换, 假设

$$f^{[1]}(\lambda_j) = (f_1^{[1]}(\lambda_j), f_2^{[1]}(\lambda_j))^{\mathrm{T}} \equiv (f_1^{[1]}, f_2^{[1]})^{\mathrm{T}},$$

$$g^{[1]}(\lambda_j) = (g_1^{[1]}(\lambda_j), g_2^{[1]}(\lambda_j))^{\mathrm{T}} \equiv (g_1^{[1]}, g_2^{[1]})^{\mathrm{T}}$$

是当 $\lambda = \lambda_3$, $\lambda = \lambda_4$ 及 $u = u^{[0]}$ 时, Lax 对 (7.2.4) 和 (7.2.5) 的解. 利用 1 阶 Darboux 变换, 我们得到

$$f^{[2]}(\lambda_j) = D^{[1]}(f_1^{[1]}, f_2^{[1]})^{\mathrm{T}}, \quad g^{[2]}(\lambda_j) = D^{[1]}(g_1^{[1]}, g_2^{[1]})^{\mathrm{T}}.$$

接下来, 类似于 1 阶 Darboux 变换, 2 阶 Darboux 变换可以写为下面的形式:

$$\begin{aligned} \psi^{[2]} &= D_2(\lambda)\psi, \quad D_2(\lambda) = D^{[2]}(\lambda)D^{[1]}(\lambda), \\ u^{[2]} &= u^{[1]} + c_{12}^{[1]} = u^{[0]} + 2i(c_{12}^{[1]} + c_{12}^{[2]}), \end{aligned} \quad (7.2.24)$$

其中

$$D^{[2]}(\lambda) = \lambda I + C^{[2]} = \lambda I + \frac{1}{\sigma_4 - \sigma_3}\begin{pmatrix} \lambda_4\sigma_3 - \lambda_3\sigma_4 & \lambda_3 - \lambda_4 \\ \sigma_3\sigma_4(\lambda_4 - \lambda_3) & \lambda_3\sigma_3 - \lambda_4\sigma_4 \end{pmatrix}, \quad (7.2.25)$$

$$\sigma_j = \frac{f_2^{[k]}(\lambda_j) + \mu_j g_2^{[k]}(\lambda)}{f_1^{[k]}(\lambda_j) + \mu_j g_1^{[k]}(\lambda_j)} \quad (j = 3, \ 4, \ k = 2). \quad (7.2.26)$$

3. n 阶 Darboux 变换

进一步, 利用上面的迭代过程, 我们可以得到非局部 Hirota 方程 (7.2.1) 的 n 阶 Darboux 变换, 具体的表达式如下:

$$\psi^{[n]} = D^{[n]}(\lambda)\psi, \quad D_n(\lambda) = D^{[n]}(\lambda)D^{[n-1]}(\lambda)\cdots D^{[k]}(\lambda)\cdots D^{[1]}(\lambda), \quad (7.2.27)$$

其中

$$
D^{[k]}(\lambda) = \lambda I + C^{[k]}
$$

$$
= \lambda I + \frac{1}{\sigma_{2k} - \sigma_{2k-1}} \left(\begin{array}{cc} \lambda_{2k}\sigma_{2k-1} - \lambda_{2k-1}\sigma_{2k} & \lambda_{2k-1} - \lambda_{2k} \\ \sigma_{2k-1}\sigma_{2k}(\lambda_{2k} - \lambda_{2k-1}) & \lambda_{2k-1}\sigma_{2k-1} - \lambda_{2k}\sigma_{2k} \end{array} \right),
$$

$$(7.2.28)$$

$$
\sigma_j = \frac{f_2^{[k]}(\lambda_j) + \mu_j g_2^{[k]}(\lambda)}{f_1^{[k]}(\lambda_j) + \mu_j g_1^{[k]}(\lambda_j)} \quad (j = 2k-1,\ 2k,\ k = 1,\ 2,\cdots,n),
$$

$$
f^{[k]}(\lambda) = \left(\begin{array}{c} f_1^{[k]}(\lambda) \\ f_2^{[k]}(\lambda) \end{array} \right) = D^{[k]}(\lambda) f^{[k-1]}(\lambda_1,\ \lambda_2,\cdots,\lambda_{2k-1},\ \lambda_{2k}),
$$

$$(7.2.29)$$

$$
g^{[k]}(\lambda) = \left(\begin{array}{c} g_1^{[k]}(\lambda) \\ g_2^{[k]}(\lambda) \end{array} \right) = D^{[k]}(\lambda) g^{[k-1]}(\lambda_1,\ \lambda_2,\cdots,\lambda_{2k-1},\ \lambda_{2k}),
$$

矩阵 $C^{[k]}$ 满足

$$
c_{12}^{[k]}(-x,-t) = c_{21}^{[k]}(x,t) \quad (k = 1,\ 2,\cdots,n) \tag{7.2.30}
$$

及

$$
u^{[n]}(x,t) = u(x,t) + 2i \sum_{k=1}^{n} c_{12}^{[k]}(x,t) \quad (k = 1,\ 2,\cdots,n). \tag{7.2.31}
$$

上面的结果表明局部方程和非局部方程 Darboux 变换的构造过程非常相似, 基本的思想都是通过迭代的方程由低阶 Darboux 变换可以得到高阶 Darboux 变换, 但是由于约束条件的存在, 两种不同类型的 Darboux 变换在最终的结果上还是存在着较大的差异.

7.2.3 非局部 Hirota 方程的孤子解

各种类型的非线性系统的孤立子解被得到了广泛的研究 [228, 229, 233, 253]. 这一部分我们主要利用 Darboux 变换的方法来构造非局部 Hirota 方程 (7.2.1) 的精确解.

1. 1 阶孤立子解

利用种子解 $u = v = 0$, 我们可以获得非局部 Hirota 方程 (7.2.1) 的孤立子解. 通过求解谱问题 (7.2.4) 和 (7.2.5), 可以得到关于 $\lambda = \lambda_j$ $(j = 1,\ 2,\cdots,n)$ 的

特征函数如下:

$$f^{[1]}(\lambda) = \begin{pmatrix} e^{-i\lambda(4\beta\lambda^2 t + 2\alpha\lambda t + x)} \\ 0 \end{pmatrix}, \quad g^{[1]}(\lambda) = \begin{pmatrix} 0 \\ e^{i\lambda(4\beta\lambda^2 t + 2\alpha\lambda t + x)} \end{pmatrix}.$$

$$(7.2.32)$$

利用表达式 (7.2.16), 我们可以得到

$$\sigma_j = \mu_j e^{2i\lambda_j(4\beta\lambda_j^2 t + 2\alpha\lambda_j t + x)} \quad (j = 1,\ 2), \tag{7.2.33}$$

$$c_{12}^{[1]} = \frac{\lambda_1 - \lambda_2}{\mu_2 e^{\xi_2} - \mu_1 e^{\xi_1}}, \quad c_{21}^{[1]} = \frac{(\lambda_1 - \lambda_2)\mu_1\mu_2 e^{\xi_1+\xi_2}}{\mu_1 e^{\xi_1} - \mu_2 e^{\xi_2}}, \tag{7.2.34}$$

其中

$$\xi_j = 2i\lambda_j(4\beta t\lambda_j^2 + 2\alpha t\lambda_j + x) \quad (j = 1,\ 2).$$

利用约束条件 $c_{1,2}^{[1]}(-x,-t) = c_{2,1}^{[1]}(x,t)$ 可以得到下面的关系

$$\mu_1 = \mu_1\mu_2^2, \quad \mu_2 = \mu_1^2\mu_2, \tag{7.2.35}$$

根据表达式 (7.2.35) 可以看到, $\mu_1^2 = 1$, $\mu_2^2 = 1$. 因此我们需要分以下几种情况来详细讨论.

    情况 1 $\mu_1 = -1$, $\mu_2 = 1$.

    通过方程 (7.2.31), 我们可以得到非局部 Hirota 方程下面的新解:

$$u^{[1]} = \frac{2i(\lambda_1 - \lambda_2)}{e^{\xi_1} + e^{\xi_2}}. \tag{7.2.36}$$

为了保证解不存在奇点, 我们要求表达式

$$|e^{\xi_1} + e^{\xi_2}|^2 = 2e^{(\xi_{1R}+\xi_{2R})}(\cosh(\xi_{1R} - \xi_{2R}) + \cos(\xi_{1I} - \xi_{2I})) \tag{7.2.37}$$

非零, 这里 $\lambda_j = \kappa_j + i\omega_j$, κ_j, ω_j 都是实数, 且

$$\xi_{jR} = \Re(\xi_j) = -2\omega_j x - 8\omega_j(3\beta\kappa_j^2 - \beta\omega_j^2 + \alpha\omega_j)t,$$

$$\xi_{jI} = \Im(\xi_j) = -2x\kappa_j + 4(2\beta\kappa_j^3 - 6\beta\kappa_j\omega_j^2 + \alpha\kappa_j^2 + \alpha\omega_j^2)t.$$

为了保证方程 (7.2.37) 不等于零, λ_j $(j = 1,\ 2)$ 必须满足下面两个条件:

    (a) $(\omega_1 + \omega_2)\alpha + 2\beta[\omega_1(2\kappa_1 + \kappa_2) + \omega_2(\kappa_1 + 2\kappa_2)] = 0$;

    (b) $\omega_1 = \omega_2$ 和 $\omega_1(\omega_1^2\beta - 3\beta\omega_1^2 - \alpha\kappa_1) = \omega_2(\omega_2^2\beta - 3\beta\omega_2^2 - \alpha\kappa_2)$ 不能同时成立.

$$(7.2.38)$$

接下来, 我们根据条件 (7.2.38) 和方程 (7.2.36) 来讨论非局部 Hirota 方程的几种特殊类型的 1-孤立子解.

(1) 取 $\kappa_1 = \kappa_2, \omega_1 = -\omega_2$, 则 $\xi_{1R} + \xi_{2R} = 0$ 对于所有的 $(x,t) \in R^2$ 成立, 且满足条件 (7.2.38), 则可以得到下面这种类型的典型孤立子解

$$u^{[1]}(x,t) = -2ie^{-2i(\kappa_1 x - 2i((2\beta\kappa_1(3\omega_1^2 - \kappa_1^2) + \alpha(\omega_1^2 - \kappa_1^2))))}$$

$$\times (2\omega_1 x - 8\omega_1(\omega_1^2\beta - 3\beta\kappa_1^2 - \alpha\kappa_1)). \tag{7.2.39}$$

当 $v_1^2\beta - 3\beta\kappa_1^2 - \alpha\kappa_1 > 0$ 时, 孤立子沿着 x-轴向右传播, 而如果当 $v_1^2\beta - 3\beta\kappa_1^2 - \alpha\kappa_1 < 0$ 时, 孤立子则向左传播. 当 $v_1^2\beta - 3\beta\kappa_1^2 - \alpha\kappa_1 = 0$ 时, 孤立子是静止不动的. 解 (7.2.39) 的图像如图 7.1, 该组图片刻画了上述性质.

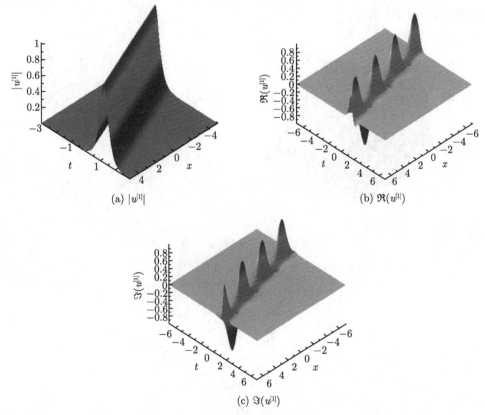

(a) $|u^{[1]}|$ (b) $\Re(u^{[1]})$

(c) $\Im(u^{[1]})$

图 7.1 解 (7.2.39) 的演化图, 其中参数值的选取如下: $\kappa_1 = -\dfrac{1}{2}$, $\omega_1 = \dfrac{1}{2}$, $\alpha = 1$, $\beta = -1$, 满足 $\omega_1^2\beta - 3\beta\kappa_1^2 - \alpha\kappa_1 > 0$. (a) 表示的是解的模的图形. (b) 表示的是解的实部的图像. (c) 表示的是解的虚部的图像

(2) 取 $\omega_2 = 0$, $\kappa_2 = -2\kappa_1$, 则 $\xi_{2R} = 0$ 对于所有的 $(x,t) \in R^2$ 成立, 此时可以得到如下的复解:

$$u^{[1]} = \frac{2i(3\kappa_1 + i\omega_1)e^{4i\kappa_1(x+4\kappa_1(4\beta\kappa_1-\alpha)t)}}{1 + e^{2\omega_1(-x+8(\beta\omega_1^3-3\beta\omega_1\kappa_1^2-\alpha\kappa_1\omega_1)t-2i(-3\kappa_1 x+(12\beta\kappa_1(\omega_1^2-3\kappa_1^2)+2\alpha(\omega_1^2+3\kappa_1^2))))}},$$

$$(7.2.40)$$

通过解 (7.2.40), 我们发现, 如果 $\omega_1 < 0$, 复解的传播形式是一个扭结孤立子, 且当 $\omega_1 > 0$ 时, 波形是一个反扭结的形式. 类似地, 当 $v_1^2\beta - 3\beta\kappa_1^2 - \alpha\kappa_1 > 0$ 时, 孤立子沿着 x-轴向右传播, 当 $v_1^2\beta - 3\beta\kappa_1^2 - \alpha\kappa_1 < 0$ 时, 孤立子沿着 x-轴向左传播. 当 $\omega_1^2\beta - 3\beta\kappa_1^2 - \alpha\kappa_1 = 0$ 时, 孤立子是静止的.

情况 2 $\mu_1 = \mu_2 = 1$ 或者 $\mu_1 = \mu_2 = -1$.

在这种情况下, 通过取不同的参数, 可以得到方程 (7.2.1) 不同类型的孤子解, 如图 7.2—图 7.5 所示.

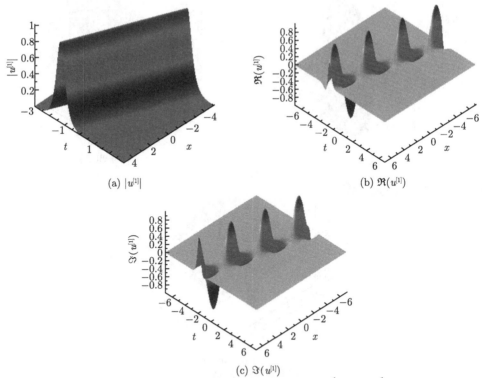

(a) $|u^{[1]}|$　　　　　　　　　　(b) $\Re(u^{[1]})$

(c) $\Im(u^{[1]})$

图 7.2　解 (7.2.39) 的演化图, 其中参数值的选取如下: $\kappa_1 = -\frac{1}{2}$, $\omega_1 = \frac{1}{2}$, $\alpha = -1$, $\beta = 1$, 满足 $v_1^2\beta - 3\beta\kappa_1^2 - \alpha\kappa_1 < 0$. (a) 表示的是解的模的图形. (b) 表示的是解的实部的图像. (c) 表示的是解的虚部的图像

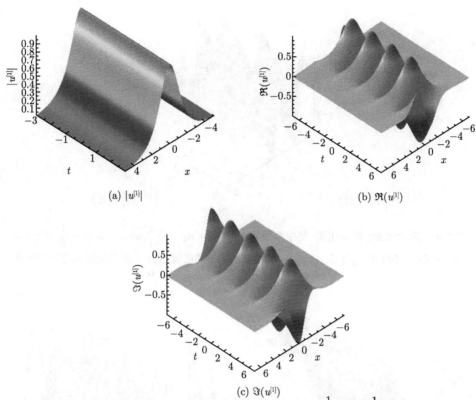

图 7.3　解 (7.2.39) 的静态图, 其中参数值的选取如下: $\mu_1 = -\dfrac{1}{2}$, $v_1 = \dfrac{1}{2}$, $\alpha = -1$, $\beta = -1$, 满足 $v_1^2 \beta - 3\beta\kappa_1^2 - \alpha\kappa_1 = 0$. (a) 表示的是解的模的图形. (b) 表示的是解的实部的图像. (c) 表示的是解的虚部的图像

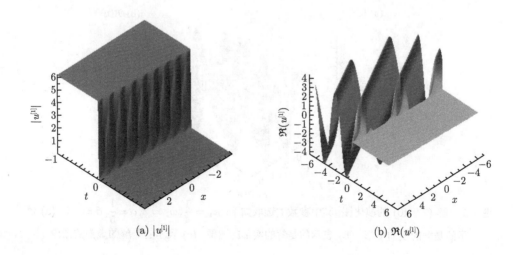

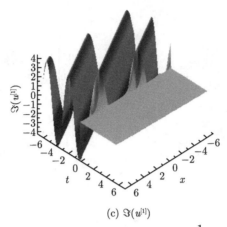

(c) $\Im(u^{[1]})$

图 7.4　解 (7.2.40) 的演化图, 其中参数的选取如下: $\kappa_1 = -\dfrac{1}{4}, \omega_1 = -3, \alpha = \dfrac{1}{5}, \beta = -2$. (a) 表示的是解的模的图形. (b) 表示的是解的实部的图像. (c) 表示的是解的虚部的图像

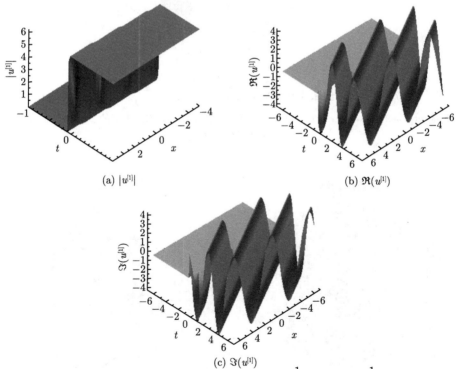

(a) $|u^{[1]}|$　　　　　　　　　　　(b) $\Re(u^{[1]})$

(c) $\Im(u^{[1]})$

图 7.5　解 (7.2.40) 的演化图, 其中参数的选取如下: $\kappa_1 = \dfrac{1}{4}, \omega_1 = 3, \alpha = \dfrac{1}{5}, \beta = -2$. (a) 表示的是解的模的图形. (b) 表示的是解的实部的图像. (c) 表示的是解的虚部的图像

类似于情况 1 的分析, 我们可以得到下面的解:

$$u^{[1]} = \frac{2i(\lambda_2 - \lambda_1)}{e^{\xi_1} - e^{\xi_2}}. \tag{7.2.41}$$

通过表达式 (7.2.41), 我们看到当 (x, t) 满足下面的方程时

$$|e^{\xi_1} - e^{\xi_2}|^2 = 2e^{(\xi_{1R} + \xi_{2R})}(\cosh(\xi_{1R} - \xi_{2R}) - \cos(\xi_{1I} - \xi_{2I})) = 0,$$

也就是说

$$\cosh(\xi_{1R} - \xi_{2R}) - \cos(\xi_{1I} - \xi_{2I}) = 0,$$

即 $\xi_{1R} - \xi_{2R} = 0$, $\xi_{1I} - \xi_{2I} = 2k\pi$, 解 (7.2.41) 有无穷多奇点.

类似地, 我们还可以讨论以下三种情况: $\mu_1 = 1$, $\mu_2 = -1$; $\mu_1 = i$, $\mu_2 = -i$ 及 $\mu_1 = -i$, $\mu_2 = i$.

2. 非局部 Hirota 方程的二孤立子解

本小节我们将利用 2 阶 Darboux 变换来构造非局部 Hirota 方程的二孤立子解. 首先利用表达式 (7.2.25) 和 (7.2.29), 确定出 $c_{1,2}^{[2]}$. 考虑条件 $c_{12}^{[2]}(-x, -t) = c_{21}^{[2]}(x, t)$, 可以得到 $\mu_3^2 = 1, \mu_4^2 = 1$. 结合上面得出的条件, 取 $\mu_1 = -1$, $\mu_2 = 1$, $\mu_3 = -1$, $\mu_4 = 1$. 通过取不同的特征值, 我们可以得到两种不同类型的相互作用解.

(1) 亮孤立子与亮孤立子之间的相互作用解.

这里我们取特征值为复共轭常数, 即 $\lambda_1 = \lambda_2^* = \kappa_1 + i\omega_1$, $\lambda_3 = \lambda_4^* = \kappa_2 + i\omega_2$, 则通过表达式 (7.2.31), 可以得到 $u^{[2]}$ 的具体表达式如下:

$$u^{[2]}(x, t) = -\frac{4iH_1}{H_2}, \tag{7.2.42}$$

其中

$$
\begin{aligned}
H_1 =\ & e^{-i(3\xi_{1I} + \xi_{2I})}v_2(v_1^2 - v_2^2 - (\kappa_1 - \kappa_2)^2)(\cosh(3\xi_{1R}) + 3\cosh(\xi_{1R})) \\
& + 2ie^{-i(3\xi_{1I} + \xi_{2I})}v_1v_2(\kappa_1 - \kappa_2)(\sinh(\xi_{1R}) + \sinh(3\xi_{1R})) \\
& - e^{2i\xi_{1I}}(\omega_1^2 - \omega_2^2 + (\kappa_1 - \kappa_2)^2)(2\cosh(\xi_{2R}) + \cosh(2\xi_{1R} + \xi_{2R}) \\
& + \cosh(2\xi_{1R} - \xi_{2R})) - 2ie^{2i\xi_{1I}}\omega_1\omega_2(\kappa_1 - \kappa_2)(2\sinh(\xi_{2R}) \\
& + \sinh(2\xi_{1R} + \xi_{2R}) - \sinh(2\xi_{1R} - \xi_{2R})), \\
H_2 =\ & -4i\omega_1\omega_2\cosh(2\xi_{1R})(e^{i(2\xi_{1I} + \xi_{2I})} + e^{-i(\xi_{2I} - 4\xi_{1I})}) \\
& - 4i\omega_1\omega_2(e^{i(2\xi_{1I} + \xi_{2I})} + e^{-i(\xi_{2I} - 4\xi_{1I})}) \\
& + ie^{-3i\xi_{1I}}\cosh(\xi_{1R} - \xi_{2R})(3(\omega_1^2 + \omega_2^2) + 2\omega_1\omega_2 + 3(\kappa_1 - \kappa_2)^2)
\end{aligned}
$$

$$-ie^{-3i\xi_{1I}}\cosh(\xi_{1R}+\xi_{2R})(3(\omega_1^2+\omega_2^2)-2\omega_1\omega_2+3(\kappa_1-\kappa_2)^2)$$

$$-ie^{-3i\xi_{1I}}\cosh(3\xi_{1R}-\xi_{2R})(i(\kappa_1-\kappa_2)-(\omega_1+\omega_2))(i(\kappa_1-\kappa_2)+\omega_1+\omega_2)$$

$$-ie^{-3i\xi_{1I}}\cosh(3\xi_{1R}+\xi_{2R})(i(\kappa_1-\kappa_2)+\omega_1-\omega_2)(i(\kappa_1-\kappa_2)-\omega_1+\omega_2).$$

解 (7.2.42) 对应的图形如图 7.6 所示. 通过图 7.6, 我们发现两个亮孤立子在碰撞之后的传播速度和方向没有发生改变, 体现了孤立子之间的弹性碰撞性质.

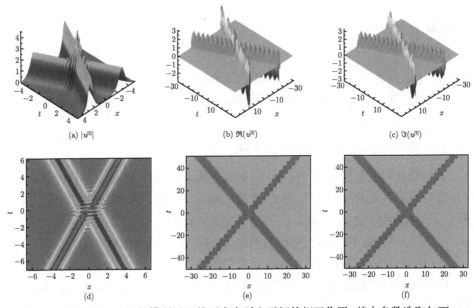

图 7.6　复解 (7.2.42) 的模所展现的两个亮孤立子的相互作用, 其中参数选取如下: $\kappa_1=\dfrac{1}{2}$, $\omega_1=-1$, $\kappa_2=-1$, $\omega_2=\dfrac{3}{2}$, $\alpha=\dfrac{1}{2}$, $\beta=\dfrac{1}{2}$. (a) 表示的是解的模的图像. (b) 表示的是解的实部的图像. (c) 表示的是解的虚部的图像. (d)—(f) 分别表示的是 (a)—(c) 的密度图 (文后附彩图)

(2) 扭结孤立子和亮孤立子之间的相互作用解.

这里取 $\lambda_1=0$, $\lambda_2=\dfrac{i}{2}$, $\lambda_3=-\dfrac{i}{2}$, $\lambda_4=-\dfrac{i}{2}$, 则通过方程 (7.2.31), 我们可以得到扭结孤立子和亮孤立子的相互作用解如下:

$$u^{[2]}(x,t)=-\frac{H_4}{H_3},\tag{7.2.43}$$

其中

$$H_3=-e^{-11\beta t-2x}(5(e^{x-i\alpha t+18\beta t}+e^{\beta t+6x-2i\alpha t})+7(e^{2x-2i\alpha t+17\beta t}+e^{2\beta t+5x-i\alpha t})$$

$$+3(e^{3x-3i\alpha t+16\beta t} + e^{3\beta t+4x}) - 2(e^{2x-4i\alpha t+11\beta t} + e^{10\beta t+3x+3i\alpha t})$$

$$+4(e^{3x-5i\alpha t+10\beta t} + e^{9\beta t+4x+2i\alpha t}) - 2(e^{4x-6i\alpha t+9\beta t} + e^{8\beta t+5x+i\alpha t})$$

$$+e^{19\beta t} + e^{7x-3i\alpha t}),$$

$$H_4 = e^{-2x-10\beta t}(2e^{x-i\alpha t+17\beta t} + e^{2x-2i\alpha t+16\beta t} + e^{18\beta t} - 6e^{2x+4i\alpha t+10\beta t}$$

$$-20e^{3(x+i\alpha t+3\beta t)} - 22e^{4x+2i\alpha t+8\beta t} - 8e^{5x+i\alpha t+7\beta t} + 6e^{5x-i\alpha t+\beta t}$$

$$+3e^{6x-2i\alpha t} + 3e^{4x+2\beta t}),$$

解 (7.2.43) 对应的图形如图 7.7 所示.

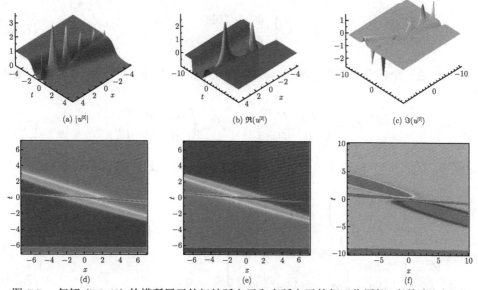

图 7.7 复解 (7.2.43) 的模所展示的扭结孤立子和亮孤立子的相互作用解, 参数选取如下: $\kappa_1 = \dfrac{1}{2}$, $\omega = -1$, $\kappa_2 = -1$, $\omega = \dfrac{3}{2}$, $\alpha = \dfrac{1}{2}$, $\beta = \dfrac{1}{2}$. (a) 表示的是解的模的图像. (b) 表示的是解的实部的图像. (c) 表示的是解的虚部的图像. (d)—(f) 分别表示的是 (a)—(c) 的密度图

通过图形 7.7, 我们看到碰撞前后, 扭结孤立子和亮孤立子的相位并没有发生变化. 然而, 孤立子波的背景由碰撞前的零背景波变为了碰撞后的非零背景波.

7.3 非局部耦合 AKNS 方程组的可积性、Darboux 变换及精确解

下面我们来研究时间反演的非局部耦合 AKNS 方程组的可积性、Darboux 变换及精确解, 非局部耦合 AKNS 方程组的具体形式如下:

$$\begin{cases} p_t(x,t) - \dfrac{i}{2}p_{xx}(x,t) + ip^2(x,t)p(x,-t) = 0, \\[2mm] r_t(x,t) + \dfrac{i}{2}(p_{xx}(x,t) - r_{xx}(x,t)) - ip^2(x,t)(p(x,-t) - r(x,-t)) \\[2mm] \quad + 2ip(x,t)r(x,t)p(x,-t) = 0, \end{cases} \tag{7.3.1}$$

这里 $i^2 = -1$, p 和 r 不仅是关于变量 (x,t) 的函数, 也是关于变量 $(x,-t)$ 的函数, 因此, 方程组 (7.3.1) 被称为非局部耦合 AKNS 方程组. 方程组 (7.3.1) 也被称为非局部耦合的 Schrödinger 方程组, 下面给出方程组 (7.3.1) 的具体推导过程.

假设方程组 (7.3.1) 有下面的谱问题形式:

$$\begin{cases} \Phi_x = U\Phi, \\ \Phi_t = V\Phi, \end{cases} \tag{7.3.2}$$

这里 Φ 是一个四分量向量, 即 $\Phi = (\Phi_1, \Phi_2, \Phi_3, \Phi_4)^{\mathrm{T}}$, 向量 U, V 有下面的矩阵形式:

$$U = \begin{pmatrix} U_0 & U_1 \\ 0 & U_0 \end{pmatrix}, \quad V = \begin{pmatrix} V_0 & V_1 \\ 0 & V_0 \end{pmatrix}, \tag{7.3.3}$$

矩阵 U_0, U_1, V_0, V_1 依赖于函数 $p(x,t), q(x,t), r(x,t), s(x,t)$ 及谱参数 λ.

$$U_0 = \begin{pmatrix} -i\lambda & p \\ q & i\lambda \end{pmatrix}, \quad U_1 = \begin{pmatrix} -i\lambda & r \\ s & i\lambda \end{pmatrix},$$

$$V_0 = \begin{pmatrix} -i\lambda^2 - \dfrac{1}{2}ipq & \lambda p + \dfrac{1}{2}ip_x \\[2mm] \lambda p - \dfrac{1}{2}iq_x & i\lambda^2 + \dfrac{1}{2}ipq \end{pmatrix}, \tag{7.3.4}$$

$$V_1 = \begin{pmatrix} -i\lambda^2 + \dfrac{1}{2}i(pq - ps - qr) & \lambda r + \dfrac{1}{2}i(r_x - p_x) \\[2mm] \lambda s + \dfrac{1}{2}i(q_x - s_x) & i\lambda^2 - \dfrac{1}{2}i(pq - ps - qr) \end{pmatrix},$$

其中 $p = p(x,t), q = q(x,t), r = r(x,t), s = s(x,t)$, 方程组 (7.3.2) 可由相容性条件 $\Phi_{xt} = \Phi_{tx}$ 推出.

$$p_t - \frac{i}{2}p_{xx} + ip^2 q = 0,$$

$$q_t + \frac{i}{2}q_{xx} - ipq^2 = 0,$$

$$r_t + \frac{i}{2}(p_{xx} - r_{xx}) - ip^2(q - s) + 2ipqr = 0,$$

$$s_t + \frac{i}{2}(s_{xx} - q_{xx}) + iq^2(p - r) - 2ipqr = 0. \tag{7.3.5}$$

非局部耦合的 AKNS 方程组 (7.3.1) 通过对方程组 (7.3.5) 实施下面的对称约化:

$$q = p(x, -t), \quad s = r(x, -t) \tag{7.3.6}$$

获得.

非局部耦合 AKNS 方程组 (7.3.1) 的 Lax 对可以通过将表达式 (7.4.4) 代入方程组 (7.3.3), (7.3.4) 和 (7.3.2) 获得, 因此方程组 (7.3.1) 仍然是可积的. 下面我们将利用规范变换的方法构造非局部耦合的 AKNS 方程组的 Darboux 变换.

7.3.1 非局部耦合 AKNS 方程组的 Darboux 变换

为了研究非局部方程组 (7.3.1) 的 Darboux 变换, 我们首先来学习局部方程 (7.3.5) 的 Darboux 变换. 构造 Darboux 变换的第一步是先要构造下面的规范变换

$$\Phi^{[1]} = T^{[1]}\Phi, \tag{7.3.7}$$

在上面的规范变换下, 谱问题 (7.3.2) 被转化为

$$\begin{aligned} \Phi_x^{[1]} &= U^{[1]}\Phi^{[1]}, \\ \Phi_t^{[1]} &= V^{[1]}\Phi^{[1]}, \end{aligned} \tag{7.3.8}$$

其中

$$\begin{aligned} U^{[1]} &= (T_x^{[1]} + T^{[1]}U)(T^{[1]})^{-1}, \\ V^{[1]} &= (T_t^{[1]} + T^{[1]}V)(T^{[1]})^{-1}. \end{aligned} \tag{7.3.9}$$

接下来的任务是构造矩阵 $T^{[1]}$, 要求 $U^{[1]}, V^{[1]}$ 具有与 U, V 相同的形式, 同时 p, q, r, s 被映射为新的势函数 $p^{[1]}, q^{[1]}, r^{[1]}, s^{[1]}$. 具体的构造过程如下. 假设 $T^{[1]}$ 具有下面的形式:

$$T^{[1]} = \begin{pmatrix} T_0 & T_1 \\ 0 & T_0 \end{pmatrix}. \tag{7.3.10}$$

假设 T_0 和 T_1 具有下面的形式:

$$T_0 = \begin{pmatrix} \lambda + b_{11}^{[1]}(x,t) & b_{12}^{[1]}(x,t) \\ b_{21}^{[1]}(x,t) & \lambda + b_{22}^{[1]}(x,t) \end{pmatrix},$$

$$T_1 = \begin{pmatrix} \lambda + b_{13}^{[1]}(x,t) & b_{14}^{[1]}(x,t) \\ b_{23}^{[1]}(x,t) & \lambda + b_{24}^{[1]}(x,t) \end{pmatrix},$$

这里 $b_{ij}^{[1]}(x,t)$ $(i=1,2,\ j=1,2,3,4)$ 是待定函数. 将表达式 (7.3.10) 代入 (7.3.9) 中, 通过平衡 λ 不同幂次的系数, 可以得到

$$\begin{aligned} p^{[1]} &= p + 2ib_{12}^{[1]}(x,t), \\ q^{[1]} &= q - 2ib_{21}^{[1]}(x,t), \\ r^{[1]} &= r + 2ib_{14}^{[1]}(x,t), \\ s^{[1]} &= s - 2ib_{23}^{[1]}(x,t), \end{aligned} \qquad (7.3.11)$$

这里 $p^{[1]} = p^{[1]}(x,t), q^{[1]} = q^{[1]}(x,t), r^{[1]} = r^{[1]}(x,t), s^{[1]} = s^{[1]}(x,t)$, 这个结果和文献 [243] 中的结论是一致的. 但是因为我们研究的是非局部模型, 因此有下面的新结果, 利用对称约化 (7.4.4) 可以得到, $q^{[1]}(x,t) = p^{[1]}(x,-t), s^{[1]}(x,t) = r^{[1]}(x,-t)$, 因此有下面的结论成立:

$$\begin{aligned} b_{12}^{[1]}(x,t) &= -b_{21}^{[1]}(x,-t), \\ b_{14}^{[1]}(x,t) &= -b_{23}^{[1]}(x,-t), \end{aligned} \qquad (7.3.12)$$

所以说规范变换 (7.3.7) 可以由 $b_{11}^{[1]}(x,t), b_{21}^{[1]}(x,t), b_{22}^{[1]}(x,t), b_{23}^{[1]}(x,t)$ 这四个函数确定. 同时, 我们还可以证明 $U^{[1]}, V^{[1]}$ 和 U, V 具有相同的形式, 且非局部耦合的 AKNS 方程组 (7.3.1) 的 n 阶 Darboux 变换可以被构造.

$$\Phi^{[n]} = T_n(\lambda)\Phi = T^{[n]}(\lambda)T^{[n-1]}(\lambda)\cdots T^{[k]}(\lambda)\cdots T^{[1]}(\lambda)\Phi, \qquad (7.3.13)$$

规范变换 $T^{[k]}(\lambda)$ 与表达式 (7.3.10) 具有相似的形式, 且

$$\begin{aligned} b_{12}^{[k]}(x,t) &= -b_{21}^{[k]}(x,-t), \\ b_{14}^{[k]}(x,t) &= -b_{23}^{[k]}(x,-t), \quad k = 1,2,\cdots,N. \end{aligned} \qquad (7.3.14)$$

因此, 非局部耦合的 AKNS 方程组的 n 阶 Darboux 变换具体形式如下:

$$\begin{aligned} p^{[k]} &= p - 2ib_{21}^{[k]}(x,-t), \\ r^{[k]} &= r - 2ib_{23}^{[k]}(x,-t). \end{aligned} \qquad (7.3.15)$$

为了得到上面四个待定函数的具体形式, 假定谱参数问题 ((7.3.2)) 有如下两组解:

$$\begin{aligned} \Phi_1 &= (f_{11}(\lambda), f_{12}(\lambda), f_{13}(\lambda), f_{14}(\lambda))^{\mathrm{T}}, \\ \Phi_2 &= (f_{21}(\lambda), f_{22}(\lambda), f_{23}(\lambda), f_{24}(\lambda))^{\mathrm{T}}. \end{aligned} \qquad (7.3.16)$$

利用 Darboux 变换的等价性定理, 即 $T^{[1]}(\lambda;\lambda_k)|_{\lambda=\lambda_k}\Phi_k = 0$ $(k = 1,2)$, 我们可以得到下面的决定方程组:

$$\begin{cases} \sum_{i=1}^{4} f_{1i}(\lambda_1)b_{1i}^{[1]}(x,t) = -\lambda_1(f_{11}(\lambda_1) + f_{13}(\lambda_1)), \\[2mm] \sum_{i=1}^{4} f_{2i}(\lambda_2)b_{1i}^{[1]}(x,t) = -\lambda_2(f_{21}(\lambda_2) + f_{23}(\lambda_2)), \\[2mm] f_{13}(\lambda_1)b_{11}^{[1]}(x,t) + f_{14}(\lambda_1)b_{12}^{[1]}(x,t) = -\lambda_1 f_{13}(\lambda_1), \\[2mm] f_{23}(\lambda_2)b_{11}^{[1]}(x,t) + f_{24}(\lambda_2)b_{12}^{[1]}(x,t) = -\lambda_2 f_{23}(\lambda_2), \end{cases} \tag{7.3.17}$$

$$\begin{cases} \sum_{i=1}^{4} f_{1i}(\lambda_1)b_{2i}^{[1]}(x,t) = -\lambda_1(f_{12}(\lambda_1) + f_{14}(\lambda_1)), \\[2mm] \sum_{i=1}^{4} f_{2i}(\lambda_2)b_{2i}^{[1]}(x,t) = -\lambda_2(f_{22}(\lambda_2) + f_{24}(\lambda_2)), \\[2mm] f_{13}(\lambda_1)b_{21}^{[1]}(x,t) + f_{14}(\lambda_1)b_{22}^{[1]}(x,t) = -\lambda_1 f_{14}(\lambda_1), \\[2mm] f_{23}(\lambda_2)b_{21}^{[1]}(x,t) + f_{24}(\lambda_2)b_{22}^{[1]}(x,t) = -\lambda_2 f_{24}(\lambda_2). \end{cases} \tag{7.3.18}$$

从方程组 (7.3.17), (7.3.18), 我们知道这是一个关于变量 $b_{ij}^{[1]}(x,t)$ $(i = 1,2,$ $j = 1,2,3,4)$ 的线性方程组, 通过 Vandermonde 公式求解, 我们可以得到它的精确解. 令

$$M = \begin{pmatrix} f_{11} & f_{12} & f_{13} & f_{14} \\ f_{21} & f_{22} & f_{23} & f_{24} \\ f_{13} & f_{14} & 0 & 0 \\ f_{23} & f_{24} & 0 & 0 \end{pmatrix},$$

则

$$b_{12}^{[1]}(x,t) = \frac{1}{|M|} \begin{vmatrix} f_{11} & -\lambda_1(f_{11} + f_{13}) & f_{13} & f_{14} \\ f_{21} & -\lambda_2(f_{21} + f_{23}) & f_{23} & f_{24} \\ f_{13} & -\lambda_1 f_{13} & 0 & 0 \\ f_{23} & -\lambda_2 f_{23} & 0 & 0 \end{vmatrix},$$

$$b_{21}^{[1]}(x,t) = \frac{1}{|M|} \begin{vmatrix} -\lambda_1(f_{12} + f_{14}) & f_{12} & f_{13} & f_{14} \\ -\lambda_2(f_{22} + f_{24}) & f_{22} & f_{23} & f_{24} \\ -\lambda_1 f_{14} & f_{14} & 0 & 0 \\ -\lambda_2 f_{24} & f_{24} & 0 & 0 \end{vmatrix},$$

$$b_{14}^{[1]}(x,t) = \frac{1}{|M|} \begin{vmatrix} f_{11} & f_{12} & f_{13} & -\lambda_1(f_{11}+f_{13}) \\ f_{21} & f_{22} & f_{23} & -\lambda_2(f_{21}+f_{23}) \\ f_{13} & f_{14} & 0 & -\lambda_1 f_{13} \\ f_{23} & f_{24} & 0 & -\lambda_2 f_{23} \end{vmatrix},$$

$$b_{23}^{[1]}(x,t) = \frac{1}{|M|} \begin{vmatrix} f_{11} & f_{12} & -\lambda_1(f_{12}+f_{14}) & f_{14} \\ f_{21} & f_{22} & -\lambda_2(f_{22}+f_{24}) & f_{24} \\ f_{13} & f_{14} & -\lambda_1 f_{14} & 0 \\ f_{23} & f_{24} & -\lambda_2 f_{24} & 0 \end{vmatrix}. \tag{7.3.19}$$

在约束条件 (7.3.14) 下, 局部方程的 Darboux 变换与非局部方程的 Darboux 变换存在着较大的差异. 我们将会在 7.3.2 小节中利用 Darboux 变换给出非局部方程组 (7.3.2) 的精确解.

7.3.2　非局部耦合 AKNS 方程组的 1 阶 Darboux 变换

我们从零种子解出发, 取方程组 (7.3.2) 中的 $p=q=r=s=0$, 则 Lax 对满足下面的方程组:

$$\begin{aligned} \Phi_{1x} &= -i\lambda\Phi_1 - i\lambda\Phi_3, \\ \Phi_{1t} &= -i\lambda^2\Phi_1 - i\lambda^2\Phi_3, \\ \Phi_{2x} &= i\lambda\Phi_2 + i\lambda\Phi_4, \\ \Phi_{2t} &= i\lambda^2\Phi_2 + i\lambda^2\Phi_4, \\ \Phi_{3x} &= i\lambda\Phi_3, \\ \Phi_{3t} &= -i\lambda^2\Phi_3, \\ \Phi_{4x} &= i\lambda\Phi_3, \\ \Phi_{4t} &= i\lambda^2\Phi_4, \end{aligned} \tag{7.3.20}$$

通过计算可得上面方程组的精确为

$$\Phi_1 = \begin{pmatrix} f_{11}(\lambda_1) \\ f_{12}(\lambda_1) \\ f_{13}(\lambda_1) \\ f_{14}(\lambda_1) \end{pmatrix} = \begin{pmatrix} -(ic_1\lambda_1^2 t + ic_1\lambda_1 x - c_3)e^{(-i\lambda_1^2 t - i\lambda_1 x)} \\ (ic_2\lambda_1^2 t + ic_2\lambda_1 x + c_4)e^{(i\lambda_1^2 t + i\lambda_1 x)} \\ c_1 e^{-(i\lambda_1^2 t + i\lambda_1 x)} \\ c_2 e^{(i\lambda_1^2 t + i\lambda_1 x)} \end{pmatrix},$$

$$\Phi_2 = \begin{pmatrix} f_{21}(\lambda_2) \\ f_{22}(\lambda_2) \\ f_{23}(\lambda_2) \\ f_{24}(\lambda_2) \end{pmatrix} = \begin{pmatrix} -(ic_5\lambda_2^2 t + ic_5\lambda_2 x - c_7)e^{(-i\lambda_2^2 t - i\lambda_2 x)} \\ (ic_6\lambda_2^2 t + ic_6\lambda_2 x + c_8)e^{(i\lambda_2^2 t + i\lambda_2 x)} \\ c_5 e^{-(i\lambda_2^2 t + i\lambda_2 x)} \\ c_6 e^{(i\lambda_2^2 t + i\lambda_2 x)} \end{pmatrix}, \tag{7.3.21}$$

Φ_1 和 Φ_2 分别是当谱参数 $\lambda = \lambda_1$, $\lambda = \lambda_2$ 时方程组 (7.3.20) 的解. c_1, c_2, c_3, c_4 和 c_5, c_6, c_7, c_8 是 8 个任意常数. 将表达式 (7.3.21) 代入方程组 (7.3.20) 中, 可以得到

$$b_{12}^{[1]}(x,t) = \frac{(\lambda_1 - \lambda_2)c_1 e^{(-I(t\lambda_1^2 + t\lambda_2^2 + x\lambda_1 + x\lambda_2))}c_5}{c_1 e^{(-I(\lambda_1 - \lambda_2)(t\lambda_1 + t\lambda_2 + x))}c_6 - c_2 e^{((\lambda_1 - \lambda_2)(t\lambda_1 + t\lambda_2 + x)I)}c_5},$$

$$b_{21}^{[1]}(x,t) = \frac{(\lambda_1 - \lambda_2)c_6 e^{((t\lambda_1^2 + t\lambda_2^2 + x\lambda_1 + x\lambda_2)I)}c_2}{c_1 e^{(-I(\lambda_1 - \lambda_2)(t\lambda_1 + t\lambda_2 + x))}c_6 - c_2 e^{((\lambda_1 - \lambda_2)(t\lambda_1 + t\lambda_2 + x)I)}c_5},$$

$$b_{14}^{[1]}(x,t) = \frac{(\lambda_1 - \lambda_2)(2c_2^2 c_5 c_6 t\lambda_2^2 + 2c_2^2 c_5 c_6 x\lambda_2 - c_2^2 c_5 c_6 I - c_2^2 c_5 c_8 I + c_2^2 c_6 c_7 I)e^{(2I\lambda_1(t\lambda_1 + x))}I}{c_1^2 e^{(-2I(\lambda_1 - \lambda_2)(t\lambda_1 + t\lambda_2 + x))}c_6^2 - 2c_1 c_6 c_2 c_5 + c_2^2 e^{(2I(\lambda_1 - \lambda_2)(t\lambda_1 + t\lambda_2 + x))}c_5^2}$$
$$+ \frac{(\lambda_1 - \lambda_2)(-2c_1 c_2 c_6^2 t\lambda_1^2 - 2c_1 c_2 c_6^2 x\lambda_1 + c_6^2 c_1 c_2 I + c_6^2 c_1 c_4 I - c_6^2 c_2 c_3 I)e^{(2I\lambda_2(t\lambda_2 + x))}I}{c_1^2 e^{(-2I(\lambda_1 - \lambda_2)(t\lambda_1 + t\lambda_2 + x))}c_6^2 - 2c_1 c_6 c_2 c_5 + c_2^2 e^{(2I(\lambda_1 - \lambda_2)(t\lambda_1 + t\lambda_2 + x))}c_5^2},$$

$$b_{23}^{[1]}(x,t) = \frac{(\lambda_1 - \lambda_2)(-2c_1^2 c_5 c_6 t\lambda_2^2 - 2c_1^2 c_5 c_6 x\lambda_2 - c_1^2 c_5 c_6 I + c_1^2 c_5 c_8 I - c_1^2 c_6 c_7 I)e^{(-2I\lambda_1(t\lambda_1 + x))}I}{c_1^2 e^{(-2I(\lambda_1 - \lambda_2)(t\lambda_1 + t\lambda_2 + x))}c_6^2 - 2c_1 c_6 c_2 c_5 + c_2^2 e^{(2I(\lambda_1 - \lambda_2)(t\lambda_1 + t\lambda_2 + x))}c_5^2}$$
$$+ \frac{(\lambda_1 - \lambda_2)(2c_1 c_2 c_5^2 t\lambda_1^2 + 2c_1 c_2 c_5^2 x\lambda_1 + c_5^2 c_1 c_2 I - c_5^2 c_1 c_4 I + c_5^2 c_2 c_3 I)e^{(-2I\lambda_2(t\lambda_2 + x))}I}{c_1^2 e^{(-2I(\lambda_1 - \lambda_2)(t\lambda_1 + t\lambda_2 + x))}c_6^2 - 2c_1 c_6 c_2 c_5 + c_2^2 e^{(2I(\lambda_1 - \lambda_2)(t\lambda_1 + t\lambda_2 + x))}c_5^2},$$

$$(7.3.22)$$

为了构造非局部耦合方程组 (7.3.1) 的解, 下面将表达式 (7.3.22) 代入 (7.3.12) 中去, 可以得到任意常数之间的关系如下:

$$\lambda_2 = -\lambda_1,$$
$$c_1 = \frac{c_2 c_6}{c_5},$$
$$c_3 = \frac{c_5(c_2 c_8 - c_3 c_5 + c_4 c_6)}{c_2 c_6},$$
$$(7.3.23)$$

这里 $c_1, c_2, c_4, C_2, C_3, C_4$ 是任意常数. 接着, 将表达式 (7.3.22), (7.3.23) 代入 (7.3.11) 中, 可以得到非局部耦合 AKNS 方程组 (7.3.1) 的解如下:

$$p^{[1]}(x,t) = \frac{4ic_5 c_6 \lambda_1}{c_6^2 e^{-2i\lambda_1 x + 2i\lambda_1^2 t} - c_5^2 e^{2i\lambda_1 x + 2i\lambda_1^2 t}},$$

$$r^{[1]}(x,t) = \frac{4c_5 \lambda_1 e^{-2i\lambda_1^2 t - 2i\lambda_1 x}(2c_2 c_6^3 \lambda_1^2 t - 2c_2 c_6^3 \lambda_1 x + ic_2 c_6^3 - ic_3 c_5 c_6^3 + ic_4 c_6^3)}{c_2(c_6^4 e^{-4i\lambda_1 x} + c_5^4 e^{4i\lambda_1 x} - 2c_5^2 c_6^2)}$$
$$+ \frac{4c_5 \lambda_1 e^{-2i\lambda_1^2 t + 2i\lambda_1 x}(-2c_2 c_6 c_5^2 \lambda_1^2 t - 2c_2 c_6 c_5^2 \lambda_1 x - ic_2 c_6 c_5^2 - ic_3 c_5^3 + ic_4 c_6 c_5^2)}{c_2(c_6^4 e^{-4i\lambda_1 x} + c_5^4 e^{4i\lambda_1 x} - 2c_5^2 c_6^2)}.$$

$$(7.3.24)$$

这里, 我们只考虑一组共轭的特征值, 且实部为零的情况所对应的孤立子解, 即 $\lambda_1 = -\lambda_2 = \eta i, \eta \in \mathbb{R}_+$. 然而, 不同于局部耦合的 AKNS 方程组, 无论参数如何选取, 这样的孤立子解都不能在空间中移动. 为了解释这种现象, 我们选取下面一

组参数值, $\lambda_1 = i, c_2 = 0.01, c_3 = 0.01, c_4 = \pi, c_5 = e^\pi, c_6 = i$, 对应的孤立子解的图像如图 7.8 所示.

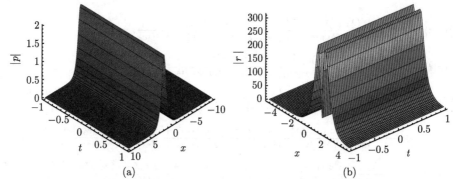

(a)　　　　　　　　　　　　(b)

图 7.8　　(a) 势函数 $p^{[1]}(x,t)$ 的模, 其中 $\lambda_1 = i, c_5 = e^\pi, c_6 = i$. (b) 势函数 $r^{[1]}(x,t)$ 的模, 其中 $\lambda_1 = i, c_2 = 0.01, c_3 = 0.01, c_4 = \pi, c_5 = e^\pi, c_6 = i$

如果谱参数是任意的复数, 孤立子既不移动也不坍缩, 但其振幅呈指数增长或衰减, 这里, 我们取下面的参数值 $\lambda_1 = 1+i, c_2 = 0.01, c_3 = 0.01, c_4 = \pi, c_5 = e^\pi, c_6 = i$, 解对应的图像如图 7.9 所示.

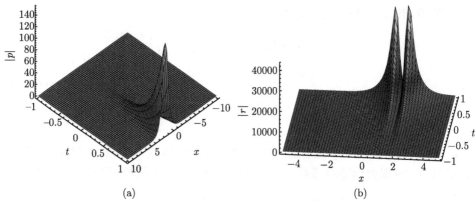

(a)　　　　　　　　　　　　(b)

图 7.9　　(a) 当参数 $\lambda_1 = 1+i, c_5 = e^\pi, c_6 = i$ 时, 势函数 $p^{[1]}(x,t)$ 的模的图形. (b) 当参数 $\lambda_1 = 1+i, c_2 = 0.01, c_3 = 0.01, c_4 = \pi, c_5 = e^\pi, c_6 = i$ 时, 势函数 $r^{[1]}(x,t)$ 的模的图形

这里我们只利用 Darboux 变换构造了非局部耦合 AKNS 方程组的两种类型的单孤立子解, 进一步地, 二孤立子解和 n 孤立子解可以在一孤立子解的基础上利用 Darboux 变换继续构造.

7.4　变系数非线性 Schrödinger 方程的 Darboux 变换

前面几节内容中, 我们研究了几类非局部方程的 Darboux 变换, 这一节, 我们将 Darboux 变换方法推广到变系数的非局部方程中来. 首先给出变系数非局部

Schrödinger 方程的推导, 接着研究该方程的 Darboux 变换及精确解.

这里我们先来考虑如下的变系数非局部 Schrödinger 方程

$$iq_t(x,t) - \delta(t)q_{xx}(x,t) - 2\delta(t)q(x,t)^2 q(x,-t) = 0, \qquad (7.4.1)$$

其中 $\delta(t)$ 是关于 t 的任意函数. 当 $\delta(t) = -1$ 时, 方程 (7.4.1) 退化为常系数非局部时间反演的 Schrödinger 方程[241], 利用 Lax 对, 可研究方程 (7.4.1) 的 Darboux 变换和精确解.

7.4.1 变系数的非局部 Schrödinger 方程

在本小节内容中, 我们给出变系数非线性非局部 Schrödinger 方程的推导. 我们知道 AKNS 系统对应下面的谱问题[244]:

$$\begin{aligned} \phi_x &= U\phi, \\ \phi_t &= V\phi, \end{aligned} \qquad (7.4.2)$$

这里 ϕ 是一个两分量的向量, 即 $\phi = (\phi_1(x,t), \phi_2(x,t))^{\mathrm{T}}$. 矩阵 U, V 依赖于函数 $q(x,t)$ 和 $r(x,t)$ 以及谱参数 λ,

$$U = \begin{pmatrix} -i\lambda & q(x,t) \\ r(x,t) & i\lambda \end{pmatrix}, \quad V = \begin{pmatrix} A & B \\ C & -A \end{pmatrix}, \qquad (7.4.3)$$

其中 A, B, C 具有下面的形式:

$$\begin{aligned} A &= \delta(t)(2i\lambda^2 + iqr), \\ B &= \delta(t)(-2\lambda q - iq_x), \\ C &= \delta(t)(-2\lambda r + ir_x). \end{aligned} \qquad (7.4.4)$$

利用相容性条件 $U_t - V_x + [U, V] = 0$, 可以得到下面的方程组:

$$\begin{aligned} q(x,t)_t &= i\delta(t)(2q(x,t)^2 r(x,t) - q(x,t)_{xx}), \\ r(x,t)_t &= i\delta(t)(-2q(x,t)r(x,t)^2 + r(x,t)_{xx}), \end{aligned} \qquad (7.4.5)$$

假设有如下的对称约化

$$r(x,t) = -q(x,-t), \qquad (7.4.6)$$

将表达式 (7.4.6) 代入 (7.4.5) 中可以得到

$$\begin{aligned} q(x,t)_t &= i\delta(t)(-2q(x,t)^2 q(x,-t) - q(x,t)_{xx}), \\ q(x,t)_t &= i\delta(-t)(-2q(x,t)^2 q(x,-t) - q(x,t)_{xx}). \end{aligned} \qquad (7.4.7)$$

通过观察发现, 当

$$\delta(t) = \delta(-t) \tag{7.4.8}$$

时, 方程组 (7.4.7) 中的两个方程相等, 也就是说 $\delta(t)$ 是偶函数时, 就可以通过方程组 (7.4.7) 推导出变系数的非线性非局部 Schrödinger 方程.

众所周知, Darboux 变换是构造可积非线性方程组精确解的有效方法, 实践证明, 这种方法不仅可以用来构造局部方程的精确解, 也可以用来构造非局部方程的精确解. 接下来, 我们将利用 Darboux 变换构造可积的变系数非线性非局部 Schrödinger 方程 (7.4.1) 的解.

7.4.2 变系数非局部 Schrödinger 方程的 Darboux 变换

类似于构造经典可积方程的 Darboux 变换, 我们先取下面的规范变换:

$$\phi^{[1]} = T^{[1]}\phi, \tag{7.4.9}$$

利用规范变换 (7.4.9), 谱问题 (7.4.2) 被转化为下面的形式:

$$\begin{aligned} \phi_x^{[1]} &= U^{[1]}\phi^{[1]}, \\ \phi_t^{[1]} &= V^{[1]}\phi^{[1]}, \end{aligned} \tag{7.4.10}$$

这里

$$\begin{aligned} U^{[1]} &= (T_x^{[1]} + T^{[1]}U)(T^{[1]})^{-1}, \\ V^{[1]} &= (T_t^{[1]} + T^{[1]}V)(T^{[1]})^{-1}, \end{aligned} \tag{7.4.11}$$

为了让矩阵 $U^{[1]}, V^{[1]}$ 分别与 U, V 具有相同的形式, 除了旧的势函数 q, r 被转化为新的势函数 $q^{[1]}, r^{[1]}$ 外, 关键是要寻找出合适的矩阵 $T^{[1]}$.

下面假设 $T^{[1]}$ 的形式如下:

$$T^{[1]} = \begin{pmatrix} \lambda + b_{11}^{[1]} & b_{12}^{[1]} \\ b_{21}^{[1]} & \lambda + b_{22}^{[1]} \end{pmatrix}, \tag{7.4.12}$$

这里 $b_{ij}^{[1]}$, $i, j = 1, 2$ 是关于 x 和 t 的函数.

将表达式 (7.4.12) 代入 (7.4.11) 中, 通过平衡 λ 不同幂次的系数, 则可以得到联系新旧势之间的关系如下:

$$\begin{aligned} q^{[1]}(x, t) &= q(x, t) + 2ib_{12}^{[1]}(x, t), \\ r^{[1]}(x, t) &= r(x, t) - 2ib_{21}^{[1]}(x, t), \end{aligned} \tag{7.4.13}$$

$$\frac{\partial b_{11}(x,t)}{\partial x} = q^{[1]}(x,t)b_{21}(x,t) - b_{12}(x,t)r(x,t),$$
$$\frac{\partial b_{21}(x,t)}{\partial x} = r^{[1]}(x,t)b_{11}(x,t) - b_{22}(x,t)r(x,t),$$
(7.4.14)

利用对称约化 (7.4.6) 可以得到

$$b_{21}^{[1]}(x,t) = b_{12}^{[1]}(x,-t).$$
(7.4.15)

为了得到 $b_{21}^{[1]}(x,t)$ 的具体形式, 令 $f(\lambda_j) = (f_1(\lambda_j), f_2(\lambda_j))^{\mathrm{T}}, g(\lambda_j) = (g_1(\lambda_j), g_2(\lambda_j))^{\mathrm{T}}$ 是谱问题 (7.3.3) 的两组基础解. 通过规范变换 (7.4.9), 可知存在一组常数 γ_j $(j = 1, 2)$, 使得

$$\lambda_j + b_{11}^{[1]} + \alpha_j b_{12}^{[1]} = 0, \quad b_{21}^{[1]} + \alpha_j(\lambda_j + b_{22}^{[1]}) = 0 \quad (j = 1, 2),$$
(7.4.16)

其中

$$\alpha_j = \frac{f_2(\lambda_j) + \gamma_j g_2(\lambda_j)}{f_1(\lambda_j) + \gamma_j g_1(\lambda_j)} \quad (j = 1, 2).$$
(7.4.17)

通过选择恰当的常数 $\gamma_j, \lambda_j, j = 1, 2(\lambda_1 \neq \lambda_2)$, 方程组 (7.4.16) 的系数行列式不等于零, 因此, 通过方程 (7.4.16), $b_{ij}^{[1]}$ $(i, j = 1, 2)$ 被唯一确定. 通过计算, 矩阵 $T^{[1]}$ 的形式如下:

$$T^{[1]} = \begin{pmatrix} \lambda & 0 \\ 0 & \lambda \end{pmatrix} + \frac{1}{\alpha_2 - \alpha_1} \begin{pmatrix} \lambda_2\alpha_1 - \lambda_1\alpha_2 & \lambda_1 - \lambda_2 \\ \alpha_1\alpha_2(\lambda_2 - \lambda_1) & \lambda_1\alpha_1 - \lambda_2\alpha_2 \end{pmatrix}.$$
(7.4.18)

通过计算, α_1, α_2 满足下面的形式:

$$\alpha_{jx} = 2i\lambda_j\alpha_j - q\alpha_j^2 + r,$$
$$\alpha_{jt} = \delta(t)(2\lambda_j q + iq_x)\alpha_j^2 - \delta(t)(2iqr + 4i\lambda_j^2)\alpha_j - \delta(t)(2\lambda r - ir_x).$$
(7.4.19)

接下来, 我们证明由方程 (7.4.10) 确定的矩阵 $U^{[1]}$ 与 U 具有相同的形式, 除了势函数的差异之外. 假设 $T^{-1} = (\det T)^{-1}T^*$, 以及

$$(T_x + TU)T^* = \begin{pmatrix} f_{11}(\lambda) & f_{12}(\lambda) \\ f_{21}(\lambda) & f_{22}(\lambda) \end{pmatrix},$$
(7.4.20)

可以得到 $f_{ij}(\lambda)$ $(i, j = 1, 2)$ 是关于 λ 的二次或者三次多项式. 容易证明, 当利用方程组 (7.4.19) 时, λ_j, $j = 1, 2$ 是 $f_{ij}(\lambda)$ $(i, j = 1, 2)$ 的根.

因为 λ_j $(j = 1, 2)$ 是 $\det T$ 的根, 方程 (7.4.20) 可以写成下面的形式:

$$(T_x + TU)T^* = (\det T)P(\lambda), \tag{7.4.21}$$

这里

$$P(\lambda) = \begin{pmatrix} P_{11}^{(1)}\lambda + P_{11}^{(0)} & P_{12}^{(0)} \\ P_{21}^{(0)} & P_{22}^{(1)}\lambda + P_{22}^{(0)} \end{pmatrix}, \tag{7.4.22}$$

$P_{11}^{(1)}, P_{22}^{(1)}$ 和 $P_{ij}^{(0)}$ $(i, j = 1, 2)$ 不是 λ 的函数. 因为 $T^{-1} = T^* \cdot (\det T)^{-1}$, 所以方程 (7.4.21) 可以写为下面的形式:

$$T_x + TU = P(\lambda)T. \tag{7.4.23}$$

通过对比方程 (7.4.23) 两边 λ 同次幂的系数, 可以得到下面的方程组:

$$\lambda^2 : - P_{11}^{(1)} - i = 0,$$

$$i - P_{22}^{(1)} = 0,$$

$$\lambda^1 : - ib_{11}(x, t) - P_{11}^{(1)}b_{11}(x, t) - P_{11}^{(0)} = 0,$$

$$ib_{12}(x, t) - P_{11}^{(1)}b_{12}(x, t) - P_{12}^{(0)} + q(x, t) = 0,$$

$$- ib_{21}(x, t) - P_{22}^{(1)}b_{21}(x, t) - P_{21}^{(0)} + r(x, t) = 0,$$

$$ib_{22}(x, t) - P_{22}^{(1)}b_{22}(x, t) - P_{22}^{(0)} = 0,$$

$$\lambda^0 : \frac{\partial b_{11}(x, t)}{\partial x} - P_{12}^{(0)}b_{21}(x, t) + b_{12}(x, t)r(x, t) - b_{11}(x, t)P_{11}^{(0)} = 0,$$

$$\frac{\partial b_{12}(x, t)}{\partial x} - P_{12}^{(0)}b_{22}(x, t) + b_{11}(x, t)q(x, t) - b_{12}(x, t)P_{11}^{(0)} = 0,$$

$$\frac{\partial b_{21}(x, t)}{\partial x} - P_{21}^{(0)}b_{21}(x, t) + b_{22}(x, t)r(x, t) - b_{11}(x, t)P_{21}^{(0)} = 0,$$

$$\frac{\partial b_{22}(x, t)}{\partial x} - P_{22}^{(0)}b_{22}(x, t) + b_{21}(x, t)q(x, t) - b_{12}(x, t)P_{21}^{(0)} = 0,$$

解上面的超定方程组, 可以得到

$$\begin{aligned} P_{11}^{(1)} &= -i, \quad P_{11}^{(0)} = 0, \quad P_{12}^{(0)} = q^{[1]}(x, t), \\ P_{21}^{(0)} &= r^{[1]}(x, t), \quad P_{22}^{(1)} = i, \quad P_{22}^{(0)} = 0. \end{aligned} \tag{7.4.24}$$

利用上面的结果, 我们可以得到下面的命题.

命题 7.1 由方程 (7.4.10) 确定的矩阵 $U^{[1]}$ 与 U 具有相同的形式, 也就是说,

$$U^{[1]} = \begin{pmatrix} -i\lambda & q^{[1]} \\ r^{[1]} & i\lambda \end{pmatrix},$$

势函数 q, r 和 $q^{[1]}, r^{[1]}$ 之间的关系是由方程 (7.4.13) 确定的.

利用同样的证明过程, 也可以得到下面的命题.

命题 7.2 由方程 (7.4.10) 确定的矩阵 $V^{[1]}$ 与 V 具有相同的形式, 也就是说,

$$V^{[1]} = \begin{pmatrix} \delta(t)(2i\lambda^2 + iq^{[1]}r^{[1]}) & \delta(t)(-2\lambda q^{[1]} - iq_x^{[1]}) \\ \delta(t)(-2\lambda r^{[1]} + ir_x^{[1]}) & -\delta(t)(2i\lambda^2 + iq^{[1]}r^{[1]}) \end{pmatrix}.$$

势函数 q, r 和 $q^{[1]}, r^{[1]}$ 之间的关系也是由方程 (7.4.13) 确定的.

利用迭代的方法, 我们还可以构造非局部非线性 Schrödinger 方程 (7.4.1) n 阶 Darboux 变换.

$$\phi^{[n]} = T_n(\lambda)\phi = T^{[n]}(\lambda)T^{[n-1]}(\lambda)\cdots T^{[k]}(\lambda)\cdots T^{[1]}(\lambda)\phi, \tag{7.4.25}$$

其中

$$T^{[k]} = \begin{pmatrix} \lambda & 0 \\ 0 & \lambda \end{pmatrix}$$
$$+ \frac{1}{\alpha_{2k} - \alpha_{2k-1}} \begin{pmatrix} \lambda_{2k}\alpha_{2k-1} - \lambda_{2k-1}\alpha_{2k} & \lambda_{2k-1} - \lambda_{2k} \\ \alpha_{2k-1}\alpha_{2k}(\lambda_{2k} - \lambda_{2k-1}) & \lambda_{2k-1}\alpha_{2k-1} - \lambda_{2k}\alpha_{2k} \end{pmatrix},$$

其中

$$\alpha_j = \frac{f_2^{[k-1]}(\lambda_j) + \gamma_j g_2^{[k-1]}(\lambda_j)}{f_1^{[k-1]}(\lambda_j) + \gamma_j g_1^{[k-1]}(\lambda_j)} \quad (j = 2k-1, 2k, k = 1, 2, \cdots, n),$$

$$f^{[k]}(\lambda) = (f_1^{[k]}(\lambda), f_2^{[k]}(\lambda))^{\mathrm{T}} = T^{[k]}(\lambda)f^{[k-1]}(\lambda_1, \lambda_2, \cdots, \lambda_{2k}),$$

$$g^{[k]}(\lambda) = (g_1^{[k]}(\lambda), g_2^{[k]}(\lambda))^{\mathrm{T}} = T^{[k]}(\lambda)g^{[k-1]}(\lambda_1, \lambda_2, \cdots, \lambda_{2k}),$$

同时还要满足下面的约束条件

$$b_{21}^{[k]}(x, t) = b_{12}^{[k]}(x, -t) \quad (k = 1, 2, \cdots, n). \tag{7.4.26}$$

根据上面的结果, 我们可以得到下面的结论:

$$q^{[n]}(x, t) = q(x, t) + 2i\sum_{k=1}^{n} b_{12}^{[k]}(x, t). \tag{7.4.27}$$

因为约束条件 (7.4.26), 变系数非线性非局部 Schrödinger 方程的 Darboux 变换不同于变系数局部方程 Darboux 变换的情形. 下面我们利用 Darboux 变换来构造方程 (7.4.1) 的精确解.

7.4.3　变系数非线性 Schrödinger 方程的精确解

1. 1 阶 Darboux 变换

这一部分, 我们从一个平凡的零种子解 $q = r = 0$ 出发, 先来解出谱方程 (7.4.2) 对应的解如下:

$$
\begin{aligned}
f(x,t;\lambda) &= (e^{-i\lambda x + 2i\lambda^2 \int \delta(t)\mathrm{d}t}, 0)^{\mathrm{T}}, \\
g(x,t;\lambda) &= (0, e^{i\lambda x - 2i\lambda^2 \int \delta(t)\mathrm{d}t})^{\mathrm{T}},
\end{aligned}
\tag{7.4.28}
$$

根据表达式 (7.4.16), 我们可以得到

$$
\alpha_j = \gamma_j e^{-2i\lambda_j(2\lambda_j \int \delta(t)\mathrm{d}t - x)}, \quad j = 1, 2
\tag{7.4.29}
$$

及

$$
\begin{aligned}
b_{12}(x,t) &= (\lambda_2 - \lambda_1)\frac{e^{ia_1}}{\gamma_1 e^{ia_2} - \gamma_2 e^{-ia_2}}, \\
b_{21}(x,t) &= (\lambda_1 - \lambda_2)\gamma_1\gamma_2 \frac{e^{-ia_1}}{\gamma_1 e^{ia_2} - \gamma_2 e^{-ia_2}},
\end{aligned}
\tag{7.4.30}
$$

其中

$$
\begin{aligned}
a_1 &= 2\lambda_1^2 \int \delta(t)\mathrm{d}t + 2\lambda_2^2 \int \delta(t)\mathrm{d}t - \lambda_1 x - \lambda_2 x, \\
a_2 &= (\lambda_1 - \lambda_2)\left(2\lambda_1 \int \delta(t)\mathrm{d}t + 2\lambda_2 \int \delta(t)\mathrm{d}t - x\right).
\end{aligned}
$$

利用约束条件 $b_{21}(x,t) = b_{12}(x,-t)$ 可以得到

$$
\lambda_1 = -\lambda_2, \quad \gamma_1 = -\frac{1}{\gamma_2},
\tag{7.4.31}
$$

在这种情况下, 我们可以得到如下的新解:

$$
q^{[1]} = -\frac{4i\lambda_2\gamma_2 e^{4i\lambda_2^2 \int \delta(t)\mathrm{d}t}}{\gamma_2^2 e^{2i\lambda_2 x} + e^{-2i\lambda_2 x}}.
\tag{7.4.32}
$$

接下来, 根据 $\delta(t)$ 取不同的值来讨论变系数非局部 Schrödinger 方程的解.

情形 1 当 $\delta(t) = -1$ 时, 则

$$q^{[1]} = -\frac{4i\lambda_2\gamma_2 e^{4i\lambda_2^2(c_1-t)}}{\gamma_2^2 e^{2i\lambda_2 x} + e^{-2i\lambda_2 x}}, \tag{7.4.33}$$

其中 c_1 是一个积分常数. 在这种情况下, 解 (7.4.33) 是常系数非局部 Schrödinger 方程

$$iq_t(x,t) + q_{xx}(x,t) + 2q^2(x,t)q^*(-x,t) = 0$$

的解. 这个解已在文献 [245] 中给出. 通过表达式 (7.4.33), 我们知道这个孤立子既不运动也不坍缩, 其振幅呈指数增长或衰减.

情形 2 当 $\delta(t) = t^2$ 时, 则

$$q^{[1]} = -\frac{4i\lambda_2\gamma_2 e^{\frac{4}{3}i\lambda_2^2(c_2+t^3)}}{\gamma_2^2 e^{2i\lambda_2 x} + e^{-2i\lambda_2 x}}, \tag{7.4.34}$$

其中 c_2 是一个积分常数. 这时, 解 (7.4.34) 是当 $\delta(t) = t^2$ 时的变系数非局部 Schrödinger 方程 (7.4.1) 的解. 为了研究解的特征, 我们分别取两组不同的参数, 来给出具体的解对应的图像 (图 7.10).

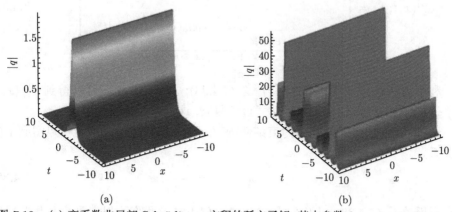

图 7.10　(a) 变系数非局部 Schrödinger 方程的孤立子解, 其中参数 $\lambda_2 = i, \gamma_2 = 1, c_1 = 0$. (b) 变系数非局部 Schrödinger 方程的孤立子与周期波之间的相互作用解, 其中参数 $\lambda_2 = 0.8$, $\gamma_2 = 1, c_2 = 0$

我们知道, 利用方程的一个种子解和 Darboux 变换, 就可以得到方程新的解. 因此, 下面我们将利用刚刚获得的解 (7.4.34) 及上面构造的 Darboux 变换, 来构造变系数非局部 Schrödinger 方程 (7.4.1) 的新解.

2. 2 阶 Darboux 变换

在这一部分内容中, 我们将利用 2 阶 Darboux 变换来研究方程 (7.4.1) 的解. 这里, 我们将上一部分所获得的解 (7.4.34) 作为种子解, 也就是

$$q^{[1]} = -\frac{4ie^{4i\int \delta(t)\mathrm{d}t}}{e^{2ix} + e^{-2ix}}, \quad r^{[1]} = \frac{4ie^{-4i\int \delta(t)\mathrm{d}t}}{e^{2ix} + e^{-2ix}}. \tag{7.4.35}$$

将表达式 (7.4.35) 代入谱问题 (7.4.2) 中, 我们可以获得下面的基本解:

$$f^{[1]}(x,t;\lambda) = \begin{pmatrix} \dfrac{e^{i(\lambda+2)x - 2i(\lambda^2-2)\int \delta(t)\mathrm{d}t}}{e^{4ix} + 1} \\[4mm] \dfrac{(1+e^{4ix})(1+\lambda - e^{4ix} + \lambda e^{4ix})e^{i\lambda x + 2xi - 2\lambda^2 i \int \delta(t)\mathrm{d}t}}{-2(e^{4ix}+1)^2 e^{2ix}} \end{pmatrix}, \tag{7.4.36}$$

以及

$$g^{[1]}(x,t;\lambda) = \begin{pmatrix} \dfrac{(\lambda - 1 + \lambda e^{4ix} + e^{4ix})e^{-i\lambda x + 2i\lambda^2 \int \delta(t)\mathrm{d}t}}{e^{4ix} + 1} \\[4mm] \dfrac{-2(1+e^{4ix})e^{4ix - \lambda xi + (2i\lambda^2 - 4i)\int \delta(t)\mathrm{d}t}}{(e^{4ix}+1)^2 e^{2ix}} \end{pmatrix}, \tag{7.4.37}$$

利用表达式 (7.4.16), (7.4.17) 及 (7.4.36), (7.4.2), 我们可以得到 $b_{ij}^{[2]}(x,t)$ $(i,j = 1,2)$ 的表达式, 由于其表达式过于复杂, 这里就省略不写了.

这里, 我们依然需要利用约束条件 $b_{21}^{[2]}(x,t) = b_{12}^{[2]}(x,-t)$, 因此可以得到下面的关系

$$\lambda_3 = -\lambda_4, \quad \gamma_3 = -\frac{1}{\gamma_4}. \tag{7.4.38}$$

利用关系 (7.4.38) 以及公式 (7.4.27), (7.4.35), 我们可以得到变系数非局部 Schrödinger 方程 (7.4.1) 的解 $q^{[2]}(x,t)$ 如下:

$$q^{[2]} = -\frac{4ie^{4i\int \delta(t)\mathrm{d}t}}{e^{2ix} + e^{-2ix}} + \frac{F(x,t)}{G(x,t)}, \tag{7.4.39}$$

这里

$$F(x,t) = 16\lambda_4 \gamma_4^3 e^{-2i\lambda_4 x}((\lambda_4 + 1)\Delta_1 + (\lambda_4 - 1)\Delta_2)$$

$$+ 4\lambda_4\gamma_4 e^{2i\lambda_4 x}((\lambda_4 + 1)\Delta_2 + (\lambda_4 - 1)\Delta_1)$$

$$+ 8\lambda_4\gamma_4^2(\lambda_4^2 + 1)\Delta_3 + 4\lambda_4\gamma_4^2(\lambda_4^2 - 1)(\Delta_4 + \Delta_5) + 16\lambda_4\gamma_4^2\Delta_6,$$

$$G(x,t) = \gamma_4 e^{2i\lambda_4 x}((\lambda_4^2 - 2\lambda_4 + 1)\Lambda_1 + (2\lambda_4^2 + 2)\Lambda_2 + (\lambda_4^2 + 2\lambda_4 + 1)\Lambda_3)$$

$$+ 4\gamma_4^3 e^{-2i\lambda_4 x}((\lambda_4^2 + 2\lambda_4 + 1)\Lambda_1 + 2(\lambda_4^2 + 1)\Lambda_2 + (\lambda_4^2 - 2\lambda_4 + 1)\Lambda_3)$$

$$+ 8\lambda_4\gamma_4^2(\Lambda_4 + \Lambda_5 + \Lambda_6 + \Lambda_7),$$

其中

$$\Delta_1 = e^{6xi + 2i(2\lambda_4^2 + 4)\int \delta(t)dt}, \quad \Delta_2 = e^{2xi + 2i(2\lambda_4^2 + 4)\int \delta(t)dt},$$

$$\Delta_3 = e^{4xi + 4i(2\lambda_4^2 + 1)\int \delta(t)dt}, \quad \Delta_4 = e^{8xi + 4i(2\lambda_4^2 + 1)\int \delta(t)dt},$$

$$\Delta_5 = e^{4i(2\lambda_4^2 + 1)\int \delta(t)dt}, \quad \Delta_6 = e^{4i(3\int \delta(t)dt + x)},$$

$$\Lambda_1 = e^{8xi + 4i(\lambda_4^2 + 1)\int \delta(t)dt}, \quad \Lambda_2 = e^{4xi + 4i(\lambda_4^2 + 1)\int \delta(t)dt},$$

$$\Lambda_3 = e^{4i(\lambda_4^2 + 1)\int \delta(t)dt}, \quad \Lambda_4 = e^{2xi + 8i\lambda_4^2\int \delta(t)dt},$$

$$\Lambda_5 = e^{6xi + 8i\lambda_4^2\int \delta(t)dt}, \quad \Lambda_6 = e^{2xi + 8i\int \delta(t)dt},$$

$$\Lambda_7 = e^{6xi + 8i\int \delta(t)dt}.$$

通过表达式 $F(x,t), G(x,t)$ 可以看到, 解 (7.4.39) 依然表示的是变系数非局部 Schrödinger 方程 (7.4.1) 的相互作用解, 为了更好地说明解的性质, 我们取 $\delta(t) = t^2$ 来画出对应的图形如图 7.11 所示.

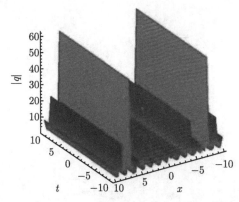

图 7.11 当参数 $\lambda_4 = 11i, \gamma_4 = 10$ 时变系数非局部 Schrödinger 方程的相互作用解

系数 $\delta(t)$ 有多种选择, 不仅可以选择简单的幂函数, 还可以选择三角函数、双

曲函数等. 当选择的函数类别不同时, 我们可以得到不同类型的相互作用解, 利用上面的结论, 我们还可以构造变系数非局部 Schrödinger 方程 (7.4.1) 的多种类型的精确解.

7.5　小　　结

在这一章内容中, 我们利用对称约化理论首先推导了两种类型的常系数非局部方程, 分别是非局部 Hirota 方程、非局部耦合 AKNS 方程组, 接着将此方法进一步推进, 得到了变系数非局部 Schrödinger 方程. 接下来研究了这三种非局部方程的 Darboux 变换和精确解, 给出了方程的 n 阶 Darboux 变换表达式, 利用一阶和二阶 Darboux 变换研究了方程的一孤立子解和二孤立子解, 给出了解的图形, 并分析了解所蕴含的动力学性质, 这是对 Darboux 变换方法的进一步推广, 之前, Darboux 变换方法广泛应用于局部方程, 在常系数及变系数的非局部方程的研究中应用较少.

目前关于非局部方程精确解的研究, 已有多种方法, 每一种方法都有其优点和缺点, Darboux 变换是构造非局部方程多孤立子解的有效的方法之一, 但缺点是要求方程必须要有 Lax 对. 对于一些不需要构造 Lax 对的方法, 比如: 反散射方法、Riemann-Hilbert 方法及双线性方法等, 后面也将会尝试应用这些方法对非局部方程做进一步的研究.

此外, 关于非局部方程还有很多有趣的研究, 比如: 构造非局部方程的 Lie 对称、对称约化及相似解等, 同时关于非局部方程的怪波研究也将是一个新的研究主题, 这些工作将在我们的后续工作中继续开展.

第 8 章 总结与展望

8.1 总 结

随着非线性科学理论在各领域的广泛应用, 非线性偏微分方程的对称性、守恒律及精确解成了数学物理学家的重要研究课题之一. 本书以对称性理论为主要工具, 研究了几类非线性方程 (包括常系数和变系数方程) 的非局部对称、条件 Lie-Bäcklund 对称及近似条件 Lie-Bäcklund 对称, 以伴随方程方法及相关理论为基础研究了几类非线性方程的无穷多守恒律, 主要分为以下几个方面.

利用截断的 Painlevé 分析方法研究了 (2+1) 维色散长波方程组 (DLW)、高阶 Broer-Kaup 方程组 (HBK) 的非局部留数对称. 利用方程的 Lax 对研究了常系数耦合 KdV 方程组和变系数 Newell-Whitehead 方程组、变系数 AKNS 系统及广义变系数浅水波方程的非局部对称. 然后, 通过引入新的势变量及辅助方程, 将非局部对称转化为局域的 Lie 点对称, 在将非局部对称局部化过程中, 最初的研究系统被拓展为封闭的延拓系统, 对于封闭系统而言, 它的对称中不再出现新的局部变量, 因此延拓系统的对称等价于原方程组的 Lie 点对称. 利用 Lie 的第一基本定理我们研究了封闭系统的有限变换, 发现从截断的 Painlevé 表达式得出的留数对称正好就是有限变换群的无穷小形式, 同时, 新引入的变量中最后一个变量所满足的微分方程正好是初始系统的 Schwarzian 形式, 而一般的 Schwarzian 方程具有 Möbius 变换不变性, 这体现了 Darboux 变换、Bäcklund 变换等经典变换与 Möbius 变换之间的关系. 进一步, 我们讨论了 DLW 方程组的 CRE 可解性及其特殊情形的 CTE 可解性, HBK 方程组、MDWW 方程组及修正的 Boussinesq 方程组的 CTE 可解性, 通过给定的雅可比椭圆函数, 得到了上面几类方程组丰富的扭结孤立子解、孤立子与椭圆周期波解等相互作用解, 为了能更好地研究解的性质, 通过选取适当的参数, 画出了上述解相应的图形.

在第 2 章利用截断的 Painlevé 分析方法研究非线性偏微分方程非局部对称的基础上, 第 3 章基于 Lax 对, 利用辅助系统方法研究了耦合 KdV 方程组的非局部对称, 并将该方法进一步推广到了变系数非线性偏微分方程中, 研究了三类变系数非线性方程的非局部对称, 通过引入新的变量将原方程组扩大, 得到了新的延拓系统的 Lie 点对称, 利用 Lie 点对称研究了方程的对称约化、Painlevé 可积性及方程的群不变解.

利用经典的 Lie 对称分析法, 讨论了修正的 Boussinesq 方程组、HBK 方程组. MDWW 方程组、DLW 方程组的 Lie 对称分析, 给出了修正的 Boussinesq 方程组, HBK 方程组的最优系统及群不变解, 同时证明了以上几类方程组的非线性自伴随性, 在此基础上利用 Ibragimov 定理求得了以上几类方程组的无穷多守恒律, 对于进一步研究方程的其他性质提供了重要的依据.

利用条件 Lie-Bäcklund 对称方法对非线性反应扩散方程组

$$U_t = [P(U,V)U_x]_x + G(U,V)V_x + R(U,V),$$

$$V_t = [Q(U,V)V_x]_x + H(U,V)U_x + S(U,V)$$

进行了分类. 研究方程组的非线性条件 Lie-Bäcklund 对称

$$\eta_1 = [f_1(U)]_{n_1 x} + a_1[f_1(U)]_{(n_1-1)x} + \cdots + a_{n_1}[f_1(U)],$$

$$\eta_2 = [f_2(V)]_{n_2 x} + b_1[f_2(V)]_{(n_2-1)x} + \cdots + b_{n_2}[f_2(V)]$$

等价于研究该方程组由变换 $U = g_1(u), V = g_2(v)$ 而得的新方程

$$u_t = A_1(u,v)u_{xx} + B_1(u,v)u_x^2 + C_1(u,v)u_x v_x + P_1(u,v)v_x + E_1(u,v),$$

$$v_t = A_2(u,v)v_{xx} + B_2(u,v)v_x^2 + C_2(u,v)u_x v_x + P_2(u,v)u_x + E_2(u,v)$$

的线性条件 Lie-Bäcklund 对称

$$\eta_1' = [u]_{n_1 x} + a_1[u]_{(n_1-1)x} + \cdots + a_{n_1}[u],$$

$$\eta_2' = [v]_{n_2 x} + b_1[v]_{(n_2-1)x} + \cdots + b_{n_2}[v].$$

由 $\eta_i' = 0$ 和相应方程的相容性, 构造了分类所得方程组定义在多项式类型、三角函数类型、指数类型的不变子空间上的广义分离变量解, 这些结果可以由变换 $u = f_1(U)$ 和 $v = f_2(V)$ 转化为非线性扩散方程组允许的非线性条件 Lie-Bäcklund 对称 η_i 及其广义泛函分离变量解.

将条件 Lie-Bäcklund 对称和不变子空间方法推广到扰动方程的情形, 提出了扰动不变子空间的定义, 结合近似广义条件对称方法, 研究了带有弱源项的非线性反应扩散方程

$$u_t = (D(u)u_x)_x + P(u)u_x + \varepsilon Q(u)$$

允许近似广义条件对称

$$\sigma^u = a_0 f(u)_{nx} + a_{n-1}(x)f(u)_{(n-1)x} + \cdots + a_n(x)f(u)$$

$$+ \varepsilon(b_0 f(u)_{nx} + b_{n-1}(x) f(u)_{(n-1)x} + \cdots + b_n(x) f(u))$$

的近似广义泛函变量分离解

$$f(u; \varepsilon) = C_1(t; \varepsilon) f_1(x; \varepsilon) + C_2(t; \varepsilon) f_2(x; \varepsilon) + \cdots + C_n(t; \varepsilon) f_n(x; \varepsilon),$$

通过变量代换 $f(u) = v$ 将问题转化为研究方程

$$v_t = A(v) v_{xx} + B(v) v_x^2 + C(v) v_x + \varepsilon E(v)$$

允许如下的线性近似广义条件对称

$$\sigma^v = a_0 v_{nx} + a_{n-1}(x) v_{(n-1)x} + \cdots + a_n(x) v$$
$$+ \varepsilon(b_0 v_{nx} + b_{n-1}(x) v_{(n-1)x} + \cdots + b_n(x) v),$$

的近似广义分离变量解

$$v(x, t; \varepsilon) = C_1(t; \varepsilon) f_1(x; \varepsilon) + C_2(t; \varepsilon) f_2(x; \varepsilon) + \cdots + C_n(t; \varepsilon) f_n(x; \varepsilon),$$

给出了允许近似广义条件对称 (6.3.1) 的方程 (6.1.5) 完全分类, 利用近似广义条件对称和所考虑方程的相容性, 可构造方程 (6.1.5) 近似广义变量分离解, 这些解依赖于扰动的不变子空间. 通过具体的例题, 我们选取了具有代表性的两类扰动子空间: 指数类型及三角函数类型的扰动子空间, 构造了方程 (6.1.5) 的近似广义变量分离解, 并进一步得到了方程 (6.1.2) 允许的相应对称下的近似广义泛函变量分离解.

一般情况下, 这些分类方程不能通过其他的对称约化方法得到. 在今后的研究中我们将进一步考虑数学物理上其他类型的非线性扰动方程, 研究它们的解和分类情况, 并给出解在实际问题中的应用.

第 7 章利用 Darboux 变换方法研究了近年来可积系统领域的热点方程——非局部方程, 讨论了两种类型的常系数非局部方程和一种类型的变系数非局部方程的 Darboux 变换, 得到了方程新的精确解, 并给出了多种类型的解的图形, 为进一步研究所求解所隐含的物理性质提供帮助.

8.2　展　　望

8.2.1　非线性方程保对称离散化的研究

尽管目前已经有很多求解非线性偏微分方程的方法, 但是大多数情况下要构造非线性偏微分方程的解析解依然是非常困难的, 为了解决这些问题, 可以将计算区域离散化, 把连续偏微分方程在离散网格上转化为代数方程组, 求解代数方程组就可以得到连续方程的数值逼近解. 对于连续的微分方程系统, 可以用多种离散格式去近似, 这就存在一个问题, 哪种离散方式更能确切地描述连续方程? 经过无穷次迭代之后哪种离散格式不会产生很大误差? 这些都是需要我们考虑的问题, 通常选择的标准是离散格式能够呈现连续模型的基本物理原理, 如守恒律、变分原理、存在物理性质的解等, 也就是说, 方程在离散之后还要保持原方程的一些重要的内在结构. 我们知道方程的可积性、解的存在性、守恒律都与对称有着密切的联系, 因此如何寻找和利用离散方程的变换群成为一个重要的研究课题. Levi和 Winternitz 把群理论从连续方程推广到离散方程 [246], 给出了构造离散方程对称的一般方法. Nijhoff 利用对称方法, 求得了离散 Painlevé 方程的对称, 并对方程在网格上进行对称约化 [247]. Dorodnitsyn 提出了保对称离散算法 [248], 并成功利用此方法构造了非线性热方程、KdV 方程、非线性 Schrödinger 方程等的差分格式. 此算法主要致力于构造差分方程和差分网格, 使得差分模型继承原方程的对称, 它对于一般的方程是非常有效的, 不用考虑方程是否可积, 但是当方程的维数和阶数增大时, 此方法就变得比较困难, 为了解决此问题, 2013 年辛祥鹏、陈勇给出了推广的算法, 通过引入势系统降低原系统的阶数, 降低构造的困难, 并成功地将推广后的算法应用到了 mKdV 方程、Boussinesq 方程以及 (2+1) 维 Burgers方程中, 构造了以上几类方程的离散格式, 并验证了离散格式继承连续方程的对称的结论 [249,250]. 但是此方法构造的保对称离散格式是通过差分不变量的组合得来的, 由于组合方式的任意性, 因此构造连续方程的差分格式需要考虑个人经验在里面, 而且有时经验也不能满足构造的要求. 为了进一步研究构造方程保对称离散格式的系统化算法, 作者后续将将利用等价活动标架法, 该方法最早是由 Olver和 Kim 提出的 [251,252], 陕西师范大学的姚若侠教授利用等价活动标架法研究了连续系统的无穷小生成子的高阶延拓和微分不变量的全局递推公式, 取得了很好的成果 [253], 作为姚老师的博士后, 作者将和姚教授继续合作, 利用等价活动标架法研究离散方程的情形, 构造更加系统、规范化的保对称离散格式, 尽量减少人为经验, 使得构造方程保对称离散的方法更加程序化, 具有可操作性, 并且可以通过数值模拟验证, 利用等价活动标架法构造方程的保对称离散格式, 与连续模型的接近程度是很高的. 这将是我们后续工作的研究方向之一.

尽管关于变系数非线性偏微分方程, 我们已经开展了一些工作, 但是后续依然有很多有意义的工作值得我们去深入研究, 包括变系数局部非线性偏微分方程和变系数非局部偏微分方程.

8.2.2　变系数局部偏微分方程研究

变系数局部偏微分方程包含以下两个方面.

(1) 变系数局部偏微分方程的非局部对称研究.

首先, 构造它们的非局部对称. 基于已有的研究常系数局部偏微分方程非局部对称的基础, 利用不同的方法, 如: Painlevé 截断展开法、基于 Lax 对及伪势的辅助函数法, 以及基于从群到代数的思想, 从有限变换出发, 构造变系数局部方程的 Lie 代数及非局部对称, 寻找利用不同方法得到的非局部对称之间的联系. 其次, 利用非局部对称方法构造变系数局部方程新的精确解、守恒律, 并构造新的可积系统. 但是由于非局部对称里面含有新的变量, 不能直接通过 Lie 第一基本定理构造有限对称变换及相似约化, 需要将其进行局部化, 因此, 在我们后期研究中的关键问题之一就是探讨变系数局部方程非局部对称的局部化过程及规律, 并利用获得的非局部对称研究变系数局部方程的相互作用解及各种非线性局部激发模式.

(2) 变系数局部偏微分方程的 Darboux 变换及精确解研究.

Darboux 变换可用来构造方程的精确解, 但是在构造变系数局部偏微分方程的 Darboux 变换时, 需要先验证方程的可积性. 由于变系数局部方程的可积性与系数函数有关, 即方程的变系数函数必须满足一定的约束条件, 才能保证方程的可积性, 而此约束条件与方程具有 Painlevé 性质的约束条件是一致的, 因此, 在构造变系数局部方程的 Darboux 变换之前, 首先对其进行 Painlevé 检测, 过滤出使得方程可积的约束条件, 接着再构造方程的 Darboux 变换. 后面我们将在之前的研究基础上, 继续研究变系数 AKNS 方程及变系数高阶 KdV 方程等, 构造这几类方程的经典尤其是 n 阶 Darboux 变换, 得到方程的 n 孤立子解; 研究方程推广的 Darboux 变换, 构造方程的怪波解.

关于变系数局部偏微分方程主要的研究思路如下: 关于变系数局部方程非局部对称的研究, 包括构造方程的非局部对称和利用非局部对称研究方程的精确解、守恒律及可积梯队等工作. ① 非局部对称的构造主要利用直接构造法、Painlevé 截断展开方法及通过 Bäcklund 变换、Darboux 变换等有限变换方法, 寻找方程的非局部对称. 直接构造方法是借助原系统和辅助系统, 其中辅助系统可以是系统的 Lax 对、势系统、伪势等, 通过引入辅助系统的变量, 给出非局部对称的假设, 利用经典 Lie 对称的求解步骤, 借助于符号计算软件 Maple 进行求解. Painlevé 截断展开方法先是对方程做 Painlevé 截断展开, 奇异流形的留数就是方程的一个非局部对称, 也称为留数对称. 但是变系数局部方程的 Painlevé 可积性需要满足一定的约束条件, 这是我们在构造非局部对称时必须考虑的. 利用有限变换构造变系数局部方程的非局部对称, 是基于从群到代数的新观念和新方法, 围绕 Bäcklund 变换、Darboux 变换的无穷小展开, 讨论方程的非局部对称. ② 利用构造的非局部对称来研究变系数局部方程的精确解、守恒律及可积梯队. 首先, 引入新的变量及新变量满足的方程, 要求新的封闭系统的 Lie 点对称完整地包含原来系统的非局部对称. 接着, 利用有限对称变换和相似约化的方法研究新的封闭系统, 并利用对称来寻找相应的非局部守恒律和可积梯队. 在对封闭系统做相似约化时, 所获解中含有任意常数, 通过对任意常数的取值, 获得方程新的局部激发态 (包括亮孤立子解、暗孤立子解、Lump 解以及孤立子与椭圆周期波解、有理解、Painlevé 波等相互作用解).

　　关于变系数局部方程 Darboux 变换的研究, 包括以下几个方面. 首先, 利用奇异流形方法或双奇异流形方法检测变系数局部方程的可积性, 给出方程可积的约束条件. 接着, 利用推广的变系数 AKNS 系统, 即在标准的 AKNS 系统 Lax 对的 "空间" 部分加上变系数函数, 构造方程的 Lax 对. 然后, 利用规范变换构造方程经典的 Darboux 变换, 通过迭代法给出方程 n 阶 Darboux 变换的行列式表达式, 构造方程的 n 孤立子解. 其次, 对经典的 Darboux 变换中的谱参数做泰勒展开或利用极限技巧和 Schur 多项式理论, 构造方程推广的 n 阶 Darboux 变换, 研究方程的高阶怪波解. 通过模拟解的图像, 分析所获解的动力学行为, 为解释方程所描述的物理现象提供依据. 对于以上的研究可以用图 8.1 表示出来.

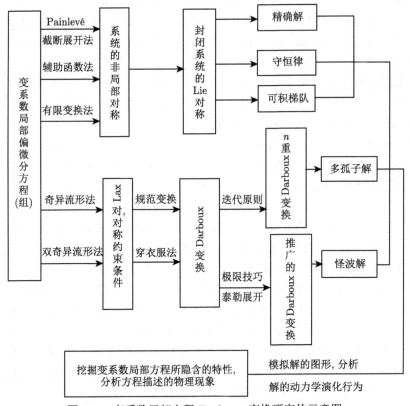

图 8.1　变系数局部方程 Darboux 变换研究的示意图

8.2.3　变系数非局部偏微分方程研究

关于变系数非局部偏微分方程的研究, 主要开展以下两方面的工作.

(1) 变系数非局部偏微分方程的推导.

我们拟从数学结构及物理背景两个角度推导若干变系数非局部偏微分方程. 首先从数学结构出发, 将 Ablowitz 提出的构造可积非局部方程的对称约化方法推广到变系数非局部方程的构造中去. 其次, 从物理背景出发, 建立一个相互关联/纠缠 (correlated or entangled) 的两个事件 (Alice event and Bob event) 模型. 这个模型的建立有两种方法, 借助于一个有物理意义的已知变系数局部模型, 通过假设, 获得关于 A 与 B 之间关系的合适变换, 并解出关于 A, B 的变系数非局部方程. 对于一个已知的耦合系统, 通过引入恰当的关联 (纠缠) 条件, 来建立或推导新的变系数非局部方程.

(2) 变系数非局部偏微分方程求解.

对于推导出来的变系数非局部偏微分方程, 求出它们不同类型的精确解, 分析解的动力学行为及方程所描述的物理现象是我们研究变系数非局部方程的最终目的. 关于变系数非局部方程解的构造, 我们拟用三种方法. 其一, 利用 Darboux 变换法, 构造变系数非局部方程的单孤立子解及 n 孤立子解. 其二, 从变系数非局部方程的推导过程出发, 利用非局部方程与其对应的局部方程之间的关系, 借助于局部方程的解构造非局部方程多种类型的解. 其三, 利用双线性变换方法, 获得方程多种类型的孤立子解. 其四, 研究一种新的共振孤立子激发模式——速度共振, 寻找变系数非局部方程新的非线性局部激发模式——孤立子分子.

对于变系数非局部偏微分方程的具体研究思路如下.

关于变系数非局部方程的构造, 主要利用下面两种方法. 第一种是从数学结构的角度考虑, 利用 AKNS 系统的对称约化法. 具体过程是从 AKNS 系统散射问题出发, 找出系统相关的线性谱问题, 借助相容性条件推导出含有两个因变量的方程, 利用这两个因变量的对称约化, 如空间反转的对称约化、时间反演的对称约化, 或者空间-时间同时反转的对称约化等约化条件构造变系数非局部方程. 第二种方法是从物理背景出发, 利用下面的方法构造变系数非局部方程, 借助于一个有物理意义的已知变系数局部模型 $F(u) = 0$, 假设原系统的势函数形式为 $u = U(A(x, t), B(x', t'))$, 由 $F(u) = 0$, 得到 $F(A, B) = 0$, 通过分离变量得到 $F_1(A, B) = 0, F_2(A, B) = 0$, 使它们满足方程组形式, 由相容性条件 $B = fA$, $A = fB, F_1 = fF_2, F_2 = fF_1$, 以及 $f^2 = 1$ (f 的形式同②中的说明), 借助于 $AB\text{-}BA$ 等价原则, 可以得到多种形式的变系数非局部方程. 对于一个已知的耦合系统, 两个因变量分别记为 A, B, 通过引入恰当的关联 (纠缠) 条件: $B = fA$, f 的形式可以取空间反转平移变换 (parity shift, P_s)、时间反演延迟变换 (delayed time reversal, T_d)、电荷共轭 (charge conjugation, C) 以及以上三种变换的相互组合, 如: $PC, P_sC, P_sT_d, P_sT_dC$ 等各种变换作为对称约束条件, 来构造新的变系数非局部方程.

关于变系数非局部方程的求解, 具体过程如下. 第一种是 Darboux 变换方法. 由于变系数非局部方程的 lax 对是已知的, 因此可以直接利用规范变换的方法构造方程经典的 Darboux 变换, 需要注意的是对称约束要贯穿整个计算过程, 此约束条件可以产生一个或多个限制条件, 在满足限制条件的前提下, 先构造方程的 1 阶 Darboux 变换, 再通过 n 次迭代, 继而可给出方程阶 Darboux 变换的表达式, 构造方程的单孤立子解和多孤立子解. 通过对经典 Darboux 变换的谱参数进行泰勒展开或取极限的方式, 构造方程推广的 Darboux 变换, 研究方程的怪波解. 第二种是从 AB 系统的推导过程出发, 利用非局部方程满足空间反转加平移变换及时间反演加延迟变换的对称原则, 简称 PT 对称, 或其特殊情形: 空间平移变换和时间延迟变换为零, 即 PT 对称原则, 借助于已知系统 A 的解, 根据连接系统 A 和 B 的算子 f, 构造 AB 系统多种类型的解, 包括 P_sT_d 及 PT 群不变解和对称破缺解等. 第三种是利用双线性方法求解, 首先寻找合适的因变量变换, 对方程进行双线性展开, 然后利用形式参数展开法获得方程的孤立子解. 通过模拟以上三种方法所获解的图形, 分析解的动力学行为, 挖掘非局部方程的数学性质和隐含的物理意义, 为解释方程所描述的物理现象提供依据. 具体的步骤过程见图 8.2.

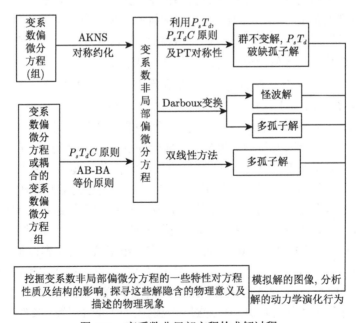

图 8.2　变系数非局部方程的求解过程

参 考 文 献

[1] Black P, Drake G, Jossem L. 物理 2000 进入新千年的物理学 [M]. 赵凯华, 等译. 北京: 北京大学出版社, 2000.

[2] Ablowitz M J, Segur H. Solitions and The Inverse Scattering Transform[M]. Philadelphia: SIAM, 1981.

[3] Novikov S. Theory of Solitons: The Inverse Scattering Method[M]. Berlin: Springer, 1984.

[4] Ablowitz M J, Clorkson P A. Solitions, Nonlinear Evolution Equations and Inverse Scattering[M]. Cambridge: Cambridge University Press, 1991.

[5] Olver P J. Applications of Lie Groups to Differential Equations[M]. New York: Springer, 1986.

[6] Bluman G W, Kumei S. Symmetries and Differential Equations[M]. Berlin: Springer, 1989.

[7] Helgason S. Differential Geometry, Lie Groups and Symmetric Spaces[M]. Philadelphia: Access Online via Elsevier, 1978.

[8] Ibragimov N H. Lie Groups Analysis of Differential Equations[M]. Boca Raton: CRC Press, 1994.

[9] Matveev V B. Darboux transformation and explicit solutions of the Kadomtcev-Petviaschvily equation, depending on functional parameters[J]. Letters in Mathematical Physics, 1979, 3(3): 213-216.

[10] 谷超豪, 胡和生, 周子翔. 孤立子理论中的达布变换及其几何应用 [M]. 上海: 上海科学技术出版社, 1999.

[11] Levi D, Benguria R. Bäcklund transformations and nonlinear differential difference equations[J]. Rroceedings of the National Academy of Sciences, 1980, 77(9): 5025-5027.

[12] Bassom A P, Clarkson P A, Hicks A C. Bäcklund transformations and solution hierarchies foer the 4th painleve equation[J]. Studies in Applied Mathematics, 1995, 95(1): 1-71.

[13] Dodd R K, Bullough P K. Bäcklund transformations for the sine-Gordon equations[J]. Proceedings of the Royal Society of London. A. Mathematical and Physical Sciences, 1976, 351(1667): 499-523.

[14] Wahlquist H D, Estabrook F B. Bäcklund transformation for solutions of the Korteweg-de Vries equation[J]. Physical Review Letters, 1973, 31(23): 1386-1390.

[15] Hirota R. The Direct Method in Soliton Theory[M]. Cambridge: Cambridge University Press, 2004.

[16] Hirota R. Exact solution of the Korteweg-de Vries equation for multiple collisions of solitons[J]. Physical Review Letters, 1991, 27(18): 1192-1194.

[17] 李翊神. 孤子与可积系统 [M]. 上海: 上海科技教育出版社, 1999.

[18] 王红艳, 胡星标. 带自相容源的孤立子方程 [M]. 北京: 清华大学出版社, 2008.

[19] Clarkson P A , Kruskal M D. New similarity reductions of the Boussinesq equation[J]. Journal of Mathematical Physics, 1989, 30(10): 2201-2213.

[20] Clarkson P A. Nonclassical symmetry reductions of the Boussinesq equations[J]. Chaos, Solitons and Fractals, 1995, 5(12): 2261-2301.

[21] Lou S Y, Ma H C. Non-Lie symmetry groups of (2+1)-dimensional nonlinear systems obtained from a simple direct method[J]. Journal of Physics A: Mathematical and General, 2005, 38(7): L129-L137.

[22] Lou S Y. Similarity solutions of the Kadomtsev-Petviashvili equation[J]. Journal of Physics A: Mathematical and General, 1990, 23(13): L649-L654.

[23] Sahadevan R, Tamizhmani K M, Lakshmanan M. Painlevé analysis and integrability of coupled non-linear Schrödinger equations[J]. Journal of Physics A: Mathematical and General, 1986, 19(10): 1783-1791.

[24] Clarkson P A. Painlevé analysis and the complete integrability of a generaized variable-coefficient Kadomtsev-Petviashvili equation[J]. IMA Journal of Applied Mathematics, 1990, 44(1): 27-53.

[25] Weiss J, Tabor M, Carnevale G. The Painlevé property for partial differential equations[J]. Journal of Mathematical Physics, 1983, 24(3): 522-526.

[26] Clarkson P A, Cosgrove C M. Painlevé analysis of the non-linear Schrödinger family of equations[J]. Journal of Physics A: Mathematical and General, 1987, 20(8): 2003-2024.

[27] Wang M L. Zhou Y B, Li Z B. Application of a homogeneous balance method to exact solutions of nonlinear equations in mathematical physics[J]. Physics Letters A, 1996, 216(1-5): 67-75.

[28] Fan E G. Two new applications of the homogeneous balance method[J]. Physics Letters A, 2000, 265(5/6): 353-357.

[29] 李志斌. 非线性数学物理方程的行波解 [M]. 北京: 科学出版社, 2007.

[30] Wang M L, Li X Z, Zhang J L. The (G'G)-expansion method and travelling wave solutions of nonlinear evolution equations in mathematical physics[J]. Physics Letters A, 2008, 372(4): 417-423.

[31] Parkes E J, Duffy B R. An automated tanh-function method for finding solitary wave solutions to non-linear evolution equations[J]. Computer Physics Communications, 1996, 98(3): 288-300.

[32] 范恩贵. 可积系统与计算机代数 [M]. 北京: 科学出版社, 2004.

[33] Fan E G. Extended tanh-function method and its applications to nonlinear equations[J]. Physics Letters A, 2000, 277(4/5): 212-218.

[34] 闫振亚. 非线性波与可积系统 [D]. 大连: 大连理工大学, 2002.

[35] Elwakil S A, El-Labany S K, Zahran M A, et al. Modified extended tanh-function method for solving nonlinear partial differential equations[J]. Physics Letters A, 2002, 299(2/3): 179-188.

[36] 陈勇. 孤立子理论中的若干问题的研究及机械化实现 [D]. 大连: 大连理工大学, 2003.

[37] 李彪. 孤立子理论中若干精确求解方法的研究及应用 [D]. 大连: 大连理工大学, 2004.

[38] He J H, Wu X H. Exp-function method for nonlinear wave equations[J]. Chaos, Solitons and Fractals, 2006, 30(3): 700-708.

[39] Zakharov V E. Shabat A B. A scheme for integrating the nonlinear equations of mathematical physics by the method of inverse scattering problem[J]. Functional Analysis and Its Applications, 1974, 8(3): 43-53.

[40] Vinogradov A M, Krasil'shchik I S. On the theory of nonlocal symmetries of nonlinear partial differential equations[J]. Dokl. Akad. Nauk SSSR., 1984, 275: 1044-1049.

[41] Bluman G W, Kumei S. Symmetry-based algorithms to relate partial differential equations: II. Linearization by nonlocal symmetries[J]. European Journal of Applied Mathematics, 1990, 1(3): 217-223.

[42] Akhatov I S, Gazizov R K, Ibragimov N K. Nonlocal symmetries. Heuristic approach[J]. Journal of Soviet Mathematics, 1991, 55(1): 1401-1450.

[43] Sluis W M, Kersten P. Nonlocal higher-order symmetries for the Federbush model[J]. Journal of Physics A General Physics, 1990, 23(11): 2195-2204.

[44] Lou S Y, Ruan H Y, Chen W Z, et al. New exact solutions of the CDGSK equation related to a non-local symmetry[J]. Chinese Physics Letters, 1994, 11(10): 593-596.

[45] Lou S Y, Hu X B. Non-local symmetries via Darboux transformations[J]. Journal of Physics A: Mathematical and General, 1997, 30(5): L95-L100.

[46] 辛祥鹏. 非局域对称及保对称离散格式的研究 [D]. 大连: 华东师范大学, 2014.

[47] Lie S. Sophus Lie's 1880 Transformation Group Paper[M]. Brookline: Mathematical Science Press, 1975.

[48] Ovsiannikov L V. Group Properties of Differential Equations[M]. Novosibirsk: Siberian Section of the Academy of Science of USSR, 1962.

[49] Noether E. Invariant variations problems[J]. Nachr. König. Gesell. Wissen. Göttingen, Math. Phys. KI., 1918, K(1): 235-257.

[50] Olver P J. Application Lie Group to Differential Equation[M]. London: Applied Mathematical Sciences, 1989.

[51] Anderson R L, Ibragimov N H. Lie-Bäcklund transformations in applications[M]. Philadelphia: SIAM, 1979.

[52] Fokas A S, Liu Q M. Generalized conditional symmetries and exact solutions of non-integrable equations[J]. Theoretical and Mathematical Physics, 1994, 99(2): 571-582.

[53] Fokas A S, Liu Q M. Nonlinear interaction of traveling waves of non-integrable equations[J]. Physical Review Letters, 1994, 72(21): 3293-3296.

[54] Zhdanov R Z. Conditional Lie-Bäcklund symmetry and reduction of evolution equations[J]. Journal of Physics A: Mathematical and General, 1995, 28(13): 3841-3850.

[55] Bluman G W, Cole J D. Similarity Methods for Differential Equations[M]. New York: Springer, 1974.

[56] Lou S Y, Ma H C. Non-Lie symmetry groups of (2+1)-dimensional nonlinear systems obtained from a simple direct method[J]. Journal of Physics A: Mathematical and General, 2005, 38(7): L129-L137.

[57] Vinogradov A M, Krasil'shchik I S. A method of calcaulating higher sym-metries of nonlinear evolution equations and nonlocal symmetries[J]. Dokl, Akad. NaukSSSR, 1980, 253: 1289-1293.

[58] Bluman G W, Cheviakov A F, Anco S. Application Symmetry Methods to Partial Differential Equations[M]. New York: Springer, 2009.

[59] Bluman G W, Reid G J, Kumei S. New classes of symmetries for partial differential equations[J]. Journal of Mathematical Physics, 1988, 29(4): 806-811.

[60] Bluman G W, Temuerchaolu, Sahadevan R. Local and nonlocal symmetries for nonlinear telegraph equation[J]. Journal of Mathematical Physics, 2005, 46(2): 023505.

[61] Bluman G W, Cheviakov A F. Framework for potential systems and nonlocal symmetries: Algorithmic approach[J]. Journal of Mathematical Physics, 2005, 46(12): 123506.

[62] Bluman G W, Cheviakov A F. Nonlocally related systems, linearization and nonlocal symmetries for the nonlinear wave equation[J]. Journal of Mathematical Analysis and Applications, 2007, 333(1): 93-111.

[63] Chou K S, Qu C Z. Symmetry groups and separation of variables of a class of nonlinear diffusion-convection equations[J]. Journal of Physics A: Mathematical and General, 1999, 32(35): 6271-6286.

[64] Qu C Z. Potential symmetries to systems of nonlinear diffusion equations[J]. Journal of Physics A: Mathematical and Theoretical, 2007, 40(8): 1757-1773.

[65] Lou S Y. Recursion operator and symmetry structure of the kawamoto-type equation[J]. Physics Letters A, 1993, 181(1): 13-16.

[66] Lou S Y, Chen W Z. Inverse recursion operator of the AKNS hierarchy[J]. Physics Letters A, 1993, 179(4/5): 271-274.

[67] Guthrie G A. Recursion operator and nonlocal symmteries[J]. Proceedings of the Royal Society of London A, 1994, 446: 107-114.

[68] Guthrie G A, Hickman M S. Nonlocal symmetries of the KdV equation[J]. Journal of Mathematical Physics, 1993, 34(1): 193-205.

[69] Galas F. New nonlocal symmetries with pseudopotentials[J]. Journal of Physics A: Mathematical and General, 1992, 25(15): L981-L986.

[70] Lou S Y. Negative kadomtsev-petviashvili hierarchy[J]. Physica Scripta, 1998, 57(4): 481-485.

[71] Hu X B, Lou S Y, Qian X M. Nonlocal symmetries for bilinear equations and their applications[J]. Studies in Applied Mathematics, 2009, 122(3): 305-324.

[72] Bluman G W, Yan Z Y. Nonclassical potential solutions of partial differential equations[J]. European Journal of Applied Mathematics, 2005, 16: 239-261.

[73] Lou S Y, Hu X R, Chen Y. Nonlocal Symmetries related to Bäcklund transformation and their applications[J]. Journal of Physics A: Mathematical and Theoretical, 2012, 45(15): 155209.

[74] 胡晓瑞. 非线性系统的对称性与可积性 [D]. 上海: 华东师范大学, 2012.

[75] Bluman G W, Yang Z Z. A symmetry-based method for constructing nonlocally related partial differential equation systems[J]. Journal of Mathematical Physics, 2013, 54(9): 093504.

[76] Lou S Y. Residual symmetries and Bäcklund transformations[J].Eprint Arxiv, 2013 . arXiv: 1308.1140.

[77] Steudal H.Über die zuordnung zwischen invarianzeigenschaften und erhaltungssatzen[J]. Z. Naturforsch, 1962, 17(2): 129-132.

[78] Anco S, Bluman G W. Direct construction of conservation laws from field equations[J]. Physical Review Letters, 1977, 78(15): 2869-2873.

[79] Anco S, Bluman G W. Direct constructing conservation laws for partial differential eauations[J]. European Journal of Applied Mathematics, 2002, 13: 545-566.

[80] Kara A H, Mahomed F M. Noether-type symmetries and conservation laws via partial lagrangians[J]. Nonlinear Dynamics, 2006, 45(3/4): 367-383.

[81] Ibragimov N H. A new conservation theorem[J]. Journal of Mathematical Analysis and Applications, 2007, 333(1): 311-328.

[82] Ibragimov N H. Nonlinear self-adjointness in constructing conservation laws[J]. Arch. ALGA., 2011, 7: 1-99

[83] Baikov V A, Gazizov R K, Ibragimov N H. Approximate symmetries[J]. Math. USSR-Sb., 1988, 64(2): 435-450.

[84] Baikov V A, Gazizov R K, Ibragimov N H, et al. Closed orbits and their stable symmetries[J]. Journal of Mathematical Physics, 1994, 35(12): 6525-6535.

[85] Kara A, Mahomed F, Qu C Z. Approximate potential symmetries for partial differential equations[J]. Journal of Physics A: Mathematical and General, 2000, 33(37): 6601-6613.

[86] Mahomed F M, Qu C Z. Approximate conditional symmetries for partial differential equations[J]. Journal of Physics A: Mathematical and General, 2000, 33(2): 343-356.

[87] Fushchich W I, Shtelen W M. On approximate symmetry and approximate solutions of the nonlinear wave equation with a small parameter[J]. Journal of Physics A: Mathematical and General, 1989, 22(18): L887-L890.

[88] Pakdemirli M, Yürüsoy M. On approximate symmetries of a wave equation with quadratic non-linearity[J]. Mathematical and Computational Applications, 2000, 5(3): 179-184.

[89] Wiltshire R. Two approaches to the calculation of approximate symmetry exemplified using a system of advection-diffusion equations[J]. Journal of Computational and Applied Mathematics, 2006, 197(2): 287-301.

[90] Zhang S L, Qu C Z. Approximate generalized conditional symmetries for the perturbed nonlinear diffusion-convection equations[J]. Chinese Physics Letters, 2006, 23(3): 527-530.

[91] Zhang S L, Wang P Z, Qu C Z. Approximate generalized conditional symmetries for the perturbed general KdV–Burgers equation[J]. Chinese Physics Letters, 2006, 23(10): 2625-2628.

[92] Li J N, Zhang S L. Approximate symmetry reduction for initial-value problems of the extended KdV-Burgers equations with perturbation[J]. Chinese Physics Letters, 2011, 28(3): 030201.

[93] Zhang S L, Ji F Y, Qu C Z. Approximate derivative-dependent functional variable separation for the generalized diffusion equations with perturbation[J]. Communications in Theoretical Physics, 2012, 58(2): 175-181.

[94] Ji F Y, Zhang S L. New variable separation solutions for the generalized nonlinear diffusion equations[J]. Chinese Physics B, 2016, 25(3): 030202.

[95] 焦小玉. 若干非线性问题的近似相似约化和同伦近似相似约化 [D]. 上海: 上海交通大学, 2009.

[96] Gu C H. On the Bäcklund transformations for the generalized hierarchies of compound MKdV-SG equations[J]. Letters in Mathematical Physics, 1986, 12(1): 31-41.

[97] Gu C H, Zhou Z X. On Darboux transformations soliton equations in high-dimentional spacetime[J]. Letters in Mathematical Physics, 1994, 32(1): 1-10.

[98] Zhou Z X. Darboux transformations for the twisted so(p, q) system and local isometric immersion of space forms[J]. Inverse Problems, 1998, 14(5): 1353-1370.

[99] Hu H S. Darboux transformations between $\Delta\alpha = \sinh\alpha$ and $\Delta\alpha = \sin\alpha$, and the applications to Pseuso-spherical congruences in $R^{2,1}$[J]. Letter in Mathematical Physics, 1999, 48: 187-195.

[100] Guo B L, Ling L M, Liu Q P. Nonlinear schrödinger equation: Generalized Darboux transformation and rogue wave solutions[J]. Physical Review E, 2012, 85(2): 026607.

[101] Fan E G. Darboux transformation and soliton-like solutions for the Gerdjikov-Ivanov equation[J]. Journal of Physics A: Mathematical and General, 2000, 33(39): 6925-6933.

[102] Levi D, Ragnisco O. The inhomogeneous Toda Lattice: Its hierarchy and Darboux-Bäcklund transformations[J]. Journal of Physics A: Mathematical and General, 1991, 24(8): 1729-1739.

[103] Wang X, Cao J L, Chen Y. Higher-order rogue wave solutions of the three-wave resonant interaction equation via the generalized Darboux transformation[J]. Physica Scripta, 2015, 90(10): 105201.

[104] Ma L Y, Zhu Z N. Nonlocal nonlinear Schrödinger equation and its discrete version: Soliton solutions and gauge equivalence[J]. Journal of Mathematical Physics, 2016, 57(8): 064105.

[105] Ji J L, Zhu Z N. On a nonlocal modified Korteweg-de Vries equation: Integrability, Darboux transformation and soliton solutions[J]. Communications in Nonlinear Science and Numerical Simulation, 2017, 42: 699-708.

[106] Zhou Z X. Darboux transformations and global solutions for a nonlocal derivative nonlinear Schrödinger equation[J]. Communications in Nonlinear Science and Numerical Simulation, 2018, 62: 480-488.

[107] Yang B, Chen Y. Reductions of Darboux transformations for the PT-symmetric nonlocal Davey-Stewartson equations[J]. Applied Mathematics Letters, 2018, 82: 43-49.

[108] Boiti M, Leon J J P, Pempinelli F. Spectral transform for a two spatial dimension extension of the dispersive long wave equation[J]. Inverse Problems, 1987, 3(3): 371-387.

[109] Zeng X, Zhang H Q. New soliton-like solutions to the (2+1) dimensional disper-sive long wave equations[J]. Acta Physica Sinica, 2005, 54(2): 504-510.

[110] Yomba E. Construction of new soliton-like solutions of the (2+1) dimensional dispersive long wave equation[J]. Chaos, Solitons and Fractals, 2004, 20(5): 1135-1139.

[111] Chen Y, Fan E G. Complexiton solutions of the (2+1)-dimensional dispersive long wave equation[J]. Chinese Physics, 2007, 16(1): 6-15.

[112] Wang Q, Chen Y, Zhang H Q. Generalized algebraic method and new exact traveling wave solutions for (2+1)-dimensional dispersive long wave equation[J]. Applied Mathematics and Computation, 2006, 181(1): 247-255.

[113] Yan Z Y. Generalized transformations and abundant new families of exact solutions for (2+1)-dimensional dispersive long wave equations[J]. Computational and Applied Mathematics, 2003, 46(8/9): 1363-1372.

[114] Zhou Y Q, Liu Q, Zhang J, et al. Exact solution for (2+1)-dimension nonlinear dispersive long wave equation[J]. Applied Mathematics and Computation, 2006, 177(2): 495-499.

[115] Zheng C L, Fang J P, Chen L Q. New variable separation excitations of (2+1)-dimensional dispersive long-water wave system obtained by an extended mapping approach[J]. Chaos, Solitons and Fractals, 2005, 23(5): 1741-1748.

[116] Tang X Y, Lou S Y. Abundant coherent structures of the dispersive long-wave equation in (2+1)-dimensional spaces[J]. Chaos, Solitons and Fractals, 2002, 14(9): 1451-1456.

[117] Estévez P G, Gordoa P R. Darboux transformations via Painlevé analysis[J]. Inverse Problems, 1997, 13: 939-957.

[118] Wen X Y. Fission and fusion interaction phenomena of the (2+1)-dimensional dispersive long wave equations[J]. Reports on mathematical physics, 2012, 69(2): 197-212.

[119] Lou S Y. Consistent riccati expansion and solvability. arXiv: 1308.5891.

[120] Lou S Y, Hu X B. Infinitely many Lax pairs and symmetry constraints of the KP equation[J]. Journal of Mathematical Physics, 1997, 38(12): 6401-6427.

[121] Fan E G. Solving kadomtsev-petviashvili equation via a new decomposition and Darboux transformation[J]. Communications in Theoretical Physics, 2002, 37(2): 145-148.

[122] Huang D J, li D S, Zhang H Q. Explicit N-fold Darboux transformation and multi-soliton solutions for the (1+1)-dimensional higher-order Broer-Kaup system[J]. Chaos, Solitons and Fractals, 2007, 33(5): 1677-1685.

[123] Li X N, Wei G M, Liu Y P. Painlevé analysis and new analytic solutions for (1+1)-dimensional higher-order broer kaup system with symbolic computation[J]. International Journal of Modern Physics B, 2014, 28(14): 1450067.

[124] Chen C L, Lou S Y. CTE solvability, nonlocal symmetries and exact solutions of dispersive water wave system[J]. Communications in Theoretical Physics, 2014, 61(5): 545-550.

[125] Gudkov V V. A family of exact travelling wave solutions to nonlinear evolution and wave equations[J]. Journal of Mathematical Physics, 1997, 38(5): 4794-4803.

[126] Wang S, Tang X Y, Lou S Y. Soliton fission and fusion: Burgers equation and Sharma-Tasso-Olver equation[J]. Chaos, Solitons and Fractals, 2004, 21(1): 231-239.

[127] Lie S. Sophus Lie's 1880 Transformation Group Paper[M]. Brookline: Mathematical Sciene Press, 1975.

[128] Freire I L, Torrisi M. Symmetry methods in mathematical modeling of Aedes aegypti dispersal dynamics[J]. Nonlinear Analysis: Real World Applications, 2013, 14(3): 1300-1307.

[129] Hussain A, Bano S, Khan I, et al. Lie symmetry analysis, explicit solutions and conservation laws of a spatially two-dimensional burgers-Huxley equation[J]. Symmetry, 2020, 12(1): 170.

[130] Aliyu A I, Inc M, Yusuf A, et al. Symmetry analysis, explicit solutions, and conservation laws of a sixth-order nonlinear ramani equation[J]. Symmetry, 2018, 10(8): 341.

[131] Vinogradov A M, Krasil'shchik I S. A method of calculating higher symme-tries of nonlinear evolutionary equations, and nonlocal symmetries[J]. Doklady Akademii Nauk Sssr, 1980, 253: 1289-1293.

[132] Galas F. New nonlocal symmetries with pseudopotentials[J]. Journal of Physics A: Mathematical and General, 1992, 25(15): L981-L986.

[133] Bluman G W, Cheviakov A F, Anco S C. Applications of Symmetry Methods to Partial Differential Equations[M]. New York: Springer, 2010.

[134] Bluman G W, Cheviakov A F. Framework for potential systems and nonlocal symmetries: Algorithmic approach[J]. Journal of Mathematical Physics, 2005, 46(12): 123506.

[135] Euler N, Euler M. On nonlocal symmetries, nonlocal conservation laws and non-local transformations of evolution equations: Two linearisable hierarchies[J]. Journal of Nonlinear Mathematical Physics, 2009, 16(4): 489-504.

[136] Euler M, Euler N, Reyes E G. Multipotentializations and nonlocal symmetries: Kupershmidt, Kaup-Kupershmidt and Sawada-Kotera equations[J]. Journal of Nonlinear Mathematical Physics, 2017, 24(3): 303-324.

[137] Lou S Y, Hu X B. Nonlocal Lie-Bäcklund symmetries and Olver symmetries of the KdV equation[J]. Chinese Physics Letters, 1993, 10(10): 577-580.

[138] Lou S Y, Hu X R, Chen Y. Nonlocal symmetries related to Bäcklund transformation and their applications[J]. Journal of Physics A: Mathematical and Theoretical, 2012, 45(15): 155205.

[139] Lou S Y. Negative kadomtsev-petviashvili hierarchy[J]. Physica Scripta, 1998, 57(4): 481-485.

[140] Reyes E G. The modified Camassa-Holm equation[J]. International Mathematics Research Notices, 2015, 12: 2617-2649.

[141] Gao X N, Lou S Y, Tang X Y. Bosonization, singularity analysis, nonlocal symmetry reductions and exact solutions of supersymmetric KdV equation[J]. Journal of High Energy Physics, 2013, 5: 029.

[142] Xin X P, Miao Q, Chen Y. Nonlocal symmetry, optimal systems, and explicit solutions of the mKdV equation[J]. Chinese Physics B, 2014, 23(1): 010203.

[143] Miao Q, Xin X P, Chen Y. Nonlocal symmetries and explicit solutions of the AKNS system[J]. Applied Mathematics Letters, 2014, 28: 7-13.

[144] Ren B, Cheng X P, Lin J. The (2+1)-dimensional Konopelchenko-Dubrovsky equation: Nonlocal symmetries and interaction solutions[J]. Nonlinear Dynamics, 2016, 86(3): 1855-1862.

[145] Huang L L, Chen Y. Nonlocal symmetry and similarity reductions for a (2 + 1)-dimensional Korteweg-de Vries equation[J]. Nonlinear Dynamics, 2018, 9(2): 221-234.

[146] Xia Y R, Xin X P, Zhang S L. Residual symmetry, interaction solutions, and conservation laws of the (2+1)-dimensional dispersive long-wave system[J]. Chinese Physics B, 2017, 26(3): 030202.

[147] Xia Y R, Xin X P, Zhang S L. Nonlinear Self-Adjointness, Conservation Laws and Soliton-Cnoidal Wave Interaction Solutions of (2+1)-dimensional Modified Dispersive Water-Wave System[J]. Communications in Theoretical Physics, 2017, 67(1): 15-21.

[148] Xin X P, Liu H Z, Zhang L L, et al. High order nonlocal symmetries and exact interaction solutions of the variable coefficient KdV equation[J]. Applied Mathematics Letters, 2019, 88: 132-140.

[149] Feng Y, Bilige S, Wang X. Diverse exact analytical solutions and novel interaction solutions for the (2+1)-dimensional Ito equation[J]. Physica Scripta, 2020, 95(9): 095201.

[150] Kumar S, Kumar A, Kharbanda H. Lie symmetry analysis and generalized invariant solutions of (2+1)-dimensional dispersive long wave (DLW) equations[J]. Physica Scripta, 2020, 95(6): 065207.

[151] Xin X P, Zhang L L, Xia Y R, et al. Nonlocal symmetries and exact solutions of the (2+1)-dimensional generalized variable coefficient shallow water wave equation[J]. Applied Mathematics Letters, 2019, 94: 112-119.

[152] Xia Y R, Yao R X, Xin X P. Nonlocal symmetries and group invariant solutions for the coupled variable-coefficient Newell-Whitehead system[J]. Journal of Nonlinear Mathematical Physics, 2020, 27(4): 581-591.

[153] Lou S Y. Alice-Bob systems, $\hat{P}$-$\hat{T}$-$\hat{C}$ symmetry invariant and symmetry breaking soliton solutions[J]. Journal of Mathematical Physics, 2018, 59(8): 083507.

[154] Gear J A, Grimshaw R. Weak and strong interactions between internal solitary waves[J]. Studies in Applied Mathematics, 1984, 70(3): 235-258.

[155] Lou S Y, Tong B, Hu H C, et al. Coupled KdV equations derived from two-layer fluids[J]. Journal of Physics A: Mathematical and General, 2006, 39(3): 513-527.

[156] Hirota R, Satsuma J. Soliton solutions of a coupled Korteweg-de-Vries equation[J]. Physics Letters A, 1981, 85(8/9): 407-408.

[157] Ramani A, Dorizzi B, Grammaticos B. Integrability of the Hirota-Satsuma equations two tests[J]. Physics Letters A, 1983, 99(9): 411-414.

[158] Xu M H, Jia M. Exact Solutions, symmetry reductions, painlevé test and Bäcklund transformations of a coupled KdV equation[J]. Communications in Theoretical Physics, 2017, 68(4): 417-424.

[159] Parra Prado H, Cisneros-Ake L A. The direct method for multisolitons and two-hump solitons in the Hirota-Satsuma system[J]. Physics Letters A, 2020, 384(19): 126471.

[160] Kumar H, Kumar A, Chand F, et al. Construction of new traveling and solitary wave solutions of a nonlinear PDE characterizing the nonlinear low-pass electrical transmission lines[J]. Physica Scripta, 2021, 96(8): 085215.

[161] Riaz M B, Atangana A, Jhangeer A, et al. Some exact explicit solutions and conservation laws of Chaffee-Infante equation by Lie symmetry analysis[J]. Physica Scripta, 2021, 96(8): 084008.

[162] Shen Y, Tian B, Liu S H, et al. Bilinear Bäcklund transformation, soliton and breather solutions for a (3+1)-dimensional generalized Kadomtsev Petviashvili equation in fluid dynamics and plasma physics[J]. Physica Scripta, 2021, 96(7): 075212.

[163] Fokou M, Kofane T C, Mohamadou A, et al. Lump periodic wave, soliton periodic wave, and breather periodic wave solutions for third-order (2+1)-dimensional equation[J]. Physica Scripta, 2021, 96(5): 055223.

[164] Tanwar D V. Optimal system, symmetry reductions and group-invariant solutions of (2+1)-dimensional ZK-BBM equation, [J]. Physica Scripta, 2021, 96(6): 065215.

[165] Ablowitz M J, Ramani A, Segur H. A connection between nonlinear evolution equations and ordinary differential equations of P-type.I[J]. Journal of Mathematical Physics, 1980, 21(4): 715-721.

[166] Lan Z Z, Gao Y T, Yang J W, et al. Solitons, Bäcklund transformation, Lax pair, and infinitely many conservation law for a (2+1)-dimensional generalised variable coefficient shallow water wave equation[J]. Zeitschrift Für Naturforschung Section A, 2016, 71(1): 69-79.

[167] Tang X Y, Lou S Y, Zhang Y. Localized excitations in (2+1)-dimensional systems[J]. Physical Review E, 2002, 66: 046601 1-17.

[168] Tang X Y, Lou S Y, Schief W K. Virasoro structure and localized excitations of the LKR system[J]. Journal of Mathematical Physics, 2003, 44(12): 5869-5887.

[169] Dai C Q, Wang Y Y. Localized coherent structures based on variable separation solution of the (2+1)-dimensional Boiti-Leon-Pempinelli equation[J]. Nonlinear Dynamics, 2012, 70(1): 189-196.

[170] Zhang W T, Chen W L, Zhang L P, Dai C Q. Interaction behaviours among special solitons in the (2+1)-dimensional modified dispersive water-wave system[J]. Zeitschrift Für Naturforschung A, 2013, 68: 447-453.

[171] Lei Y, Yang D. Finite symmetry transformation group and localized structures of the(2+1)-dimensional coupled Burgers equation[J]. Chinese Physics B, 2013, 22: 040202.

[172] Velan M S, Lakshmanan M J. Lie symmetries, Kac-Moody-Virasoro algebras and integrability of certain (2+1)-dimensional nonlinear evolution equations[J]. Journal of Nonlinear Mathematical Physics, 1998, 5 (2): 190-211.

[173] Ma Z Y, Fei J X, Du X Y. Symmetry reduction of the (2+1)-dimensional modified dispersive water-wave system[J]. Communications in Theoretical Physics, 2015, 64(2): 127-132.

[174] Liu P. Darboux transformation and multi-soliton solutions for the coupled variable-coefficient Newell-Whitehead equation[J]. Journal of Nonlinear Mathematical Physics, 2013, 35(5): 68-74.

[175] Huang Q M, Gao Y T, Feng Y J. Lax pair, infinitely-many conservation laws and soliton solutions for a set of the time-dependent Whitham-Broer-Kaup equations for the shallow water[J]. Waves in Random and Complex Media, 2019, 29(1): 19-33.

[176] Weiss J. The Painlevé property and Bäcklund transformations for the sequence of Boussinesq equations[J]. Journal of Mathematical Physics, 1985, 26(2): 258-269.

[177] Ren B, Cheng X P. CTE solvability, nonlocal symmetry and explicit solutions of modified Boussinesq system[J]. Communications in Theoretical Physics, 2016, 66(1): 84-92.

[178] Ovsiannikov L V. Group Analysis of Differential Equations[M]. Amsterdam: Elsevier, 1982.

[179] Ibragimov N H. Transformation Groups Applied to Mathematical Physics[M]. Boston: Reidel, 1985.

[180] Fushchich W I, Zhdanov R Z. Conditional symmetry and reduction of partial differential equations[J]. Ukrainian Mathematical Journal, 1992, 44(7): 970-982.

[181] Bluman G W, Cole J D. The general similarity solution of the heat equation[J]. Journal of mathematical and mechnical, 1969, 18: 1025-1042.

[182] Qu C Z. Group classification and generalized conditional symmetry reduction of the nonlinear diffusion-convection equation with a nonlinear source[J]. Studies in Applied Mathematics, 1997, 99(2): 107-136.

[183] Qu C Z, Zhang S L, Liu R C. Separation of variables and exact solutions to quasilinear diffusion equations with nonlinear source[J]. Physica D, 2000, 144(1/2): 97-123.

[184] Galaktionov V A. On new exact blow-up solutions for nonlinear heat conduction equations[J]. Differential and Integral Equations, 1990, 3(5): 863-874.

[185] Galaktionov V A. Invariant subspaces and new explicit solutions to evolution equations with quadratic nonlinearities [J]. Proceedings of the Royal Society of Edinburgh: Section A Mathematics, 1995, 125(2): 225-246.

[186] Ji L N. Conditional Lie-Bäcklund symmetries and functionally generalized separable solutions to the generalized porous medium equations with source [J]. Journal of Mathematical Analysis and Applications, 2012, 389(2): 979-988.

[187] Ji L N, Qu C Z. Conditional Lie-Bäcklund symmetries and invariant subspaces to nonlinear diffusion equations[J]. IMA Journal of Applied Mathematics, 2011, 76(4): 610-632.

[188] Andreev V K, Kaptsov O V, Pukhnachov V V, et al. Applications of Group-theoretic methods in hydrodynamics[M]. Dordrecht: Kluwer Academic Publishing, 1998.

[189] Galaktionov V A, Svirshchevskll S. Exact Solutions and Invariant Subspaces of Nonlinear Partial Differential Equations in Mechanics and Physics[M]. London: Chapman and Hall, 2007.

[190] Novikov S, Manakov S V, Pitaevskii L P, et al. Theory of Solitons: The Inverse Scattering Method[M]. New York, London: Springer Science and Business Media, 1984.

[191] Ablowitz M J, Ablowitz M A, Clarkson P A, et al. Solitons, Nonlinear Evolution Equations and Inverse Scattering[M]. Cambridge: Cambridge University Press, 1991.

[192] Ma W X. The inverse scattering transform and soliton solutions of a combined modified Korteweg-de Vries equation[J]. Journal of Mathematical Analysis and Applications, 2019, 471(1/2): 796-811.

[193] Guo B L, Ling L M, Liu Q P. Nonlinear Schrödinger equation: Generalized Darboux transformation and rogue wave solutions[J]. Physical Review E, 2012, 85(2): 026607.

[194] Chen J C, Ma Z Y, Hu Y H. Nonlocal symmetry, Darboux transformation and soliton-cnoidal wave interaction solution for the shallow water wave equation[J]. Journal of Mathematical Analysis and Applications, 2018, 460(2): 987-1003.

[195] Wang X, Liu C, Wang L. Darboux transformation and rogue wave solutions for the variable-coefficients coupled Hirota equations[J]. Journal of Mathematical Analysis and Applications, 2017, 449(2): 1534-1552.

[196] Hirota R. The Direct Method in Soliton Theory[M]. Cambridge: Cambridge University Press, 2004.

[197] Hu X B, Ma W X. Application of Hirota's bilinear formalism to the Toeplitz lattice-some special soliton-like solutions[J]. Physics Letters A, 2002, 293(3/4): 161-165.

[198] Heo Y, Hong S, Yang C W. Bilinear integral operators with certain hypersingularities[J]. Journal of Mathematical Analysis and Applications, 2017, 456(1): 628-661.

[199] Erdoğan E, Pérez E A S. Integral representation of product factorable bilinear operators and summability of bilinear maps on C(K)-spaces[J]. Journal of Mathematical Analysis and Applications, 2020, 483(2): 123629.

[200] Huang L L, Mu C L. A nonlocal shallow-water model with the weak Coriolis and equatorial undercurrent effects[J]. Journal of Differential equations, 2020, 269(9): 6794-6829.

[201] Ablowitz M J, Luo X D, Musslimani Z H. Discrete nonlocal nonlinear Schrödinger systems: Integrability, inverse scattering and solitons[J]. Nonlinearity, 2020, 33(7): 3653-3707.

[202] Liu Y K, Li B. Dynamics of solitons and breathers on a periodic waves background in the nonlocal Mel'nikov equation[J]. Nonlinear Dynamics, 2020, 100(4): 3717-3731.

[203] Chen J C, Yan Q X, Zhang H, Multiple bright soliton solutions of a reverse-space nonlocal nonlinear Schrödinger equation[J]. Applied Mathematics Letters, 2020, 106: 106375.

[204] Chen J C, Yan Q X. Bright soliton solutions to a nonlocal nonlinear Schrödinger equation of reverse-time type[J]. Nonlinear Dynamics, 2020, 100(3): 2807-2816.

[205] Wang Q, Liang G. Vortex and cluster solitons in nonlocal nonlinear fractional Schrödinger equation[J]. Journal of Optics, 2020, 22(5): 055501.

[206] Tang Z Y, Qu Z Q. Infinitely many solutions for a nonlocal problem[J]. Journal of Applied Analysis and Computation, 2020, 10(5): 1912-1917.

[207] Shen W, Ma Z Y, Fei J X, et al. Abundant Symmetry-breaking solutions of the nonlocal Alice-Bob benjamin-Ono system[J]. Complexity, 2020: 2370970.

[208] Su J J, Zhang S. Nth-order rogue waves for the AB system via the determinants[J]. Applied Mathematics Letters, 2021, 112: 106714.

[209] Lou S Y. Multi-place physics and multi-place nonlocal systems[J]. Communications in Theoretical Physics, 2020, 5: 120-132.

[210] Li N H, Wang G H, Kuang Y H. Multisoliton solutions of the Degasperis-Procesi equation and its shortwave limit: Darboux transformation approach[J]. Theoretical and Mathematical Physics, 2020, 203(2): 608-620.

[211] Ablowitz M J, Musslimani Z H. Integrable nonlocal nonlinear Schrödinger equation[J]. Physical Review Letters, 2013, 110: 064105.

[212] Sarma A K, Mohammad A M, Musslimani Z H, et al. Continuous and discrete Schrödinger systems with parity-time-symmetric nonlinearities[J]. Physical Review E, 2014, 89(5): 052918.

[213] Khara A, Saxena A. Periodic and hyperbolic soliton solutions of a number of nonlocal nonlinear equations[J]. Journal of Mathematical Physics, 2015, 56(3): 032104.

[214] Yan Z Y. Integrable PT-symmetric local and nonlocal vector nonlinear Schrödinger equations: A unified two-parameter model[J]. Applied Mathematics Letters, 2015, 47: 61-68.

[215] Fokas A S. Integrable multidimensional versions of the nonlocal nonlinear schrödinger equation[J]. Nonlinearity, 2016, 29(2): 319-324.

[216] Ma L Y, Zhu Z N. Nonlocal nonlinear Schrödinger equation and its discrete version: Soliton solutions and gauge equivalence[J]. Journal of Mathematical Physics, 2016, 57: 064105.

[217] Chen K, Deng X, Lou S Y, et al. Solutions of nonlocal equations reduced from the AKNS hierarchy[J]. Studies in Applied Mathematics, 2018, 141(1): 113-141.

[218] Rao J G, Cheng Y, He J S. Rational and semirational solutions of the nonlocal davey-stewartson equations[J]. Studies in Applied Mathematics, 2017, 139(4): 568-598.

[219] Ablowitz M J, Feng B F, Luo X D, et al. Reverse space-time nonlocal sine-Gordon/sinh-Gordon equations with nonzero boundary conditions[J]. Studies in Applied Mathematics, 2018, 141(3): 267-307.

[220] Ha J T, Zhang H Q, Zhao Q L. Exact solutions for a dirac-type equation with N-fold darboux transformation[J]. Journal of Applied Analysis and Computation, 2019, 9(1): 200-210.

[221] Xin X P, Xia Y R, Liu H Z, et al. Darboux transformation of the variable coefficient nonlocal equation[J]. Journal of Mathematical Analysis and applications, 2020, 490(1): 124227.

[222] Yuan C L, Wen X Y. Soliton interactions and asymptotic state analysis in a discrete nonlocal nonlinear self-dual network equation of reverse-space type[J]. Chinese Physics B, 2021, 30(3): 060201.

[223] Ablowitz M J, Kaup D J, Newell A C, et al. Nonlinear-evolution equations of physical significance[J]. Physical Review Letters, 1973, 31(2): 125-127.

[224] Zhang Y, Dong K H, Jin R J. The Darboux transformation for the coupled Hirota equation[J]. AIP Conf. Proc., 2013, 249: 249-256.

[225] Huang X, Ling L M. Soliton solutions for the nonlocal nonlinear Schrödinger equation[J]. The European Physical Journal-Plus, 2016(5), 131: 148.

[226] Ye R S, Zhang Y. General soliton solutions to a reverse-time nonlocal nonlinear Schrödinger equation[J]. Studies in Applied Mathematics, 2020, 145(2): 197-216.

[227] Du Z, Tian B, Qu Q X, et al. Lax pair and vector semi-rational nonautonomous rogue waves for a coupled time-dependent coefficient fourth-order nonlinear Schrödinger system in an inhomogeneous optical fiber[J]. Chinese Physics B, 2020, 29(3): 030202.

[228] Wazwaz A M. A (2+1)-dimensional time-dependent Date-Jimbo-Kashiwara-Miwa equation: Painlevé integrability and multiple soliton solutions[J]. Computers Mathematics with Applications, 2020, 79(4): 1145-1149.

[229] Ma W X. A search for lump solutions to a combined fourth-order nonlinear PDE in (2+1)-dimensions[J]. Journal of Applied Analysis and Computation, 2019, 9: 1319-1332.

[230] Wazwaz A M. Multiple complex soliton solutions for integrable negative-order KdV and integrable negative-order modified KdV equations[J]. Applied Mathematics Letters, 2019, 88: 1-7.

[231] Wang W, Yao R X, Lou S Y. Abundant traveling wave structures of (1+1)-dimensional Sawada-Kotera equation: Few cycle solitons and soliton molecules[J]. Chinese physics letters, 2020, 37(10): 100501.

[232] Xia Y R, Yao R X, Xin X P. Nonlocal symmetries and group invariant solutions for the coupled variable-coefficient Newell-Whitehead system[J]. Journal of Nonlinear Mathematical Physics, 2020, 27(4): 581-591.

[233] Xin X P, Zhang L H, Xia Y R, et al. Nonlocal symmetries and exact solutions of a variable coefficient AKNS system[J]. Journal of Applied Analysis and Computation, 2020, 10(6): 2669-2681.

[234] Khare A, Saxena A. Periodic and hyperbolic soliton solutions of a number of nonlocal nonlinear equations[J]. Journal of Mathematical Physics, 2015, 56(3): 032104.

[235] Yan Z Y. Integrable PT-symmetric local and nonlocal vector nonlinear Schrödinger equations: A unified two-parameter model[J]. Applied Mathematics Letters, 2015, 47: 61-68.

[236] Fokas A S. Integrable multidimensional versions of the nonlocal nonlinear Schrödinger Equation[J]. Nonlinearity, 2016, 29(2): 319-324.

[237] Ji J L, Zhu Z N. On a nonlocal modified Korteweg-de Vries equation: Integrability, Darboux transformation and soliton solutions[J]. Communications in Nonlinear Science and Numerical Simulation, 2017, 42: 699-708.

[238] Rao J G, Cheng Y, He J S. Rational and semirational solutions of the nonlocal Davey-Stewartson equations[J]. Studies in Applied Mathematics, 2017, 139(4): 568-598.

[239] Zhou Z X. Darboux transformations and global solutions for a nonlocal derivative nonlinear Schrödinger equation[J]. Communications in Nonlinear Science and Numerical Simulation, 2018, 62: 480-488.

[240] Chen K, Zhang D J. Solutions of the nonlocal nonlinear Schrödinger hierarchy via reduction[J]. Applied Mathematics Letters, 2018, 75: 82-88.

[241] Yang B, Chen Y. Reductions of Darboux transformations for the PT-symmetric nonlocal Davey-Stewartson equations[J]. Applied Mathematics Letters, 2018, 82: 43-49.

[242] Yang B, Yang J K. Transformations between nonlocal and local integrable equations[J]. Studies in Applied Mathematics, 2017, 140(2): 178-201.

[243] Yu J, Chen S T, Han J W, et al. N-fold Darboux transformation for integrable couplings of AKNS equations[J]. Communications in Theoretical Physics, 2018, 69(4): 367-374.

[244] Huang Q M, Gao Y T, Jia S L, et al. Bilinear Bäcklund transformation, soliton and periodic wave solutions for a (3+1)-dimensional variable-coefficient generalized shallow water wave equation[J]. Nonlinear Dynamics, 2017, 87(4): 2529-2540.

[245] Yang J K. General N-solitons and their dynamics in several nonlocal nonlinear Schrödinger equations[J]. Physics Letters A, 2019, 383: 328-337.

[246] Levi D, Winternitz P. Symmetries and conditional symmetries of differential-difference equations[J]. Journal of Mathematical Physics, 1993, 34 (8): 3713-3730.

[247] Nijhoff F W. Discrete painlevé equations and symmetry reduction on the lattice[J]. Discrete Integrable Geometry Physics, 1999, 16: 209-234.

[248] Dorodnitsyn V A. Applications of Lie Groups to Difference Equations[M]. Los Angeles: CRC Press, 2010.

[249] Xin X P, Chen Y, Wang Y H. A symmetry-preserving difference scheme for high dimensional nonlinear evolution equations[J]. Chinese Physics B, 2013, 22 (6): 060201.

[250] Xin X P, Chen Y. The using of conservation laws in symmetry-preserving difference scheme[J]. Communications in Theoretical Physics, 2013, 59(5): 573-578.

[251] Olver P J. Geometric foundations of numerical algorithms and symmetry[J]. Applicable Algebra in Engineering Communication and Computing, 2000, 11(5): 417-436.

[252] Kim P. Invariantization of the Crank-Nicolson method for Burgers' equation[J]. Physica D: Nonlinear Phenomena, 2008, 237(2): 243-254.

[253] 姚若侠, 王伟, 杨晓博. 群作用下子流形的微分不变量和 Monge-Taylor 形式 [J]. 中国科学: 数学, 2016, 46(12): 1829-1844.

彩　　图

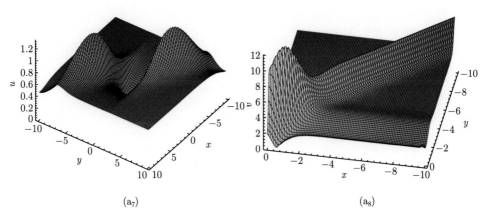

(a_7) (a_8)

图 2.2　关于 u 和 v 的模的二孤立子解的结构. 其中 u 和 v 是将 $t=0$ 代入 (2.2.28), (2.2.29) 时的表达式, 参数选择如下: $\{t=0, h_2=0.1, h_3=0.5, q_1=0.3, q_2=0.3, q_3=0.2\}$

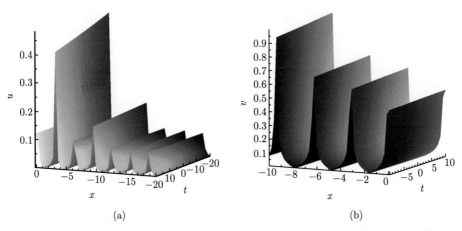

(a) (b)

图 3.3　关于变系数 Newell-Whitehead 方程组的三维孤立子和椭圆周期波的相互作用解

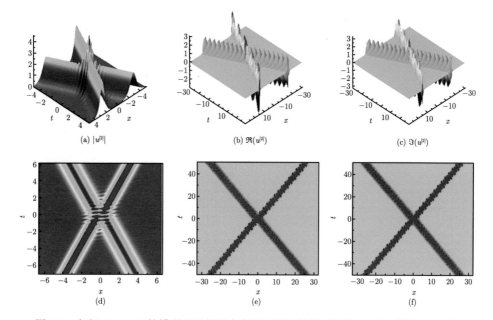

图 7.6 复解 (7.2.42) 的模所展现的两个亮孤立子解的相互作用, 其中参数选取如下:
$\kappa_1 = \dfrac{1}{2}$, $\omega_1 = -1$, $\kappa_2 = -1$, $\omega_2 = \dfrac{3}{2}$, $\alpha = \dfrac{1}{2}$, $\beta = \dfrac{1}{2}$. (a) 表示的是解的模的图像.
(b) 表示的是解的实部的图像. (c) 表示的是解的虚部的图像. (d)—(f) 分别表示的是
(a)—(c) 的密度图